U0114051

科學文化 Science Culture 185

地球毀滅記

五次生物大滅絕，誰是真凶？

The Ends of The World

Volcanic Apocalypses, Lethal Oceans, and Our Quest to Understand Earth's Past Mass Extinctions

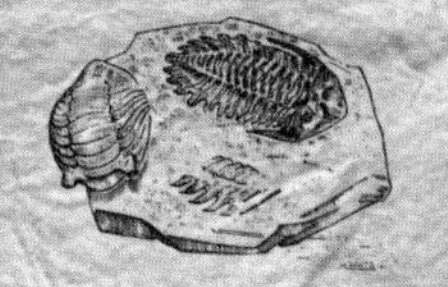

彼得・博恩藍——著

張毅瑄——譯　程延年、單希瑛——審訂

獻給母親

發生過的已不只是「死亡」二字可以描述……我們正注視著可能成形的最終極的終極，瞥見再也不會有一絲光明的黑暗。我們接觸到了滅絕的真實性。

—— 胡赫[1]

我常常在看到泥土、沙粒、石礫積累成的數尺厚的岩床時，總對成因覺得不敢置信，想說如今的河川與如今的海岸永遠都不可能挖掘並堆積出這樣巨大的量。然而，從另一方面去看，當我聽著湍湍水流的聲響，記起曾有整族群的動物從地球上消失，而在這整段時間裡，這些石頭都在叩隆隆滾著順流而去；這種時候我就不禁自問：這世上可有任何山脈、任何大陸，承受得起這般侵蝕？

—— 達爾文

1. 譯注：胡赫（Henry Beetle Hough, 1896-1985，美國著名地方報紙《葡萄園報》（*Vineyard Gazette*）主編。

地球毀滅記

五次生物大滅絕，誰是真凶？

目錄

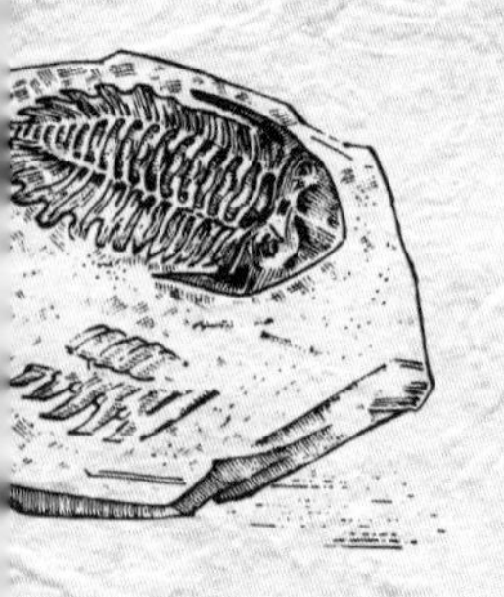

The Ends
of
The World

Volcanic Apocalypses, Lethal Oceans,
and Our Quest to Understand
Earth's Past Mass Extinctions

地球毀滅大事紀

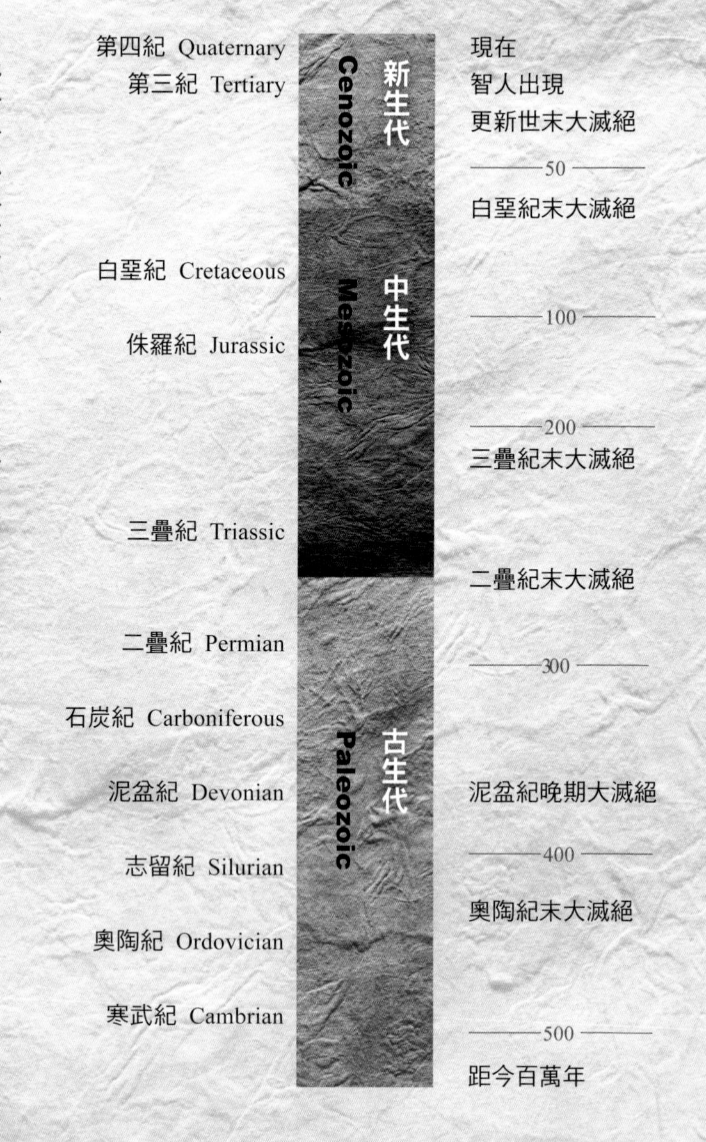

（編注：第三紀是古近紀及新近紀的舊稱。雖然國際地層委員會已不再承認第三紀是正式的地質年代名稱，但第三紀在學術界仍廣泛使用。）

加拿大紐芬蘭迷斯塔肯角（Mistaken Point）的埃迪卡拉紀化石。蕨葉狀生物在五億六千五百萬年的岩石上留下印記，在複雜生命的初始，它站在海底、透過黏膜吸收養分。這類生命型態主宰大海，直到寒武紀大爆炸為止。© 博恩藍（Peter Brannen）

奧陶紀晚期，覆蓋大部分北美洲的淺海生物群像，主角是頭足類的鸚鵡螺、三葉蟲、海百合、苔蘚蟲、腕足類，以及早期魚類。©2003 亨德森（Douglas Henderson），〈奧陶紀海洋〉（Ordovician Marine），由紐約州綺色佳（Ithaca）地球博物館（Museum of the Earth）委託創作。

威斯康辛州西南部一處奧陶紀時代海床岩石露頭，一層層火山灰之間雜草叢生。© 博恩藍（Peter Brannen）

伊利湖畔露出的泥盆紀晚期大滅絕奇特岩層，這些黑頁岩裡充滿遠古有機質。世界各地發現的黑頁岩多與泥盆紀滅絕事件有關，呈現當時海洋大範圍缺氧的情況。© 博恩藍（Peter Brannen）

泥盆紀晚期頂尖掠食者鄧氏魚的頭。鄧氏魚這類盾皮魚在泥盆紀末滅絕了。照片攝於俄亥俄州克里夫蘭郊外羅基里佛自然中心（Rocky River Nature Center）。© 博恩藍（Peter Brannen）

德州瓜達魯普山脈的「船長岩」，這座石灰岩岬是二億六千萬年前二疊紀的珊瑚礁。造就這珊瑚礁的海洋生物，在二疊紀末幾乎全部遭到滅種。

北卡羅萊納州與維吉尼亞州交界處的索萊特採石場，
這是世界上最重要的三疊紀化石遺址之一。
© 博恩藍（Peter Brannen）

今日的康乃狄克河谷，在二億一千萬年前是遠古大裂谷的一部分，這是當地在三疊紀末生物大滅絕之前的生命群像。當時最強大的掠食者不是小型恐龍，而是各種鱷族親戚。© 席林（William Sillin）、州立恐龍公園

研究者在新墨西哥州天使峰風景區挖掘古新世岩層。古生物學家動植物化石紀錄拼湊起來，再納入岩層中古氣候變化的訊號，就能重現這星球如何在白堊紀末大滅絕之後復甦。© 博恩藍（Peter Brannen）

墨西哥猶加敦的恐龍紀念碑，位於小行星撞擊地點的正中心。© 博恩藍（Peter Brannen）

序言

這回，換人類面對末日

這是全新地質時代的開端。

大批智人（*Homo sapiens*）蜂擁到北美大陸邊緣的河邊。冰河早已消融，自最後一次冰期結束後，海平面已上升超過四百英尺，曼哈頓島的鋼鐵與玻璃帷幕閃耀金光，從沼澤裡崢嶸突出。哈德遜河對岸，名為「帕利塞德」（Palisades）的陡峭石崖，以可畏姿態俯瞰這自信之城，兩億年來它沉靜端坐，無感無情。這些玄武岩壁上滿是雜草與塗鴉，但卻是遠古大滅絕留下的殘跡；他們由曾經在地表冒泡的岩漿噴泉冷凝而成。

曾經在這顆行星上，從加拿大東岸的新斯科細亞、到巴西，都由熔岩覆蓋。三疊紀末期，熔岩噴發把大氣層注滿二氧化碳，讓地球成為烤箱並使海洋酸化，時間長達數千年。偶爾，某處會噴發火山煙霧，讓這座超級溫室出現短暫低溫。失控的火山活動掩沒地表，面積超過一千萬平方公里，並在地質史上的「瞬間」奪走地球四分之三以上生物的性命。

哥倫比亞大學古生物學家歐爾森（Paul Olsen）健步如飛，從哈德遜河河濱踏上崎嶇小徑，往帕利塞德底處而去，我很勉強才能跟上。我們面前是兩億五千萬年前的湖床遺跡，結結實實壓在已凝固的巨大岩漿牆下，裡頭的魚類和爬行動物化石保存得極為良好。我們後頭就是紐約市的天際線。

我問歐爾森，河對岸的城市是否也能保存下來，然後由未來的地質學家發掘，像眼前岩石底下這片平靜的三疊紀微縮模型一樣？他轉身打量這片景色。「這兒是有一層東西，」他漫不經心的說：「但這裡不是沉積盆地，所以最後全部都會遭侵蝕殆盡。會有些東西流到大海，在那裡掩埋起來，最後可能又露出來——比如瓶蓋之類的，或許吧。會有一些很耐久的同位素訊號，但是地鐵系統不會變成化石之類的東西，它很快就腐蝕掉了。」

地質學家就是從這種令人暈頭轉向的觀點展開操作——數百萬年光陰集結在一處，大海割開大陸，然後退去，巍峨山脈在剎那間蝕成砂土。在我們之前已有數億年地質時間流逝，在我們之後它又將延伸於無盡，若要理解這驚心動魄的深度，必須培養地質學家的眼光。如果歐爾森的態度看似冷酷，那是他終生浸淫於地球歷史的結果，這歷史之廣大令人無從理解，且在極稀罕的幾個時刻裡，更悲慘得難以言喻。

過往的五大滅絕

地球歷史上曾發生五次全球性的生物滅絕，所有動物在突然間幾乎被除滅盡淨，這就是所謂的「五大滅絕事件」。

依據過往定義，「大滅絕」指的是地球上過半數物種，在一百萬年內完全遭消滅，但現在發現很多例子裡，生物滅絕的速度遠較此為快。更精細的地質年代學已把地球歷史上，幾次最嚴重的全面浩劫發生時期縮短到數千年甚至更短期內就滅絕殆盡。要形容這樣的事情，更貼切的說法是「哈米吉多頓」[1]。

在這個陰鬱悲戚的兄弟會裡頭，最著名的成員名喚「白堊紀末大滅絕」，（非鳥類的）恐龍在六千六百萬年前滅絕，就是它幹的好事。然而，白堊紀末這場禍事只是生命歷史最晚近的一次大滅絕；在臨近曼哈頓島的懸崖上，我看到某場火山災劫留下的石質餘燼，這場災劫比恐龍之逝還要早一億三千五百萬年，當時的鱷類及全球的珊瑚礁生態系嚴重受創，世界此後完全不同。

在此之前還曾發生三次主要大滅絕，但這些更古老的災難全被「霸王龍（*Tyrannosaurus rex*）末日」搶盡鋒頭，在大眾想像裡幾乎總受忽視。說來也不無道理，首先，恐龍是化石紀錄裡負富魅力的角色，是地球歷史的天王巨星，鑽研更早期那些更不受矚目時代的古生物學家，都把恐龍鄙為華而不實的特大號怪獸。

因為如此，在媒體分給古生物學的稀少版面上，恐龍就霸占了一大半。更何況恐龍連滅絕的方式都獨具風格，牠們生命最後一刻，是因直徑六英里的小行星撞擊墨西哥而中止的。過去三十年，地質學家搜遍化石紀錄，試圖尋找其他四場主要大滅絕是遭毀滅性小行星撞擊的證據，卻總是鎩羽而歸。

1. 譯注：哈米吉多頓（Armageddon）出自聖經〈啟示錄〉16:16，是世界末日時上帝與惡魔決戰的戰場，後來引申為「世界末日」之意。

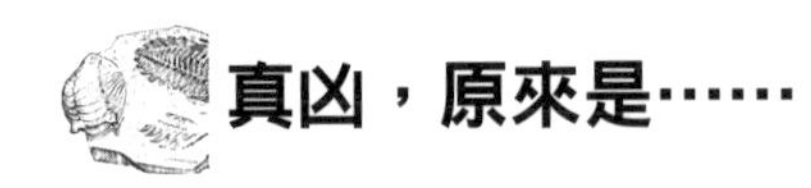

真凶，原來是……

某些非此領域的天文學家仍主張小行星週期性撞上地球，是造成過去每一次大滅絕的原因，但這些假設實際上完全得不到化石紀錄支持。事實上，全球浩劫最可靠也最常見的推手，是氣候與海洋的劇烈變化，驅動力就是地質力量自身。

過去三億年來，三場最慘烈的大滅絕都與大陸等級的大規模熔岩流有關，這是超乎人類想像的熔岩噴發，連地球系統[2]的宏偉機制都會因此故障。地球生命具備適應能力，但能力總有限度；火山有本事把整片大陸徹底翻轉，也有本事製造出毀天滅地等級的氣候與海洋亂象。這些罕有的天翻地覆大噴發發生時，是地球最最淒慘的時期，火山噴出的二氧化碳灌飽大氣，地球化成地獄般的腐爛墳墓，海水也因高溫酸化而缺乏氧氣。

然而，無論火山或小行星，似乎都不必為較早的大滅絕負責任；板塊事件[3]、甚至生物自身，或許才是過度消耗二氧化碳、毒害海洋的元凶。大陸規模的火山活動可能讓二氧化碳指數狂飆，但在更早、也可說更為神祕的滅絕事件裡，二氧化碳濃度反而大幅減少，地球被囚禁在冰牢中。最常把這顆行星發展進度打亂的不是其他天體的轟然撞擊，而是地球系統窩裡反；由此看來，地球的不幸大多都是禍起蕭牆。

幸運的是，打從複雜生命體出現以來，上述這些超級災變鮮少發生，地球在超過五億歲月裡僅遭殃五次（大約發生於

2. 譯注：地球系統（earth system）指地球上互相影響的物理、化學與生化過程。
3. 譯注：板塊事件（tectonic events）指地殼構造出現變化。

四億四千五百萬年前、三億七千四百萬年前、兩億五千兩百萬年前、兩億一百萬年前，以及六千六百萬年前）。但在我們這個世界裡，這些往事卻蕩起令人驚恐的回音——畢竟這個世界正經歷數千萬年來未有的、甚至是數億年來未有的劇變。「二氧化碳濃度高的時期，特別是二氧化碳濃度急遽升高的時期，恰巧與大滅絕重合，〔此事〕很明顯，」華盛頓大學古生物學家暨二疊紀末大滅絕專家瓦爾德（Peter Ward）如是說：「就是造成生物滅絕的原因。」

碳循環劇變與末日的關聯

人類文明很積極在證明，要把埋藏岩石裡的巨量碳元素快速釋放入大氣，超級火山可不是唯一途徑。碳與遠古生命共同埋存了數億年，現代人把這些碳挖出來，送進活塞或發電廠，一把火燒盡。這就是現代文明大規模進行物質代謝的方式。

如若我們堅持完成這任務，把能燒的都燒光，猶如人造超級火山般讓大氣充滿碳，那麼世界將會變得很熱，真的很熱，就像過往曾發生的那樣。現在最酷熱的熱浪體驗，就將成為普遍狀況，而世界許多地方仍然會有更高的熱浪，把氣溫推往未知之境，呈現超越人類生理強韌極限的新威脅。

倘若事情果真至此，我們這顆行星會回歸遠古的某種模樣，雖然在化石紀錄裡曾數度現形，但我們卻對之全然陌生。氣溫高的時代未必是逆境，在恐龍滿天下的白堊紀，大氣裡二氧化碳濃度高得驚人，地球因此遠比現代溫暖。只是，一旦氣候或海洋化學的改變是突然出現的，就會對生命造成莫大傷害。最糟的情況下，地面上放眼所及，盡毀於這些突發的氣候變化造成的結果：

熱到足以致命的各大洲內陸、酸化缺氧的海洋，以及橫掃全球的大規模死亡。

這就是地質學近年來所揭示的事實，也是現代社會最關注的未來隱憂。地球歷史上最慘烈的五章，都與碳循環劇變有關；漫長光陰裡，這個基本元素在生物體內與地層中（以及這兩個儲藏庫之間）不斷遊走，但若把碳突然大量注入大氣與海洋，會讓維繫生命的化學過程整個當機。正因如此，久遠之前的大滅絕如今成為學術界備受矚目的研究課題。寫作本書期間，我與許多科學家接觸，這些人大部分都不把地球歷史的「瀕死經驗」當成純粹學術問題，而是想藉由鑑往而知今，瞭解地球這顆行星面對我們正加諸的這些衝擊，會如何反應。

學術界正在進行的這些對話，卻顯然與大眾文化的認知大相逕庭。關於二氧化碳是否為推動氣候變化的要角，當前的討論好像認為兩者關聯僅限於理論或電腦模型；然而，我們現在進行的實驗曾快速把大量二氧化碳排入大氣，這種狀況事實上已在地質歷史中多次重演，從未有善終。除了各家氣候模型一致的可怕預測之外，還有地質史上由二氧化碳造成的氣候變化的例證，我們要深以為借鏡。這些事件能為現代人面臨的危機提供指引甚至診斷，就像胸痛病人告知醫生，自己有心臟病史一樣。

但是，把這個類比拉得太遠也會有風險。地球自誕生以來曾呈現多種不同樣貌，雖然在某些顯見而令人擔心的面向上，現今地球及其未來展望，與地球史上一些最駭人的篇章呼應；但在更多方面，我們所面臨的生物危機是空前絕後的。

幸好我們仍有時間，縱然人類這物種已證明自己的毀滅性，我們的所作所為，還是遠不及過往全球災變的恣意破壞與屠殺。那些是地球歷史的死蔭幽谷，而人類的墓誌銘還不必添上「造成第六次大滅絕」這條血淋淋的控訴；在噩耗多於佳音的世界裡，這已算是好消息。

事情到底會有多糟？

我跟很多小孩一樣，早早就聽過「大滅絕」。我媽媽是兒童圖書館館員，每逢假日我就開心等她帶回一箱箱書籍；只是我總不去碰《紅色羊齒草的故鄉》[4]和《記憶傳授人》[5]，只對立體書情有獨鍾，這或許讓她有點無奈。

看著「躍然紙上」的霸王龍與蘇鐵，以及有奇怪的拉丁學名的奇怪生物，我深深著迷。有個藝術家決定給一隻長相怪異、名叫「副冠龍」（Paralophosaurus）的動物塗上閃亮霓虹色，另一個插畫家則讓偷蛋龍（*Oviraptor*）穿上斑馬條紋；誰能抗拒科幻猛獸曾經真實存在的世界？但迪士尼的動畫《幻想曲》（*Fantasia*）卻如一盞明燈，指引孩提的我看到世界曾經的模樣，並發現更奇怪的事實——大地焦灼，恐龍在史特拉文斯基音樂伴奏下，蹣跚步向死亡，世界以悲劇終結，永遠消逝不復。後來我也曾著迷於其他東西，例如《侏羅紀公園》的電影與小說，但都只讓我更加惆悵，感嘆自己活在失去巨龍的世界裡。

4. 譯注：《紅色羊齒草的故鄉》（*Where the Red Fern Grows*），美國兒童小說，出版於1961年，作者是羅斯（Wilson Rawls），描述男孩與兩隻浣熊獵犬的故事。
5. 譯注：《記憶傳授人》（*The Giver*），美國人文科幻小說，出版於1993年，曾獲紐伯瑞獎，作者是勞瑞（Lois Lawry），從兒童眼光描述烏托邦社會現形為反烏托邦的故事。

可是，白堊紀並非地球歷史上唯一一個「失落的世界」，也不是唯一一個以末日厄運告終的時代。過去數十年來，地質學家開始為「五大滅絕事件」的粗略輪廓加添怵目驚心的細節；只是這些故事總不得大眾青睞。我們對歷史的認知通常僅能回溯數百年，能想到數千年已是極致；就理解往事而言，我們竟如此短視近利——簡直像只讀了某本書的最後一句，就宣稱自己已經掌握了整座圖書館館藏。

五億年來，這顆行星五度幾乎死去，此事實不可謂不重要；當我們以及我們的文明，把氣候暨海洋系統的化學作用與溫度，推向數千萬年未有的境況，我們也該追問那絕不可動搖的底線在何處。我想要知道：「事情到底會有多糟糕？」而答案就在大滅絕歷史中；拜訪地球狂亂而陌生的過去，或能開啟一扇眺望未來的窗。

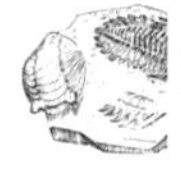

大滅絕留下的遺產

遭遺忘的諸多世界從高速公路旁、海濱懸崖以及籃球場邊，傾流而出，而我們全都視而不見。這或許是我跟古生物學家上山下海，學習五大滅絕事件的相關知識以來，得到的最主要啟示；我不必千方百計說破嘴，以便進入北極遠征團或戈壁探險隊來看遠古世界奇特地層，因為我們就住在不斷遭塗銷重寫的地球歷史書頁上。

地質學告訴我們，我們從無數個消逝的時代手中承繼了這個世界——這個薩根[6]所說的「文明嶄新的骨董行星」。透過地質學的鏡片看世界，將會看到前所未有的奇異風景。

6. 譯注：薩根（Carl Sagan, 1934-1996），美國天文學家，也是著名的天文科普書籍與科幻小說作家。

在北美洲，不是只有神祕的西南部或北極圈內裸露的山邊才能找到化石，而是連沃爾瑪超市停車場底下、採石場，或州際公路路邊的山壁都有化石存在。美國俄亥俄州的辛辛那提下方是由化石構成的淺浮雕畫面，內容描繪了奧陶紀早期海洋裡的熱帶海洋生態。

奧陶紀結束於五億年前，當時發生了地球歷史上慘烈度排名第二的大滅絕。德州奧斯汀市中心河岸有蛇頸龍（plesiosaur），洛杉磯埋著劍齒虎（saber-toothed cat），華盛頓特區杜勒斯機場底下還有來自三疊紀的殺手巨鱷。三億六千萬年前的泥盆紀，有一隻體積像巴士、張著血盆大口的大魚成了化石，牠那身披盔甲的遺骸後來在俄亥俄州的克里夫蘭河岸現身。

至於「五大滅絕事件」留下的瘡痍殘跡，則是躺在加拿大海洋省分[7]那些偏僻的青翠島嶼，躺在南極洲與格陵蘭的冰封土地，或是在墨西哥馬雅神廟地底，也散布於南非卡魯沙漠（Karoo）的死域與中國的農田邊。同時，大滅絕災禍的遺贈，也能在紐約市摩天大樓旁邊，以及中西部的頁岩層裡見到，這是泥盆紀晚期大滅絕那一團混亂鎔鑄出的；其中，中西部頁岩地層裡的產物，讓石油開採商與環保募款人士都獲益豐富。瓜達魯普山脈（Guadalupe Mountains）從西德克薩斯的廣袤荒原中升起，這座陰風慘慘的紀念碑幾乎全由古代海生動物堆砌而成，追念地球歷史上最最悲哀一章之前的生意盎然，當時二氧化碳造成全球暖化成災，扼殺地球上 90% 的生命。

7. 譯注：加拿大東北位於大西洋岸三省（新斯科細亞、新布蘭茲維、愛德華王子島）的合稱。

陌生的地球

在地球上，生命只是薄得不可思議的一層，但生命產生的有趣化學現象，讓地球不再只是正在冷卻的乏善可陳石球；這石球像一粒沙，漂浮於無垠的真空海洋。包覆這顆行星的生命薄膜，在銀河系裡或許獨特無雙。生命是我們這個世界的特徵，在地球歷史裡展現了簡直有如神蹟般的韌性。只是，透過大滅絕這層濾鏡，我們也看到它何其脆弱。行星表面環境要能適合生命發展的條件很嚴苛；危機幾度讓條件不再，使地球差一點就變成不毛之地。為了尋找小行星之類的嚴重外來威脅，人類對外太空的研究已有長足發展，但對較隱微的內憂卻還不夠有警覺。翻開太陽系行星名冊，幾乎都沒有生命可以存活，這顯示地球表面擁有適於生物發展的化學作用與條件是件多麼稀奇的事，而如同大滅絕的歷史先例所啟示，情況不會永遠不變。

我研究這些遠古災禍時，原本預期會發現類似「小行星消滅恐龍」那樣簡單明瞭的故事，結果看到的卻是知識探索的最前沿，太多東西尚未發掘，太多情節仍由歲月深霧掩藏。我在旅行途中新認識好多好多個世界，雖然仍叫做「地球」，然而我幾乎不曉得它們存在。這些世界被一系列毀天滅地的力量帶往頹敗的境地，這些力量雖然比小行星的撞擊力道微弱，但可怖程度絲毫不輸。

本書試圖呈現的是，辛勤拼起這片破碎且未完成拼圖之人的聰明才智，並總體考察我們周遭那來自幽冥年代的陌生地貌（無奈這兩項任務達成的程度非常有限）。本書同時也想要探索未來數百年的變局，展望生命的遠程前景，而生命就繫在這顆奇異、可居但脆弱，且要通過重重危機的行星。

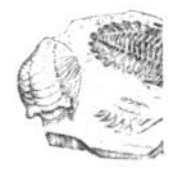

現在，正是另一個末日的開頭

攀登帕利塞德陡峭石崖之後，歐爾森和我從附近李堡（Fort Lee）住宅區十來家越南河粉店裡挑了一間來打牙祭，高速公路的呼嘯聲在此處從喬治華盛頓大橋擴展出來。我思索這地區的地質史，以及腳下岩石曾顯現的古老地獄景象，不由得想到了未來。當前大氣中二氧化碳濃度約保持在 400 ppm（百萬分之四百），可能是從三百萬年前上新世中期以來的最高點；如果世人看待排放量的態度仍然不變，依照某些氣候科學家與執政者預測，二氧化碳濃度在數十年後將達到 1000 ppm，屆時這個行星上的生命將會變成怎樣？

「上一次有類似情形發生的時候，兩極的冰都沒了，全球海平面比現在上漲好幾百公尺，」歐爾森說，那時鱷類與狐猴還住在加拿大北部海岸的熱帶環境裡。

「熱帶地區海水溫度平均可能達到攝氏四十度，那是我們現在完全無法想像的。「各大陸的內陸，」他繼續講：「長期成為沒有生命可以存活的環境。」

我問得更直接一點，說我們是否正處在另一場大滅絕的開頭。

「對，」他答道，暫時擱下筷子，「對。不過這場大滅絕的顯著化石紀錄，從五萬年前人類從非洲擴展，並消滅了所有大型動物（megafauna[8]）開始；有朝一日他們或許會說，人類的工業全球化只不過是最後的致命一擊而已 。」

8. 譯注：大型動物（megafauna），一般指比人類體型要大的非馴養動物，科學上最常見的定義是體重超過四十公斤的動物。

第一章

起始

回到生命開端

我們都以為在地球上，
動物生命的起源像是春臨大地那麼自然，
但實情是動物時代比較像老到生不出的父母
意外喜獲麟兒。
——瓦爾德[1]

1. 譯注：瓦爾德（Peter Ward,1949-）是古生物學家。

我家鄉在波士頓。可以這麼說，我只要搭一趟通勤渡輪越過港口，就能看到地球史上某些可能是最早的大型複雜生物化石。那兒有小艇船塢，外面環繞公寓大樓和大型商場一類的現代社會建築物，船塢下方的海灘上零星散布一些鏽蝕的釘子，那是以前的碼頭留下來的。

在這無人聞問的海灘遠端，退潮時會有一片片披滿海藻、朝海中傾斜的遠古海床露出水面。海床岩石歲數超過五億年，來自南極附近一塊超級古大陸外海的海底，從萬能衛浴公司（Bed Bath & Beyond）停車場不遠處露出頭來。

岩石上沒有牌子或號誌標示它們任何特殊之處，但撥開海藻就能發現，岩石表面一個個同心橢圓凹坑，大小不超過二十五美分，可能形成於複雜生命初出現的時刻，是某種蕨類植物把自己固定在泥濘淤土留下的痕跡。

故事從那裡開始，那顆行星同樣也叫地球，但相同的部分僅止於此。

距離這些生物在波士頓南極海床上過著奇妙生活，究竟已過多久？我們已難以知道，更不可能知道地球有多麼古老、人類扮演的角色又是多麼微不足道。藉由薩根對地球這「蒼藍小點」的頌歌，我們理解人類在太空中這既偏遠又微小的角落，是多麼與世隔絕；但時間上我們同樣也被限制在眼前片刻，往前往後都是不可思議的永恆歲月。

幸好地質學家弄出了一些智力遊戲，幫助我們心領神會自己在無垠時空裡的定位，其中一種是用腳步來類比[2]，方法如下：想像你

2. 感謝卡內基研究所（Carnegie Institution）的海岑（Robert Hazen）提供。

所走的每一步路都代表一百年歷史。這類比很簡單，箇中含意卻相當深奧。

倒著走回地球開端

起步走，從現代開始回溯。你舉起一隻腳，網際網路沒了，地表三分之一的珊瑚礁重現，原子彈激烈復原為未爆狀態，人類打了兩場世界大戰（但次序相反），地球背日面的電燈光芒熄滅盡淨；最後，當你的腳落地時，鄂圖曼帝國又重新存在。這是第一步。當你走完二十步，耶穌已經與你同行；再走幾步，其他偉大宗教也開始逐個消逝，先是佛教，然後是祆教，再來是猶太教，最後是印度教。

每走一步，文化發展的里程碑就愈來愈令人震驚；最早的法律制度和文字消失了，慘的是接下來啤酒也消失了。只要走幾十步，還沒走出你家這條巷子，一切有記載的歷史全都無影無蹤，人類所有文明全都在你後頭，長毛猛獁象都還活著。你伸伸腿，想著這還頂簡單的，以為前路應該不遠，走到恐龍時代大概只要一小段，再走遠一點就能遇到三葉蟲，太陽下山時候應該就能抵達地球誕生的年代。

你想得美。事實上，你得持續不斷每天走三十二公里，整整走上四年，才能走完剩下的地球歷史[3]；顯然行星地球的故事不等於人這種生物的故事。這段路上幾乎每一步所經都是令人生畏的地貌，其中毫無複雜生命存在，深海裡沒有，山巔上沒有，熱帶沒有，各大陸內陸一望無際的貧瘠花崗岩地形中也沒有。

3. 如果要走到宇宙誕生大霹靂那刻，你得用同樣速度額外再走將近十年。

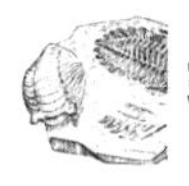

非常無聊的十億年

動物生命出現前那將近無盡的歲月裡，除了風聲和浪濤聲，我們這顆行星大半時候都一點聲息不聞。在波士頓港岩石和其他地方留下印記的複雜生命，在地球形成四十億年後才現身；在此之前，整顆行星表面最生機勃勃的東西是水中的細菌浮渣。老實說，十八億五千萬年前到八億五千萬年前，這段時期無比風平浪靜，地質學家因此稱其為「無聊十億年」；如果連地質學家都會說某種東西無聊，那就真的很無聊。

我們往其他行星尋找生命時，切記一件事：就算是現在生機盎然的地球，它在自身歷史的 90% 時間都只是一片淒清荒原。事實上，數十億年岩石紀錄中唯一的生命徵象就是微生物生痕化石，乏善可陳。

接下來，大約在六億三千五百萬年前，複雜生命出現一點點影蹤；在阿曼發現的岩石裡，存在少量的 24- 異丙基膽甾烷（24-isopropylcholestane），現在只有特定種類的海綿，才能製造這種化學物質。海綿鎮日忙著過濾海水、固定碳元素，因此可能起到淨化海洋的功能，讓更複雜的生命得以生存。史密森尼學會的古生物學家埃爾溫（Doug Erwin）寫道：「人類欠海綿很大一份情」，下回你拿海綿來洗碗時，可得想想這話[4]。

再來，約在五億七千九百萬年前的「埃迪卡拉紀」[5]期間，在一段幾乎讓地球生命斷子絕孫的全球冰期（這段冰期貼切的稱為「雪

---

4. 幸好現代大部分廚房用的海綿都是合成材料，這種數典忘祖的行為已經很少見。
5. 譯注：埃迪卡拉紀（Ediacaran period）是元古宙（Proterozoic Eon）最後一個紀，時間為距今六億三千五百萬年到五億四千一百萬年前。

球地球」）之後[6]，生命的香檳終於開瓶，大而複雜的生物總算以化石之姿，突然現身於遠古海床。

在地球四十五億年壽命中，這仍算是近代史，但也已古老得難以言喻；再往後二億年，盤古大陸才會成形，然後再至少五億年，霸王龍才登場。更何況，所謂的「五億七千九百萬年前」就是「現代人類出現之前五億七千九百萬年」，而現代人類在地球上的日子最多只能用十萬年為單位，根本上不了百萬。面對這漫長時間的深淵，就連地質學家的理解力都遠遠不足。

化石紀錄裡倏地出現的這些簡單生物，可能根本不是動物，它們的盛世也十分短暫。事實上，它們說不定還歷經史上第一次生物大滅絕，只在岩石裡留下隱微的形體模樣，全靠古生物學家寫出的詩歌，才能稍稍窺得它們的生活情況。

在紐芬蘭島東南迎風面的臨海貧瘠之地，就在接收到鐵達尼號沉沒前最後一條絕望信號的孤獨電報站不遠，有更多類生物留在古老海床上的化石塗鴉，這是生命在遠古深海永恆子夜中，以象形文字存留的回音。

紐芬蘭某些化石讓人想到蕨葉、雞毛撢子和纖細毬果；其他則有蘇斯博士畫風的大型有節蛞蝓或大胖蜈蚣。它們似乎是發明了某種與現存生物都不同的生活方式，大部分時間動也不動，在原始地球的噁心海洋中，透過黏膜緩緩吸取有機汙泥。它們試圖以這種方式在地球上生存，但最後失敗；這些生物在地球歷史的下個階段全都會消失。

6. 當時可能是火山噴出的二氧化碳讓地球升溫，拯救這顆行星脫離「雪球地球」（Snowball Earth）的狀態。

動物來了——寒武紀大暴發

大約五億四千萬年前，埃迪卡拉紀世界毀於一旦，在「寒武紀大暴發」這演化史上最重要的一刻，戲劇性的遭到掃平。寒武紀大暴發是驚人的生物超新星爆炸，自此動物（也就是會到處跑、會吃其他生命維生的生物）世界才真正誕生。

儘管之前那停滯不變的時代裡也有化石暗示動物的出現，但埃迪卡拉紀混濁海洋的主宰者，仍是活動力不佳、外觀呈碎形（fractal）的生物。這一切都在寒武紀揭幕時徹底改變，動物迅速分化，推翻原本的古怪生命型態，以五花八門的更古怪生命型態取而代之。

雖然寒武紀大暴發未能列入正統五大滅絕事件之一，但它的確可能標記著複雜生命歷史上，頭一回類似的集體大型死亡事件，和我們一般的認知完全不同。

如果說，在紐芬蘭與其他地方，埃迪卡拉紀那些被遺忘的生物看起來像外星人塗鴉，那麼在寒武紀大暴發取代它們的那些花枝招展生物，看起來就像外星人本身。海洋裡突然擠滿奇詭生物，牠們的模樣勝過最狂野的迷幻藥夢境；事實上，寒武紀有一種動物的確命名為「怪誕蟲」（*Hallucigenia*），還有一種是五隻眼睛、該長嘴巴的地方卻長了根手臂狀怪異附肢的「歐巴賓海蠍」（*Opabinia*），研究者首度在科學會議中介紹牠時，獲得滿堂哄笑。

還有別的，比方說怪到可當典型的「奇蝦」（*Anomalocaris*），樣子像是有波浪狀外表的魔化龍蝦，當我們想像牠在一般生命體系中的定位時，總被引得忍不住對牠瞇眼細查。這些長得面目全非的生物如今停靈在博物館展覽室裡，又在藝術家筆下散發誘人魅力，提醒我們這顆行星從降生至今，已有過許多全然不同的世界，雖然技術上它一直是同一顆「地球」。

上述某些動物界的實驗只是實驗而已，某些實驗失敗了就再也不會重現，其他有的比較成功；那些源出於寒武紀大暴發的怪異生物裡頭，其中一個就是我們的老祖宗，牠說不定就是兩寸長、長得像文昌魚、其貌不揚的「後斯普里格蟲」（*Metaspriggina*）。

寒武紀以來，動物影蹤處處可見，造成化石紀錄裡突然的轉變，這種看似自發的現象讓達爾文傷透腦筋。後來經過一百多年的研究，學者發現所謂「大暴發」並不是發生在極短時間內，但以地質學角度來看，這效率仍高得驚人。

學界仍對大暴發的成因爭論不休，學者說法包括：因為海洋中含氧量上升（氧氣可能是由生物自己出產），所以能支持動物更有活力的生活方式；其他學說的推測性更強，比如說：視覺的出現讓掠食者與獵物的零和競技場突然大放光明，點燃掠食者間軍備競賽的引線。

然而，在熱熱鬧鬧的寒武紀大暴發裡頭，前一個短暫世界的悲傷故事卻無人聞問，那些被遺忘的神祕形體永遠從世上消失。動物世界急遽膨脹之後，海底下那些肉墩墩的奇怪葉狀生物和氣球般的蛞蝓形生物，就再也無影無蹤了。

熱鬧背後的陰影

「這是因為生物演化出新行為，最終導致的一場大滅絕，」范德比大學（University of Vanderbilt）古生物學家、埃迪卡拉紀專家達勞（Simon Darroch）如是說。我在巴爾的摩一場地質研討會上與達勞談話，他是個稚嫩而可親、說著流利正規英語的科學家。他在一群蓄山羊鬍、稍顯孤僻、出沒於全美各地地質研討會的美國中西部中年男子裡，特別顯眼。

寒武紀大暴發之前的奇異世界，是個禪意花園，充滿長在海床上的陌生碎形生物，以及吸附在微生物蓆（microbial mat）上拼布似的奇怪團狀物；長久以來，古生物學家都對這個世界的消失大惑不解。不過，達勞和同僚在 2015 年宣布解決這個古老懸案，答案就是生物大滅絕。

「我們以為，生物大滅絕需要非生物性的因素來推動，像是小行星撞擊或是長期火山活動；但證據顯示，有些生物自身會造成環境改變，導致大量複雜的真核生命的滅絕。我覺得相當類似人類現在的作為。」

有一種特定的新行為似乎應為這場動亂負最大責任：挖地洞。紐芬蘭與其他地方的奇特幾何生物，必須身處富含有機質、鋪著噁心但不被擾動的微生物泥的海底來存活。一旦寒武紀大暴發正式揭幕，動物占據地表後就開始在海床亂翻亂攪；對前朝埃迪卡拉紀那些待在海底、從平靜汙泥層中吸收養分的拼布似的奇怪團狀物而言，這簡直是大災難。

生物行為帶來滅絕

事實上，這些岩層中生物鑽孔的生痕，成了地質學家標記寒武紀的起點。這些洞穴的始作俑者可能是所謂的「陰莖蟲」（penis worm，這不是在開玩笑），牠們翻騰著鑽過原始海床，把埃迪卡拉紀生物棲息地給毀了。

在地質學家眼中，這些鑽孔標誌著地層的質變，與過去數十億年形成的無生物鑽孔的岩層明顯不同，可以標誌著地層間的質變；接下來五億年的岩石紀錄裡可能都找不到類似的改變，直到人類為了尋求礦物和化石燃料，在岩石上打出數英里深的大洞為止。

寒武紀大暴發的動物新貴開始過濾海水，並將更多過去懸浮在水層中的有機碳送往海床；換句話說，牠們開始拉屎了。結果呢？前代埃迪卡拉紀的怪異碎形葉狀生物一下子發現自己浮在乾淨得嚇人的海洋裡，沒有東西可吃。

另一方面，寒武紀新型動物抽出水中含碳懸浮物送到海床掩埋，促進海中溶氧量增加；當時海中生物之間軍備創意競賽不斷加劇，大幅增加的溶氧量可能更強化這個情況，把慢悠悠的可憐生物遠遠拋在後頭。

藉由濾淨海洋，地球變得更適合更多動物生存，並刺激出生物學上更瘋狂的實驗。處在一個觸手、外骨骼和利爪等軍武不斷出現的世界裡，拼布團狀物或不會動的碎形藻類還能有希望嗎？

有種想法尤其流行在非科學家之間，人們以為「我們對地球破壞之嚴重已達地質規模」只是人類自我中心的傲慢想像；這種想法其實誤解了生命歷史。從地質史來看，微小的創新就可能讓地球化學整個重組。因此現在人類對環境造成的影響，當然可能與寒武紀大暴發那些濾食性動物一樣有影響力。

「這想法沒什麼大不了，但人們卻很難接受。我覺得是因為我們不認為自己在天地運作中有那麼重要，」達勞說：「可是這兒有個例子，五億年前發生過非常類似的事。很多人把過去生物大滅絕的滅絕速率，跟現在我們逼使物種滅絕的速率相比，而這兩者都是由新行為的演化，與生態系裡的新工程所造成。」

寒武紀挖地者為了自己的利益，將微生物薦的世界重新塑造；人類也已將一半的陸地開墾為農業用地。我們甚至開始改變海洋的化學性質，用二氧化碳將它酸化，從農業腹地裡洶湧溢出的氮肥與磷肥使得整片大陸棚缺氧。當前這些令人眼花撩亂的科技，放眼整個生命史上，有什麼飛躍性創新能與之相比？答案大概只有寒武紀大暴發時生物層出不窮的新花樣。再怎麼說，我們的重要性應當都不會輸給陰莖蟲吧。

「我在想，這裡就是個生態工程造成生態危機的例子，」達勞說：「面對『歷史正在重演』的事實，我們不應該感到很訝異、很震驚，或是很不能置信。生物是一股非常強大的地質力量。」

寒武紀帶來的生命織錦

雖然之前的埃迪卡拉紀奇特生物因此倒了大楣，但寒武紀大暴發對地球生命可說只有好沒有壞，它標誌了一顆長時間沉浸於「無聊十億年」的行星被動物正式接管。

如今，我們建造的新科技世界或許也標誌著類似劃時代變局的開端；一千萬年後的嶄新時代可能讓我們覺得極其陌生，就像可憐的舊生物面對寒武紀五光十色動物世界的觀感一樣。又或者，我們受到的衝擊其實預告人類未來厄運當頭，最後僅剩一個遭毀滅的世界；我們留給後世的唯一遺產，也只是地球經歷文明世界各種過度過量後所需的漫長恢復期。

至於寒武紀，它留下的遺產則是所有動物生命構成的織錦畫，畫中有著被遺忘的遠祖。現在的地球充滿生機，生命爬著、游著、用眼睛和化學受器監視著別的生命。生物彼此殺戮，將彼此吃下肚，或是嚇破膽的躲著。就算我們總是不願承認，但這就是我們現在的世界，弱肉強食鮮血淋漓。一首長達四十億年的前奏曲，以火焰而始，以冰雪地球而終；在那之後，動物生命的豪華大遊行終於開幕，接下來的五億年將有趣無比。

寒武紀大暴發驅動了地球的動物生命，但寒武紀時期的海洋仍維持數百萬年貧瘠狀態，缺氧海水一陣陣侵入淺海，消滅掉一個又一個的物種，造成一波又一波的生物滅絕。寒武紀大暴發之後這種奇怪的生命發展遲滯狀態，有個不祥的稱號「寒武紀死亡間隔」（Cambrian Dead Interval）；要到接下來的奧陶紀開幕時刻，黑暗時代才算告終。直到奧陶紀結束，都會見到前所未有的演化盛況。

對地球生命來說，奧陶紀是段狂放歲月，先是地球歷史上史無前例的不可思議盛世，緊接著則是更不可思議的衰世；大滅絕的時代已然開始。

第二章

奧陶紀末大滅絕

四億四千五百萬年前

下雪了，雪在雪上，
雪又在雪上，
於那酷寒深冬
久遠的以往。
——羅塞提[1]，1904年。

1. 譯注：羅塞提（Christina Rossetti, 1830-1894），英國詩人，作品內容包括情詩、宗教詩歌與童詩。

週五晚間，辛辛那提大學足球場鬧聲喧天；一群喝醉的大學生晃過黝暗校園，往球場的超大屏幕和圍牆的泛光燈光芒前進。他們漫步經過暗處的物理館，絲毫不覺裡頭正進行另一場不那麼喧囂的週五夜儀式。

一條光線昏暗的走廊末端透出燈光，這只可能表示一件事：「陸上掘海者」（Dry Dredgers）正在舉行每月一度的集會。

這聽來像某種沒沒無聞、類似共濟會組織，但「陸上掘海者」卻是美國最有地位的業餘化石蒐集者社團之一。該會來者不拒，只要你對幽冥年代著迷，便有入會資格。他們利用週末出門踏青挖化石，從 1942 年開始一絲不苟的在辛辛那提地區「掘海」，尋找遠古海洋生命；其成果為無數古生物學論文引用。

他們的基地在俄亥俄州西南部，腳下就是遠古海床構成的岩層；他們對奧陶紀的化石特別有研究，那是從四億八千八百萬年前到四億四千三百萬年前之間的陌生時代，結尾是一場大毀滅。

奧陶紀晚期，冰期出人意表降臨，摧毀這個溫和的世界；有毒海水又讓情況雪上加霜。慘烈的氣候動盪造成生物大滅絕，災情慘重在生物歷史上排名第二。

我和大部分人一樣，對古生物學的興趣從有鱗片大傢伙昂首闊步的時代開始，但對這個老得多的行星一無所知。那時候陸地上幾乎完全沒有生命，且持續將近一億年。不過，我們這顆行星一直都是以海洋為主，奧陶紀海洋波浪下方可是一片生機蓬勃；因此我以辛辛那提的海洋做為本章開頭。

獻寶大會

「老天，今晚大家都在『展示討論』啊，」陸上掘海者的會長卡邁爾（Jack Kallmeyer）在正式開始前說道。會員四處遊走，炫耀自己從地裡挖出的寶貝，往彼此的鞋盒裡探頭探腦，鞋盒中裝滿上個月集會後，各人從路邊或舊採石場撈到的生物化石。這些狂熱化石迷從美國中西部各地進城來，互相交換上次碰面以來冒險犯難的採集經歷，一起為許多化石遺址哀悼。這些遺址可能是因開發磷礦而關閉，或是被市郊開發工程犁過。

這是業餘地質學家常有的悲嘆，房地產開發商基本上不知道或不在乎他們下一座社區預定地是否藏有化石；大型商場、人行道、固定澆水的草皮，這片薄薄的文明地下卻常是深不見底的化石世界，大多數美國人對此也全無知覺。

然而，辛辛那提地區就坐落在遠古熱帶海洋生命的巨大大雜燴頂上，連路邊都能見到地底滿溢出來的化石，這裡的人要逃避真相就沒那麼容易。這片地帶被稱為「北美洲最富藏化石的地區之一，甚至是全世界最富藏化石的地區之一」，包括北邊肯塔基州與東南邊印第安那州鄰近地區，兩百年來吸引無數古生物學家到此。這座城市底下化石如此多，地質學上甚至有段年代因此以它為名，叫做「辛辛那提統」[2]。

展示討論已畢，陸上掘海者會員各個就坐；在場者普遍不年輕，其中許多人對化石的熱情已經超出純學術的程度。當晚講者是對古生代化石狂熱的伊利諾州高中教師，介紹興起於奧陶紀某個鮮

2. 辛辛那提統（Cincinnatian series）指的是北美大陸奧陶紀最晚期的地層。

為人知的有莖濾食者支系。

「說到海蕾（blastoids）就不能不說五角海蕾（*Pentremites*），」他說道。我看著四周群眾邊聽邊點頭，對這些使用好幾個陌生名詞組成的句子表達贊同。「但是，我必須說，我個人還是最喜歡二胚層海蕾（*Diploblastus*）。」

他從上方投影機放出一張幻燈片，畫面中是個貌不驚人的化石；臺下響起一片驚嘆。「這是伍氏三腔海百合（*Tricoelocrinus woodmani*），」他說：「海蕾中的勞斯萊斯。」[3]

坐在我前面的先生，他身上T恤印的不是什麼錦言妙句，而是辛辛那提市長宣布該市市化石為辛辛那提等棘座海星（*Isorophus cincinnatiensis*）的文告；這串學名是海星的一種遠親，生活在超過四億年前。別以為在場都是「業餘」人士，這些傢伙可是一點都不業餘。

卡邁爾在當晚結束前公布本週末行程：隔天早上，我們將與肯塔基古生物學會（Kentucky Paleontological Society）一同前往海邊。

第二天，睡眼惺忪的我來到市外與車隊會合。我們第一個目的地藏在某條便道盡頭，是一道暴露在外的灰色層狀岩壁，跟矗立在當地公路旁的屬於同類。我們輕快爬上岩壁仔細瞧瞧，發現從岩石露頭碎裂的石塊根本不是石塊，而是遠古海洋中的貝殼與某種生物的分支狀骨骼的膠結物，看來像是有人拿鶴嘴鋤從珊瑚礁掘下來的東西。

基本上，這裡所有的岩石都是化石；我們所在地是一處五十英尺深的海床，位於赤道南方，時間是四億五千萬年前。這些岩石訴

3. 試試看用Google搜尋這種生物，結果保證讓你一點都提不起興趣。

說一顆陌生行星的故事，與它頭頂地表上的活動幾乎沒有關聯，令人不禁感到惶惑。我震驚得合不攏嘴，突然明白了陸上掘海者這種獨特嗜好的吸引力何在。

菜鳥挖到了三葉蟲

奧陶紀世界又名「無魚海」（為了證明世界變化何其大，讓我告訴你：下一場生物大滅絕就發生在所謂的「魚類時代」），但就算奧陶紀也還是有魚類存在。牠們是我們的祖先，一群可有可無、長相奇怪的小型生物，是海中頂級掠食者旁邊陪襯的壁花，大部分都沒有頷部。奧陶紀的霸主是沒有脊椎的怪物：匍匐爬行、有殼、有觸鬚、有觸手的生物。

要有生物大滅絕，先得有生物來讓你滅絕。沿著辛辛那提郊外公路路邊，過了潛艇堡（Subway）、斯普林特公司[4]和領先汽車配件公司（Advance Auto Parts），若你想要與地球上頭一場全球性大屠殺所消滅的那個動物世界面對面，這個地方是首選地點。我窺見一塊不尋常的石頭，於是動手清開一些塑膠酒瓶，把它從碎石堆裡拉出來。變成化石的生物蜷成球狀，嚇得不能動彈，以這模樣被永久固定在石頭裡。

「米氏捲曲隱頭蟲（*Flexicalymene meeki*）。」當我把化石拿起來對著太陽，擔任「陸上掘海者」理事的海因布洛克（Bill Heimbrock）告訴我它的學名。

「完全沒有瑕疵，」他說：「這個很完美。」

4. 譯注：斯普林特公司（Sprint）是經營有線與無線通訊業的公司。

我故作深思熟慮的點點頭，模仿當天身邊這群老資格化石迷的遣詞用字，讚道：「保存得真好」。

幾個陸上掘海者咕噥著說這是菜鳥走好運。

這是種三葉蟲，教科書介紹自然史必定提到的主角，也是在奧陶紀末期經歷生死關頭的那群生物之一。三葉蟲長得大約像是手風琴與鱟（現存動物中與三葉蟲親緣最近）的合體，人們幾乎是說到古生代就想到牠[5]，就像說到中生代就想到恐龍、說到新生代就想到哺乳類一樣。

三葉蟲是種飽受誤解的生物，我們以為牠像是數億年來漫無目的擦洗海床的水底掃地機器人，而的確也有不少這類單調乏味的三葉蟲住在海底，遊蕩於海床上的角狀珊瑚與海綿之間。然而，奧陶紀還有會游泳的三葉蟲漂流在開闊大海裡，牠們有的長著和身體其他部分不成比例的超級大眼睛；有的形狀像沙漏，還有的像是魚雷。某些三葉蟲很難簡單描述，比方說線頭形蟲（*Ampyx*），牠頭甲上長著長長尖刺，有的朝前、有的朝向尾部[6]。奧陶紀甚至出現大型善泳的肉食三葉蟲，有學者說牠那流線型的頭部形似「某些現代小型鯊魚」。

其他幾場大滅絕的受害者可能更有群眾魅力，像是白堊紀末大滅絕時，則是史上最可怕恐龍「霸王龍」看著小行星撞上地球，但奧陶紀大滅絕也有史上最大型三葉蟲「霸王等稱蟲」（*Isotelus rex*）

---

5. 動物時代可分為：古生代、中生代、新生代。人們廣泛以為中生代是爬行動物的時代，新生代則是哺乳類的時代；這觀念其實有點過時。古生代包含動物出現以來到中生代之前的六個紀，包括寒武紀、奧陶紀、志留紀、泥盆紀、石炭紀，和二疊紀。
6. 還有的三葉蟲大名顯示了命名者的特質。倫敦自然史博物館的艾吉康（Gregory Edgecombe）以「性手槍合唱團」（Sex Pistol）成員名字為*Articalymene*這個屬之下五個種命名，其中包括*A. rotteni*跟*A. viciousi*。此外，*Mackenziurus*這個屬裡頭也包含四位「雷蒙斯合唱團」（Ramones）成員：*M. joiyi*、*M. johnnyi*、*M. deedeei*、*M. ceejayi*，同樣是由艾吉康命名。

做為末日見證者；只是這個「霸王」身長不足三英尺，嚇人的效果顯然不足，但牠以三葉蟲的標準來說可是龐然巨物[7]。氣勢驚人的霸王等稱蟲沒能活過奧陶紀末大滅絕，畢竟能安然度過這場災難的生物實在不多。

值得敬畏的頭足類

看著手中這塊驚慌失措的化石，我問別人「牠在怕什麼？」

「頭足類動物（Cephalopod），」海因布洛克語帶敬畏的說：「板足鱟（Eurypterid）。」

可惜這些動物沒有更響亮的名號。板足鱟又名海蠍，其中某些體型極大，擁有流線型的外骨骼和背甲，上面垂著好幾根科幻生物般的附肢。2015年，科學家在愛荷華州奧陶紀海洋地層裡，發現一隻這種長得像蟲的生物，大小跟人一樣。

說到頭足類動物，眼前就有個這類生物留下的有氣室錐形殼，距離我挖出三葉蟲的地方不到數英尺；牠可能就是造成我的化石那永恆死狀的元凶。

現在頭足類大致包括章魚、烏賊、魷魚和鸚鵡螺（這種動物世系可以追溯到奧陶紀），牠們在奧陶紀之前最多只會長到幾英寸長，但是到了奧陶紀，卻出現體型駭人的成員，例如房角石（*Cameroceras*）身上帶的錐形殼能延伸將近二十英尺長；博物館中的房角石還原模型，看來像把一隻章魚塞進公車一樣大的冰淇淋甜筒裡。

7. 這種生物在2003年被發現，地點是加拿大哈德遜灣的岩岸上；有意思的是，這片大海灣是現存奧陶紀海洋地層中，唯一一塊壓在大陸地殼上的。

然而，對於三葉蟲來說，這些飄在海床上數英寸處、觸手不斷搜尋泥堆的無畏級戰艦一點都不好笑。奧陶紀的鸚鵡螺在全盛期有將近三百多個種，但當名為「滅絕」的大斧落下，牠們受到的創傷不可謂不重，其中 80% 的種類都被這場災難夷滅。

我們知道章魚和魷魚這些現代頭足類聰明到嚇人的程度，但牠們那種異類智能的發展軌跡與人類全然不同，牠們的大腦跟我們這邊的遠近親戚毫無相似處。就算牠們屬於軟體動物，跟牡蠣、蛤蜊等缺乏知覺的生物（所以我們大口吞掉牠們時不必良心不安）歸為同一族，但如今人們卻觀察到章魚會使用工具，會對負責飼養牠們的水族館館員採取消極抵抗策略，還會預測世足賽結果（雖說最後這項滿可疑的）。

或許，古生代礁石間這些最早的大型頭足類動物身上帶著最初萌芽的一丁點主觀知覺，這也就是生物出現「意識」的開始。或許真實世界從創世以來已逐漸開展了數十億年，卻一直不存在任何生靈去注意這件事，直到生命在辛辛那提與其他的奇特淺海地區誕生為止。當然啦，以上說法都是天馬行空的猜想，但是很有趣。

路旁的三葉蟲與頭足類化石都嵌在大堆大堆更多化石貝殼裡；我很快知道這些貝殼太普通且到處都是，因此沒有採集的價值。牠們是腕足動物（brachiopod），一種長得像蟲的海洋生命，模樣類似扇貝和蛤蜊但完全沒有親緣關係，自食其力演化出身上的殼。這些生物保存非常完好，看起來像是數天前才被沖刷上岸……問題是，我們身在陸上馬路路肩上，旁邊是大型商場，這些貝殼全是化石，而且牠們年代比恐龍還早兩億年。

此外，牠們的造型比我看過的任何貝殼都富有哥德風：兩扇殼閉合處呈鋸齒狀相交，像捕獸夾一樣；其他有的外觀比較光滑順眼，有新藝術（Art Nouveau）的風格，像是巴黎地鐵站入口的頂棚；還有的長相神似日本藝妓手中扇子。

腕足動物不是奧陶紀最出鋒頭的生物，但牠們最容易大把大把被發現。牠們把古老地球的海床鋪得滿滿的，但未來卻要被大滅絕殘酷篩選。

我從中西部海床裡挖出另一塊奇特岩石，拿給一個陸上掘海者看。那人蓄著厚厚的灰鬍子，頸上繫著方巾，看起來比較像是飛車黨成員而非化石迷；他接過化石，掏出一把放大鏡。

「噢，這個是『扔了吧石』[8]，」他嘟噥著。

「好東西嗎？」我問道。

「扔了吧，」他說，隨手往地上一拋。他對我找到的另一個石片比較有興趣，石片上有著像是小型手鋸刀刃的痕跡。

「筆石（graptolite），」他瞪大眼睛說道。這些鋸刀狀的小東西出自一種怪異小生物之手，牠們拴在一起在大洋中漂浮，可能藉著眾生齊力划水在海洋中移動。牠們原本生存範圍跨越整顆地球，但後來在大滅絕中全部遭到消滅。

這就是奧陶紀的世界，一個奇特的海洋世界，裡面到處都是無脊椎動物；牠們或許沒有特大號霸王龍那種廣告效果，但卻有種異形般的魅力。

這些動物生存的世界在某些部分是我們世界的翻版，但它在間隔的億萬年間也發生無數改變，變得讓人幾乎認不出來。

8. 譯注：扔了吧石（leaverite）是地質學家或礦物學家對「看來有什麼其實沒什麼」的標本的謔稱，是改寫 “Leave’er right there”（原地棄置）造出的新字。

陌生的世界地圖

奧陶紀裡，現在的北美大陸大多位於一片廣闊熱帶海洋底下，很多地方海水可能只到腳踝或膝蓋那麼深。從威斯康辛州的熱帶沙岸走進海中，你能一步步走過大半個大陸而不至於滅頂，直到海床在德州一帶突然變深為止。

這片廣大淺水區，有個氣派的名號「大美洲碳酸鹽灘」（Great American Carbonate Bank），意指它就像是個範圍廣達全美的巴哈馬群島。當時海平面高度可能是複雜生命出現以來最高紀錄，各大陸被漫過形成淺海的地區都一片欣欣向榮。

那時候的北美洲是把現在的北美洲順時針轉將近九十度，然後讓海洋淹過；加州和整個西岸地區根本不存在，新英格蘭、加拿大海洋省份、英格蘭和威爾斯，則都是剛從南極附近非洲大陸剝落下來的大塊大塊島嶼，構成稱為「阿瓦隆尼亞」（Avalonia）的列島，樣子類似今天的日本。阿瓦隆尼亞當時距離北美大陸極遠，中間隔著大西洋的前身、現在已經不存在的「巨神海」（Iapetus Ocean）。

辛辛那提只是探究奧陶紀海洋世界的其中一扇窗，幾乎每個大陸都有類似的岩石露頭，連聖母峰頂上都發現過幾種三葉蟲。世界最高峰的死亡區域不僅散布著身穿刺目螢光登山厚夾克、在上個登山季節失足而亡的白骨，還有比這老得多的遺骸：奧陶紀三葉蟲與海百合的化石。由於地質史上近期發生的印度、亞洲兩大板塊衝撞事件，遠古海洋生命竟被推擠登上地球最高點。

自辛辛那提往南三百英里是一片霰彈槍眼般的火山島，這地方在奧陶紀距離辛辛那提比現在要近，當時正與後來成為北美東岸的地區互相碰撞。阿帕拉契山脈就是這場追撞事件的成果，以前這還是一片淹水的陸地時，它曾有阿爾卑斯山那麼高。在此同時，哈薩克、西伯利亞和北中國都是孤獨漂流在遠洋上的島筏，島上很多地區也都被淺淺內陸海覆蓋。上述這類的微大陸和群島遍撒海上；到這裡我們應該已經明白，要從這片太初地理形勢裡勾勒出現代世界輪廓，幾乎是不可能的事。

如果你還沒被搞得昏頭轉向，渡海之後就會遇到上下顛倒的南美洲，而且南美洲還跟非洲、澳洲、印度、阿拉伯和南極洲連在一起，組成一塊名叫「岡瓦那」（Gondwana）的超級大陸，漸漸向南極漂移。藝術家在還原圖裡，常把這些陸塊畫成拼合在一起的拼圖塊，但事實並不盡然如此；岡瓦那是一片完整的陸塊，後來才被地底深處的活動扯成碎塊。不過，一位地質學家告訴我，地殼構造的破裂帶就跟槍枝暴力、性病流行、還有世界大戰一樣，總是發生在同樣的地方。

當各大洲被海洋淹過，那些還存在的旱地上放眼望去淨是荒涼岩漠，這片風景的宜人程度跟美國太空總署火星探測車「好奇號」（Curiosity）傳回來的影像差不多。崎嶇光禿的大陸上沒有昆蟲嗡嗡，沒有足印，沒有灌木，什麼都沒有，陸生生物被排擠到只剩岸邊幾小塊溼答答的地錢（liverwort）。往內陸則是遍地沙塵、貧瘠蕭條的無邊荒原。

這時代太古老，河流還來不及發展出曲流，能鞏固河岸土地的有根植物還要再等數千萬年才會出現。白天有二十個小時長，夜空布滿陌生星座；空氣裡二氧化碳含量比現在高出許多，不只保存熱能，也讓高掛天空、亮度比現在稍弱的蒼白太陽，維持這世界氣候大致溫和、地表大致無冰。

現在地球大部分陸地位在北半球，但在奧陶紀，地球上半部幾乎全被海洋覆蓋。無垠汪洋底部缺乏氧氣，因此大部分生命都擠在大陸塊形成的淺海裡，由海底匍匐而行的動物稱霸。然而，如前所述，這個世界注定要滅亡；等到奧陶紀幕落的那一刻，地球上 85% 的生命都被消滅。

多樣性大霹靂

如果奧陶紀末大滅絕是個極端狀況，它前面的大繁榮時代也一樣極端：四千萬年黃金盛世，前不見古人後不見來者。這就是「奧陶紀生物多樣性事件」（Great Ordovician Biodiversification Event），地球歷史上生物多樣性達到極致的時代。地球生物物種數量僅在一千萬年間就變成三倍，珊瑚礁開始層疊成長且愈長愈複雜，生物幼體浮上水面以遠離海床上無數觸手圍剿，動物也開始往泥裡愈挖愈深，躲避烏賊怪獸和巨型海蠍的威脅。

地質學家如果想告訴你地球歷史某個沒沒無聞事件的重要性，他們就會給這事件一個響噹噹、首字大寫的標題來傳達自己的心思，最後還得加個「大」字，生怕你領會不到。不過，或許是發現「奧陶紀生物多樣性」這幾個字對一般大眾無甚震撼效果，有的地質學家甚至想把「奧陶紀生物多樣性事件」改名為「多樣性大霹靂」（Diversity's Big Bang）。

造成多樣性大霹靂的原因，是學術界最新銳的科學問題，許多人賴它取得博士學位；但言歸正傳，這回氧氣似乎又扮演著某種角色。當時海洋以現代標準仍然極度缺氧，但徵象顯示奧陶紀期間海中溶氧量確實逐漸增加；這可能是生命自己的產物，它們過濾海水，將碳埋進海床。

埋藏碳的另一面就是氧氣大幅增加；打從生命史開頭以來，氧含量上升的現象一次又一次促成劃時代的創新與實驗，像是動物生命的出現，還有像後文會提到的噩夢般的巨蟲。話說回來，奧陶紀的生命或許正逐漸把這世界變得更適合居住，讓更多生命能在此成長茁壯。

亦福亦禍的天災

奧陶紀地球上還散布著許多島嶼，島上孤立的淺海地區正是孵育生物多樣性的溫床。達爾文和華萊士[9]分別在加拉巴哥群島（Galápagos）和馬來群島（Malay archipelago）獨立發現物種演化的現象。

科學家最早發現演化現象的場所都是島嶼，原因很合理：島嶼將族群分隔開來，讓牠們各自創作自己的演化故事，最終成為新物種，由此促進生物的多樣化。在奧陶紀的地表，熱帶與亞熱帶地區分布許多島洲（island-continent），這些島洲猶如散布世界各地的加拉巴哥群島。

有人甚至推測，是四億七千萬年前外太空天體劇烈撞擊地球，才造成這場多樣性大霹靂。當時，在介於火星與木星之間那片孤寂宇宙裡，一場無聲大災難摧毀了一顆直徑超過一百公里的小行星，災後殘片在太陽系裡四處飛濺，這是數十億年間最大一場小行星爆炸事件。

此後數百萬年，撞擊留下的餘骸四處亂飄，以冰雹般隕石雨

9. 譯注：華萊士（Alfred Russel Wallace, 1823-1913），英國博物學家、探險家與人類學家。

的型態降落地球。隕石在地質學上可能素有大毀滅災星之名（像是在恐龍時代的結尾），但是 2008 年《自然：地球科學》（*Nature Geoscience*）上一篇論文提出新說法，說奧陶紀這場小型隕石砲轟說不定是件好事，說它擾亂了原本穩定的生物群落，清出生態空間，整體而言就是造成事情不少變化，於是激發出生物多樣性。

在愛荷華州現身的巨型海蠍，學者發現牠當初就住在距今四億七千萬年前某處這類積水的隕石坑殘跡中；其他像奧克拉荷馬、威斯康辛、還有蘇必略湖裡斯萊特群島（Slate Islands）上也都有差不多時代的隕石坑。放眼全球，瑞典、俄羅斯和中國出產的隕石材料年代都在距今四億七千萬年前左右。

話說回來，這些小行星可說是挑了最佳時機轟炸地球。即便到了現在，墜落地球的隕石大部分都還出自這場史前大撞擊留下的大量殘骸；事實上，依據《新科學人》（*New Scientist*）的報導，歷史上唯一一次有憑有據的隕石砸到人事件發生在 1992 年，受害者是一名烏干達男孩，而凶手正是奧陶紀大追撞的殘餘破片。

在這個陌生世界的黃金年代裡，流星雨不是唯一天災；奧陶紀世界早已存在著內憂，那時距離大滅絕還很遙遠。威斯康辛西南部丘陵緩坡上的片片牧場被深深的割開，那是一五一號公路；當初開路工人在這裡使用火藥爆破，卻因此讓層層疊疊有如提拉米蘇的遠古岩石重見天日，這些岩石現在高高聳立於公路旁。

我加入一群地質學家的田野調查活動，出發考察威斯康辛這道公路邊坡。我們沿著不好走的路一邊往前行，一邊伸長脖子仰望岩牆上的寬條紋，時不時被聯結車呼嘯而過造成的風壓震上一震。大堆的腕足動物殼落在岩壁基部的雜草叢裡，和保麗龍杯混在一起。

往上一點，有兩條細帶穿過整片海相沉積岩，帶上長滿雜草；它們是遠古灰燼層，在地底經過萬千歲月後化作黏土。這些灰燼是火山灰，由複雜生命歷史上幾度規模最大的火山爆發所造成。人類最近歷史上也發生過幾次毀滅性的火山噴發，例如喀拉喀托火山[10]或維蘇威火山[11]；然而，比起讓整個遠古世界鋪滿火山灰的奧陶紀火山活動，這些所謂「毀滅性」事件不過像是打嗝而已。

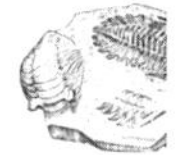 火山不是真凶，那是誰？

遠古火山噴發的落塵層可見於從奧克拉荷馬、明尼蘇達一直到喬治亞的奧陶紀岩層中，面積覆蓋五十萬平方英里，被稱為戴克和米爾布利格火山灰層（Deicke and Millbrig ash bed）。灰燼層到了美國東南部明顯增厚，表示那些怪物級火山可能就躲在南卡羅萊納州海岸外某處；那兒曾有一列島嶼吐著熾焰向北美海岸行進，路上一邊大口吞噬腳下海床一邊從上頭爆發。

億萬年過去，這批天降橫禍的火山灰化作膨潤土，人們開採這種黏土，用在鑽油工程和瀉藥裡。同行一位地質學家從道旁石壁抓起一團黏土送進嘴裡，然後一張苦臉的解釋說：膨潤土可以用稠度差異來辨識，有點像牙膏那樣，但它顯然不會給你留下滿口清新。

大海另一端，歐洲各地都有發現類似火山灰層的紀錄；在某些地區，這場驚天動地的火山爆發想必像是世界末日，它們威力之大

10. 譯注：喀拉喀托火山（Krakatoa）是位在印尼巽他海峽中的活火山，它在1883年的爆發是人類史上規模最大的火山噴發事件之一，罹難者有五萬多人。
11. 譯注：維蘇威火山（Vesuvius）位在義大利南部那不勒斯灣岸的活火山，它在西元79年的爆發摧毀了龐貝城。

或能震響整顆地球。不過，單就化石紀錄來說，奧陶紀這些超級火山對生態幾乎沒造成什麼影響，這讓古生物學家大吃一驚。不只是沒有影響，這場爆發發生在生物多樣性大霹靂的高潮，遠在大滅絕降臨之前一千萬年。這顆行星顯然有本事受過一兩拳重擊後還能言笑晏晏，能打倒它的想必是天大禍事。

火山持續噴發，一直到大滅絕來臨；奇怪的是，此時化石紀錄裡的灰燼層竟漸漸消失，火山活動沉寂下來。反過來說，在最後的靜謐來臨之前，奧陶紀可是地球歷史上最為爆聲隆隆的時代。

當生命經歷史上最驚人的多樣性分化時期，地球同時竟挨著隕石砲轟，還釋放出史無前例的火山能量，這十足證明生物界多麼具有耐受性。這場災難大匯集甚至可能顯示有限度的逆境對生命益多於害，只是奧陶紀末的狀況也表明過大的逆境仍會造成極大傷害。在奧陶紀晚期，生命正處於前所未見的登峰造極之勢，卻突然被滅絕事件一斧子斬殺。

「生命史上，辛辛那提期是生物多樣化的黃金時期，卻在一場大滅絕的浩劫裡告終，」地質學家梅耶（David L. Meyer）寫道：「辛辛那提期地層中發現的化石物種，幾乎沒有任何存活下來。」

我在那條中西部公路旁發現的東西，包括那一種三葉蟲、那些頭足類鸚鵡螺、那些腕足動物、那些筆石，全都逃不過大滅絕這把鐮刀的慘烈一揮。

究竟發生了什麼事？

陸上掘海者蒐集範圍不包括奧陶紀末化石，不是因為某條特殊會規，而是因為俄亥俄州沒有奧陶紀末的海洋相岩層可供採集；那時中西部的海水突然退去，留下這片淺海世界乾涸窒息。

與新時代科學家相遇

我在加州大學柏克萊分校古生物博物館，與芬尼根（Seth Finnegan）碰頭，相約在霸王龍骨架處會合，這八成是代表生物大滅絕的最著名吉祥物。我此行目的是要與他談論某場末日浩劫，比霸王龍與太陽系小行星天雷勾動地火的相遇，早了將近四億年。

芬尼根與同僚正慢慢把奧陶紀末生物大滅絕的故事拼湊起來，他們不只埋首於大學實驗室裡的研究設備和電腦程式，也帶著地質槌和野營用具去荒郊野外考察。

芬尼根充滿熱情、思想敏銳，而且打從骨子裡是個有趣的人。他開玩笑悲嘆說北美東半部的化石幾乎都被「光合成團塊」（photosynthetic glop，意即草本和木本植物）覆蓋；在地質學會議後酒酣耳熱的時間裡，他也能說說故事來娛樂同僚，說有些業餘狂熱份子會拿著大舊金山地區發現的怪異（且可疑）化石，跑到他們系上來。

那年我先在溫哥華一場學術會議中，聽到他就某個主題發表演講，這次我來柏克萊就是要借用他的相關知識。芬尼根已經仔細探討過奧陶紀末大滅絕的各種可能成因，運用名叫「梯度提升模型」（gradient boosting models）或「多項邏輯迴歸」（multinomial logistic regressions）等等演算法和機器學習電腦程式，從岩石中理出所有相關因素。如果你還認為古生物學家都是些在自然史博物館荒僻角落為骨頭撢灰塵的陳腐老科學家，這個刻板印象顯然已經不適用。

溫哥華那場演講裡，芬尼根一口氣列出過去各種關於奧陶紀末大滅絕（發生於將近五億年前，地球上 85% 的動物遭到消滅）成因的說法；他對每個可能的凶手作出評估，而證據就藏在分布全球的化石紀錄和遠古岩層裡。其中一名嫌疑犯特別受到他利嘴嘲諷。

伽瑪射線爆的爭議

「再來是『伽瑪射線爆』（gamma ray burst）假說！」芬尼根朗聲說道，「這我好一陣子沒聽到了，但它還被放在維基百科上。」地質學家聽眾一陣會心大笑。

事實很無奈，除了一小群鑽研無脊椎古生物的專業學者（和某些石油公司）以外，幾乎沒人在意奧陶紀這個時代。當記者願意紆尊降貴提一提這段五千萬年地球歷史，他們通常只把「奧陶紀」當作一個聽起來就很專業的名詞，用來支持某些引人矚目的流行科學言論，而這些言論在地質學家看來全都不值一駁。

《科學人》（*Scientific American*）:「〔伽瑪射線爆〕可能早已襲擊地球，時間是將近四億五千萬年前的奧陶紀末期。」

《國家地理》（*National Geographic*）雜誌：「一場驚天動地的伽瑪射線爆可能是造成四億四千萬年前地球生物大滅絕的元凶。」

伽瑪射線爆是目前所知宇宙裡最有威力的爆炸活動，科學家認為成因是極大型星體劇烈崩塌變成黑洞所產生，從兩極噴射出死光輻射，數秒內整個宇宙都看得到。無疑的，若有任何行星靠近這滅絕性高速氣流的路徑，馬上會被烤熟；如果氣流直接撞上某顆行星，那絕對是熱辣有勁的大滅絕場景。

此外，既然「小行星導致恐龍滅絕」這個非主流意見一度也被古生物學家視為異端，那麼「天外一場巨爆消滅奧陶紀世界」的想法（由堪薩斯大學的天文學家在 2003 年首度提出）大概也不算太瘋狂。

問題是，我們根本無法確認遠古時代是否曾有伽瑪射線爆擊中地球。如果這理論為真，那應該會看到這種現象：地球面對宇宙射線爆的半球上生物滅絕情況非常嚴重，但背向的半球因為受到地球遮蓋而災情較輕。然而，奧陶紀大滅絕的情況並非如此，化石紀錄中沒有出現僅半個地球生物遭到屠滅的狀況。這對伽瑪射線爆一說的主張者並非好消息。這場生物大滅絕全球各地無一倖免，這對地球上的生物也不是好消息。

伽瑪射線爆也會造成生物圈在地質史上瞬間之內被抹消，但奧陶紀末生物大規模死亡是分作不連續的兩波，前後的滅絕高峰期之間相隔數十萬年。然而，不知為何，幾乎每一篇難得提到奧陶紀末大滅絕的大眾媒體報導都會說一說伽瑪射線爆。我請教過的每一位地質學家和古生物學家都立刻否定這個說法。對於這學說仍像僵屍般頑強存活於媒體界[12]，學者們也表露不滿。

「總之，沒有任何證據支持這個說法。」芬尼根說。

關於外太空來的死亡射線，我們沒有證據；但關於其他來自近處的劇烈變動，我們可有不少線索。

現在，仍是冰期

為了瞭解地球歷史上這些遙遠的不可思議的篇章，以及奧陶紀的悲慘結局，我們先得往前走個數億年的歲月，來到我們自己地質

12. 杜倫大學（University of Durham）古生物學家哈佩爾（David Harper）告訴我有回他寫了關於這場大滅絕的論文，結果審查者竟然堅持要他刪掉其中批判伽瑪射線爆假說的文字。該審查者表示，學術論文中只要提到這個假說，就算表達的是否定意見，都會讓這假說增加某種子虛烏有的公信力。

史上的昨日世界。

不久之前，北半球還被冰層覆蓋，海平面比今天低了四百英尺。如今，在大西洋外海底部，魴魚和鱈魚守護著乳齒象和長毛猛獁象的墳場；喬治沙洲[13]和緬因灣[14]的扇貝挖掘者把牠們的象牙也挖出來。雖然牠們在海底被發現，但可不是「兩棲」猛獁象；相反的，大西洋大陸棚當時乾涸成為陸地，猛獁象就在這片廣大的海岸平原昂首闊步，直到冰被融化、海平面上升數百英尺為止。當年乾燥海床被河流侵蝕過的地方，如今是住滿海洋生命的海底峽谷，這些滄海桑田的變化只經過人類數百個世代，從地質學角度看來根本全都是「現代」發生的事。

地球誕生已有四十五億年，其中最近的二千六百萬年相對而言是個反常的冰期；地表大量水分被鎖在兩極冰帽和冰被裡。大眾想像中的冰期就長這樣，給兒童拍的動畫電影也用這個當題材。然而，這並不是地球歷史上第一次或唯一一次冰期。

令人驚訝的是，最近這場住著長毛猛獁象跟劍齒虎的冰期還沒結束，而是在逐漸消退的過程中。過去數百萬年冰期內曾有數十次所謂「間冰期」，也就是持續僅數千年的短暫溫暖間奏；一旦氣溫上升，迅速融解的冰被就往兩極退守（像今天的情況），海平面上升數百英尺。

我們正處在暫時回暖的時期，但間冰期通常持續不久。間冰期成因是地球在太空裡週期性搖晃，以及規律性的軌道改變，讓地球與太陽的距離忽遠忽近。一下子整個北半球都被冰封，一下子冰又融解，周而復始，像個地質時間節拍器一樣。融冰期通常維持不到

13. 譯注：喬治沙洲（George's Bank）是加拿大新斯科細亞外海的一片淺水海域。
14. 譯注：緬因灣（Gulf of Maine）位於美國和加拿大東岸之間的海灣。

一萬年，兩極大冰被隨即又往各大陸入侵，讓海平面一口氣下落幾百英尺。

最近數百萬年冰期裡，像現在的溫和中場休息時間至少出現過二十次，散落在整段冰期內。不過，和之前溫暖間冰期不同的是，人類文明以及有紀錄以來的人類歷史恰在這次間冰期內興起。我們幾千年光明普照的好日子接近尾聲；若非人為因素，我們可能快要離開舒適的小小過渡期，被送回更新世急凍大冰箱，回到過去十萬年裡的苦寒歲月。（僅僅數十年間，人類已經多方面大幅改變地球海洋與大氣層的化學性質；因此，前述的常規時間表可能已經被打亂，氣溫下降已不再是近期會發生的事。）

冰期的證據就在身邊

要怎麼從岩石紀錄裡辨認出冰期呢？我們是藉由研究有孔蟲化石（和其他方法）而知道最近（近得不得了）這場正在進行的超大規模冷凍—解凍循環。這些微體浮游生物在殼內記錄下氣候特徵（以氧同位素的形式），他們千百萬年來如夢境般在海水中飄墜，像一場鋪滿海底的永恆落雪，邀請科學家來鑽探岩心，尋找關於這顆行星過往的化學線索。

然而，不必用到同位素分析或鑽探岩心，我們就能發現自己視為理所當然的現代世界，其實在不久之前還被冰封著。

我在麻塞諸塞州寫下這一段，相關證據就圍繞在我身邊：

遭古老冰河恣意棄置的一塊塊巨岩，分布在新英格蘭各地密林裡、市鎮中心與海灘上；大冰被沿途留下孤零零的巨型碎冰獨自融化，這些地點就變成鍋穴（kettle hole）。

稱做「冰擦痕」(glacial striation)的長條凹槽，被刻蝕在新罕布夏山地岩層上，這是寒冬世界曾經存在的證據；一英里厚的冰層如磨石般前進又後退，所經之地被刮成一片光禿禿的風景。

冰被往南推進時把冰層中夾帶的石礫泥砂留在凍原上，稱為冰磧物(till)。長島、布洛克島(Block Island)、鱈角(Cape Cod)、瑪莎葡萄園島(Martha's Vineyard)和南塔克特(Nantucket)原本都是當時造成的沙石垃圾堆。這些地形很快都被侵蝕得一點痕跡不留，就像以前每一次間冰期中形成又消失的無名島嶼和沙堆。

大洪水來了

這種「一顆行星不久之前還被堅冰封蓋」的鬼話，不只流傳在我周遭；紐約州的五指湖(Finger Lakes)是由大型冰河挖鑿出來，而五大湖基本上就是世界最大的淡水水域，是幾千年前冰被融化時留下的遺跡。最戲劇化的例子大概是華盛頓東部令人嘆為觀止的溝切劣地(Channeled Scabland)，創作者是重複發生的撼天動地大洪水，名為「冰洪」(jökulhlaups)。

最後一次冰期循環裡，一片龐大冰被侵入愛達荷，被冰堵住的克拉克福克河(Clark Fork River)在蒙大拿形成一座巨型堰塞湖，面積是伊利湖(Lake Erie)的六倍。這湖不斷成長，深度最終達到六百英尺，此時阻塞河道的積冰開始浮動。

由於冰壩底部裂痕處不斷遭湖水侵蝕，壩體最後終於支撐不住，整個地質系統突然崩塌，造成一場毀滅性的大洪水，一瞬間釋放出全世界河流總流量十倍的水流。浪濤留下四百五十英尺長的波痕，挾帶三十英尺高的巨岩以摧枯拉朽之勢衝過華盛頓東部，撕碎岩層，雕鑿峽谷，並將該州東南角土壤與植被席捲一空。

之後冰河壩重新形成，湖水再度囤積，之後又引發第二場洪禍。從一萬五千三百年到一萬二千年前之間，這樣的災難可能重複發生有六十次之多；那正是最早的人類開始踏足北美大陸的時候，或許有幾個倒楣鬼親眼見證洪災，說不定還有人罹難。罹難名單至少包括猛瑪象和其他動物，牠們的骨骸可見於冰洪沉積物裡；往前找更古老的岩石裡是不是有類似沉積物，我們就能知道更早的冰期何時降臨這顆行星。

不過，我們的這個冰期時間距離現在非常近，覆蓋在阿拉斯加和加拿大等地的無涯冰層消逝之後，這些地方目前還正在逐漸回彈，也就是說這些陸塊是在年復一年上升，就像是屁股下坐墊在你站起身以後的狀況。人們都覺得最後這場冰期的高峰已經成為地球的遙遠往事，但從地質學角度來看，此事發生不過是在一眨眼之前；如果整個地球歷史是一天二十四小時，那這事件僅僅發生於午夜前半秒[15]。

沙漠中發現冰洪的證據

另一方面，遠離新英格蘭的鍋穴與古怪巨石，在撒哈拉沙漠中央有塊岩石露頭孤獨承受午後豔陽曝曬，一場路過的沙暴毫不留情挖掉沙土使它裸露出來。有趣的是，沙丘移開後露出的光禿岩石表面，竟與美國新罕布夏及緬因州的凹槽石塊有一模一樣的擦痕，像是巨人指甲在岩層上刮出的痕跡。

15. 從漫遊在太陽系外圍的矮行星賽德娜（Sedna）來看，從地球最後一個冰期到現在，只過了一年多一點點。

從茅利塔尼亞（Mauritania）到沙烏地阿拉伯，飽經日曬、滿身疤痕的岩石說明這片地景過去曾遭堅冰磨蝕。摩洛哥小亞特拉斯山脈（Anti-Atlas）上有冰河塑造的鼓丘（drumlin）和冰河融水侵蝕出的巨型隧道谷（tunnel valley）。

利比亞是地球上氣候最炎熱的國家之一，但地質學家在此卻找到更多同類型冰河隧道谷；利比亞與阿爾及利亞交界處還有發生過毀滅性冰洪的證據。冰層夾帶的許多石塊被留在衣索比亞和厄利垂亞（Eritrea）一帶，而撒哈拉和沙烏地阿拉伯的灼熱沙海裡，到處可見冰河砂岩與冰磧物。

這片地景在過去數百萬年來倒是未受冰河騷擾，上述地貌其實是某次極其古老的冰期殘跡；侵襲這片荒涼岩漠的冰被同時也席捲全球，這不是幾千年前的事，而是發生在四億四千五百萬年前，這些岩石標誌著奧陶紀的結束。

奧陶紀的終點

奧陶紀末大規模冰河作用的證據令人驚異，人們一直以為那時代是個暖洋洋的世界，大氣中二氧化碳可能是現在的八倍，直到極致的霜雪期降臨為止。不過，更新的證據顯示這顆行星其實在奧陶紀最後數百萬年內已經逐漸降溫；但到了奧陶紀終點，冰河突然湧過當時位在南極的非洲，從海洋中汲取大量的水，讓海平面下降超過三百英尺。

這解釋了辛辛那提淺海區化石紀錄為何消失，延伸解釋大滅絕的可能成因。如果這世界生命大多住在這些大陸淺海地帶，海平面迅速以這樣的程度下降似乎是能造就世界末日。

在辛辛那提和其他大部分被淹沒的大陸地區，海洋整個退得乾乾淨淨，拋下原本的海床與上面所有居民，讓他們在奧陶紀豔陽下被曝曬個一百萬年。鸚鵡螺和霸王等稱蟲一下子都發現：牠們廣闊的大陸淺海遊樂園，已淪落為數千英里大片大片的石灰岩廢墟，暴露於風化作用而逐漸崩塌。

這是奧陶紀末期的大致圖像，但芬尼根的團隊還想探究那些恐怖細節，他們尤其想知道氣候要變化到什麼程度，才會引致這場冰雪末日。

大滅絕前的岩石不難找到，但是大滅絕之後化石紀錄幾乎完全消失，更往外海的海床則是長久以來被隱沒帶[16]（subduction zone）逐漸吞噬摧毀，因此研究者必須窮盡手段來尋求這場災難的資料。他們必須找到地球上難得一見的某些地點，這些地點必須在地殼構造突然轉變的時點裡待在水下、在海平面下降過程中蒐集一些化石，還要避免在接下來一連串地殼構造大災變中被毀滅。

你沒聽過的大島

加拿大魁北克的安蒂科斯蒂島（Anticosti Island）就是一個例子，「這是『你沒聽過的大島』之一，」芬尼根說：「它的居民組成大概包括二百五十個人、十五萬頭鹿、以及數量有限威力無窮的蚊

16. 關於這場危機，離岸較遠深海海底形成的岩石或許能提供更多深入資訊，但它們早已經被摧毀。由於大陸板塊（比方說辛辛那提下方陸地）和海洋板塊之間的密度差異（後者密度較高），大陸板塊密度較低，會像沸水上的泡沫一樣浮在地函上，幾乎永遠不會變化；但密度較高的外海海板塊會一直自中洋脊生成新板塊、向兩側擴散，到了隱沒帶便下潛回到地球內部。就因如此，現存最古老的海洋板塊岩石年齡不到二億年，它們被創造的時代正是恐龍橫行的侏羅紀。換句話說，現代海床出現時距離奧陶紀已經過了數億年，無法告訴我們關於當時的任何事。

蚋，是個有趣的工作場所。」

安蒂科斯蒂島遠離灣區，守衛著魁北克聖勞倫斯河口；這裡跟地球極北大多區域一樣，剛從我們這個冰期一英里厚的冰被下解放，因此正在漸漸升高。這座島從聖勞倫斯灣裡逐漸高起，可見到驚人的白色懸崖從海中冒出，露出四億四千五百萬年前見證整場奧陶紀大滅絕的珊瑚礁。

雖然這些懸崖正從最近的冰期回彈升高，但它卻能提供我們關於另一場更古老冰期的深度資訊，也就是在奧陶紀末沉重打擊地球生命的那一場。往島內去，河流在這些遠古熱帶岩層挖出更多橫斷面，也就是切過這片北方荒野的窄峽谷，裡面富藏化石。這座島嶼因此也受到石油公司關注；同樣一片奧陶紀海洋生命裡面埋藏的碳，億萬年來已被轉化為化石燃料，須知「化石燃料」這個詞本就其來有自。

「這些是珊瑚群落，然後這裡有一些腕足動物，」芬尼根在柏克萊大學的辦公室中，一邊抽出幾張膠結在魁北克海崖上的礁石的圖片，一邊說著。構成這些礁石的是早已滅絕的奇怪珊瑚，模樣像朝向太陽的豐饒之角（horn of plenty）。「還有這些，這些真的很怪，」他說：「看起來像塞成一堆動不了的浮木，這是鈣化的大型海綿，在海床上像樹一樣垂直生長。」

芬尼根的團隊在當地鑿下大塊礁岩，把它們帶回實驗室，在上頭施一些地質化學相關魔法[17]，然後發現奧陶紀末熱帶海洋水溫突然下降了攝氏五度。溫度降低五度，聽起來應該不會造成大滅絕，但岩石所呈現的可不一樣。

17. 精確而言是「碳酸鹽同位素古溫度測定」（carbonate clumped isotope paleothermometry）。

「奧陶紀大滅絕與氣候變化息息相關，這是學界共識，」芬尼根說。化石紀錄裡也呈現如下景象：大批熱帶海洋生命遭到夷滅，兩極來的生物暫時當上老大。氣溫下降的現象不僅與上述情況相符，也和撒哈拉地景那不可思議的強烈冰河特徵一致[18]。

接下來的問題就是：為什麼好好一顆地球會遇上這種冰期？

二氧化碳左右氣候

「二氧化碳控制氣候，對不對？」哈佛大學地質學家麥當納（Francis MacDonald）說道。他這麼說當然是故意簡化，畢竟控制氣候的因素可不少，像是太陽光強度、地表反射性、以及洋流。不過，如果其他因素都相同，那二氧化碳怎麼變氣候就會跟著那麼變；應當注意的是，這已經是地質科學界超過一百年來毫無爭議的金科玉律。

法國物理學家傅立葉（Joseph Fourier）首先在 1820 年代提出溫室效應，他正確注意到地球是靠著表面一層氣體的隔絕效果，才使得地表不會冷到生物無法生存的程度。1859 年，愛爾蘭物理學家廷得耳（John Tyndall）發現二氧化碳屬於這類溫室氣體之一。

瑞典科學家阿瑞尼斯（Svante Arrhenius）則在 1869 年提出如下預測，說如果大氣中二氧化碳濃度增加一倍，地球溫度將會上升大

18. 事實上，連芬尼根的魁北克資料裡都看得到撒哈拉地區冰河作用。安蒂科斯蒂島古代礁石裡所含氧同位素在奧陶紀末突然都變得異常的重，這表示至少在熱帶海洋區域有大量較輕的氧同位素不見了。因為重量較輕的同位素更容易從海中蒸發，而這些帶著較輕氧同位素的水分子以氣態飄過非洲，以雪的形式落下，形成逐漸覆蓋岡瓦那大陸的廣大冰被。於是，留在海洋裡的海水分子都含有較重的氧同位素，從裡面長出來的珊瑚和貝殼也具有同樣特徵。要解釋奧陶紀末熱帶珊瑚礁裡氧同位素明顯增加的原因，芬尼根認定世界另一端突然成長的冰被必定非常巨大，比最近這場冰期力量最強時的冰被還要大上許多。

約攝氏四度；這項預測與現在最強的超級電腦計算結果大約一致。不說也知道，有些人帶著明顯的政治動機來討論這些基礎科學，他們的言論讓人覺得人類未來沒有希望。

我和麥當納在他位於劍橋市的辦公室會面，離他進行大部分田野工作的地點不算遠；他的研究主題是阿帕拉契山脈這座「新英格蘭後院」的生成。「我試圖探討的是，我們在地球歷史上所見某些大規模板塊構造變化，與我們在地表所見的環境變化，兩者之間的關聯為何……有的時候我們可能〔從大氣裡〕取出比平常更多的二氧化碳，但原因是什麼？」

我們現在憂慮的是太快往大氣層內注入二氧化碳，造成全球性的溫室效應；不過二氧化碳含量急劇減少也同樣會導致大問題，造成相反的冰室氣候。要解釋這場幾乎將地表生命抹消的天譴般冰期成因，我們從阿帕拉契山脈造山運動裡或許能夠找到某些關鍵。

碳的循環

為了大致瞭解這本書接下來在說什麼，也為了大致瞭解地球歷史，我們需要稍微岔題帶大家來討論地質化學（希望這是個無痛的過程）。

二氧化碳會和雨水反應使其呈微酸性，微酸雨水數百萬年來落在岩石上，溶蝕了其中像碳酸鈣之類的礦物，形成金屬離子進入河川，最後流入海洋。接下來，這些海水中的金屬離子（主要是鈣）和碳酸根離子被海綿、珊瑚和浮游生物吸收。而後這些以碳酸鈣的形式將碳藏在海底。找一座你最喜歡的石灰岩建築或紀念碑，然後靠近了仔細瞧，就會發現這種石頭大多是生物殘骸[19]。

大氣裡二氧化碳就是這樣被轉化為岩石，然後安全存放到地殼裡。不過，大氣層還是需要適當濃度的二氧化碳，才能維持地球溫暖、使生命得以存活。上述步驟或許最終會把二氧化碳抽得太乾淨；之所以沒有發生這種情況，是因為地球它處還有陸上或中洋脊的火山恆常在慢慢排放二氧化碳。現在人類把數百萬年地質作用埋下的碳挖出來燒掉，每年貢獻的二氧化碳排放量是火山的一百倍。

奧陶紀那些脾氣特別火爆的火山列島，就像現代火力發電廠一樣，把大量二氧化碳輸進大氣層，讓地球保持溫暖，我在威斯康辛看見的火山灰層就是一例。

地球有個絕妙法子能處理過量二氧化碳，當大氣中二氧化碳濃度因為火山活動增加（或燃煤的火力發電廠）而不斷飆升，地球就會因溫室效應而增溫[20]；問題在於，在這個更熱、氣候更狂暴的高二氧化碳世界裡，二氧化碳被吸收回地殼的速度也更快。

過量二氧化碳導致酸雨更酸、氣溫更高、雨量更多，這些因素聯手導致岩石風化情形更嚴重，過熱的地球也會以更快速度降溫，過程中更多二氧化碳被吸收變成海底石灰岩。等到地球總算涼快下來，岩石風化過程也就跟著減緩，從大氣中提取二氧化碳的效率變低，地球回歸平衡狀態[21]。

這就是「碳酸鹽—矽酸鹽循環」，這是我們這顆行星用以調節氣候的有效手段，又被稱為「地球恆溫器」，但這個恆溫器有時也會失靈。

19. 除非它的成分是石灰華（travertine）。
20. 再次強調一下，地球科學這一項學說打從美國南北戰爭以來就已經是學界共識了。
21. 不幸的是，上述風化作用必須進行十萬年才能把人為排放的二氧化碳從大氣層裡清理掉。

火山摧毀了恆溫機制

「人們說如果氣溫上升，風化作用就加劇，如果氣溫下降風化作用就減少，」麥當納說：「這樣的話，整個地球歷史的氣候應該都能穩定。抱歉囉，這套方法在『雪球地球』時期一敗塗地，而且在奧陶紀末也不管用。所以說，為什麼它會失效呢？」

有個方法可以迅速從地殼中提取巨量二氧化碳，摧毀這套行星恆溫機制，那就是在熱帶地區突然冒起一串數千英里長的火山列島，讓大量岩石暴露在炎熱、潮濕且降雨量最驚人的地方。

「重點就是製造新的表面來發生風化作用，」麥當納如是說：「做出新表面的一個好方法是在某處實際抬起一座大山，然後不斷去讓它剝落、侵蝕它。」

現代阿帕拉契山脈是在奧陶紀開始隆起[22]，那時一串火山列島張著吃不飽的大口，一路由西往東而來。經過的海洋板塊不斷隱沒到下方、進入地函，最後撞上北美大陸東緣。這場碰撞留下大量混雜的岩石，在新英格蘭遍地可見。

艾羅海（Arrowhead）是麻州匹茲菲（Pittsfield）的一處農莊，也是梅爾維爾（Herman Melville）寫作《白鯨記》之處。作家從書桌前窗戶遠望，望見白雪靄靄的格雷洛克山（Mt. Greylock）山巔，山勢從周遭丘陵間騰拔而起，有如鯨魚破開黝黑浪濤冒出水面，因而得到創作那隻白鯨的靈感。

令人訝異的是，梅爾維爾這個以山為海的想像雖不中亦不遠矣，這座麻州最高山竟是以奧陶紀的海床形成，被節節逼近的火山

22. 專家在阿帕拉契山某些部分發現更古老的山脈，形成於十億年前製造出超級大陸的那場板塊碰撞事件。

列島與搭載火山列島的海板塊推擠而從陸上升起[23]。

新英格蘭到處可以看到奧陶紀留下來的花崗岩露頭，那是火山的根基；其中位於麻州謝爾本瀑布（Shelburne Falls）鬧區新英格蘭水力發電公司大壩壩底的，可能最是壯觀。此處在四億七千五百萬年前曾經洶湧翻騰著岩漿，數千年前這塊熔岩才被冰期溶解的冰川瀑布在上頭鑿出一個個巨大壺穴（pothole）。

若是戴上地質學的解碼眼鏡，會發現新英格蘭路邊景色揭露了創造出遠古阿帕拉契山脈的轟天撞擊。這場撞擊，力道之大讓公路旁的岩層都擠壓出大理石樣的花紋。表面看來，北美東海岸是大陸延伸，但其實它是一片散落的古老島嶼和火山，被嫁接到大陸的邊緣，一場場了不得的撞擊事件在這兒壓出褶皺。

這些板塊構造上的火車大災難於奧陶紀造出眾山，從格陵蘭一直延伸到阿拉巴馬州，高度可能和喜馬拉雅山一樣直探天庭。

特別的是，這串令人肅然起敬的山脈卻可能在生物大滅絕中扮演主要推動者的角色。當阿帕拉契山脈不斷往天際攀高，就有愈來愈多新鮮未風化的玄武岩被推上高處讓環境侵蝕，同時把大氣裡的二氧化碳一併帶走。

「如果要進行比原本多更多的化學風化，把二氧化碳都吸走，此時已經一切條件都具備。」麥當納說：「而且比起其他岩石，比方說古老的陸地岩石，這些玄武岩更容易被風化。」

來自大氣以及山脈礦物風化所產生的各種離子，更促進了奧陶紀北美中西部淺海區域的生命暴發。牠們留下的殘骸變成埋在辛辛那提等地的石灰岩。如果麥當納是對的，阿帕拉契山的出現可能是

23. 格雷洛克山上也布滿了最近一次冰期留下的冰擦痕。

造成二氧化碳含量猛降的原因，由此導致四億四千五百萬年前的短暫冰期，把過往的演化紀錄一筆勾銷。

風化導致冰期

這故事乍聽令人感到滿意，但我們可有任何證據證明岩石風化消耗二氧化碳的過程，確實加劇了奧陶紀冰期與生物大滅絕？或甚至證明岩石劇烈風化的現象能導致冰期降臨？答案是有的。

我們能追蹤沉積岩裡的鍶同位素紀錄，得知地球歷史上哪段時期風化作用特別嚴重。在最近這次冰期裡，地球從恐龍時代的大溫室逐漸冷卻為猛獁象時代的大冰屋；那時印度剛撞上亞洲，把喜馬拉雅山（跟上頭的奧陶紀化石）直推上雲霄以供風化，同時間內鍶同位素紀錄也直直飆高。

「（碰撞）發生的時間恰恰就是南極冰被開始出現的時候，」麥當納如是說：「我覺得這個巧合未免太巧，值得注意。好啦，所以在此之前一個在熱帶地區冒出來的大型山脈是哪個？這下我得回溯到奧陶紀了。」

麥當納在俄亥俄州立大學的同僚薩茲曼（Matthew Saltzman）在奧陶紀岩石裡，尋找類似富含深意的鍶訊號。他在阿帕拉契山的偏遠角落和內華達，都找到他要的東西。

「大概是在四億六千五百萬年前，鍶同位素比例清清楚楚往下掉，」在他位於哥倫布市的辦公室裡，薩茲曼這樣跟我說：「我們要的解釋通常就是最簡單的解釋，這裡最簡單的解釋就是有新鮮年輕的玄武岩正受風化。最後得出結論，證實這種情況會拉低大氣裡的二氧化碳含量。話說回來，這個現象仍然比大滅絕本身要早了大約二千萬年……氣溫下降是事實，但一定有些什麼關鍵使得氣候從『變涼』成為『急凍』。」

換句話說，冰被的形成不是線性發展，不像麵包發霉一樣在大陸上逐漸成長，而是在氣候變化達到某個引爆點後突然猛烈擴張。現代這場冰期的引爆點是在二百六十萬年前，地球跨入冰河世界一去不復返，北半球與南極聯手結成冰盟。

至於奧陶紀，那時氣候變化直到四億四千五百萬年前地質時代最末尾才達到引爆點，一引爆就幾乎將整顆行星的命奪去。我在威斯康辛州看到那些層層疊疊的火山遺跡，當時噴發活動可能不斷排放出二氧化碳，因此推遲冰雪末日的來臨；地球氣候就這樣維持著刀尖上的平衡，直到一切毀滅。

「所以說，有些火山活動可能一邊生產出可被風化的玄武岩，一邊也適當的調節氣候，所以氣溫直到最後才變得極冷，」薩茲曼說：「整個奧陶紀都有火山灰不斷累積成層，體積驚人，但隨著奧陶紀結束就突然沒了。也就是說，你一方面有大量火山活動使氣候變暖（二氧化碳的作用），另一方面又有反方向的力量，也就是吸收二氧化碳的風化作用。」

火山在奧陶紀末終於沉寂下來，向大氣穩定供應二氧化碳的源頭也就消失，但玄武岩的風化作用仍繼續進行，大氣裡的二氧化碳濃度就此向下直墜。

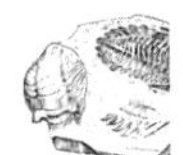

誰讓地球變冰冷？

大氣裡的碳都到哪去了？其中大量的碳都進入生命體裡頭。山中碎石的養分被沖刷流入大海，浮游生物因此大量增殖；浮游生物死後沉入海底，帶著大氣裡的碳一同埋葬。

遠古海洋生物的增殖現象，對勘察奧陶紀岩石的石油天然氣公司是天大福音，但對生命可是另一回事；碳元素的埋葬，可能就是這時期低溫愈演愈烈的原因。

「儲油岩形成過程使溫度降低，」薩茲曼說：「而這都與造山運動有關。從整體角度來看，只要這些石頭開始風化，陸地上的磷等養分被帶進海裡，就會產生推動氣溫下降。」

芬尼根為薩茲曼的發現做總結：「二氧化碳由火山賦予也由火山收走，它噴發的時候噴出一大堆二氧化碳，但它也會製造出一大堆新的玄武岩，玄武岩風化後就把二氧化碳吸收掉。」

有了造成生物大滅絕的三樣要素：一個主要分布在淺海的生物世界；一條消耗二氧化碳的巨型山脈，可以把地球降溫至急凍狀態；以及一片跨越南極的超級大陸來提供便利的結冰場地。但此事還有後話。

近代冰期是在二百六十萬年前正式展開，到了幾千年前才逐漸消逝；奧陶紀冰期開展於四億四千五百萬年前，兩者最大不同是後者幾乎將地球生命抹殺盡淨。讓這場災難成為真正大滅絕的奇怪現象是：不只是被留在旱地上的生物（像是我們在辛辛那提看到的小東西）送了命，那些在外海大批大批生活、或是住在深海裡的也都一起倒楣。

我們目前描繪出的滅絕故事還算（相當程度）簡單：四個字「冰長海消」；但上述情況使這個故事出現漏洞。為什麼這場短暫的奧陶紀冰期造成世界末日，而我們現代的冰期相較之下對生命的影響卻少得多（直到近年人類大量繁衍為止）？這個問題仍讓古生物學家傷透腦筋。

「你不能只注意變化本身的性質，」芬尼根說：「你得去想起始狀態是怎樣？』畢竟最近這次冰期一開始的情形與奧陶紀晚期就天差地別，兩個根本是不同的世界。」

遠古的氣候難民

我們把現代世界的模樣、各個大陸的位置都視為理所當然，我們熟悉的地理構造看來就像地球科學定律一樣亙古永在[24]。但現代陸地的分布只是一時情況，地球過去並不長這樣，未來也不會長這樣。世界地圖其實是在不斷變化，此事意義重大，遠遠超過製圖學的範疇；各大陸偶然達到現今的位置，而大陸的位置對生命發展有極高的影響。

數百萬年前，這顆行星經過恐龍時代溫室氣候後緩緩冷卻，降入近代這場冰期裡，那時候海陸的位置就已經是特定的模樣，也就是地球現在的模樣，陸塊的海岸線南北延伸，從赤道一直伸到接近極點的位置。

舉例來說，南美洲這個大蘿蔔跟北美洲這個蘿蔔頭上冒出的漫畫對話框呈上下走向，從南到北幾乎跨越所有緯度。近代氣候不斷在冰期與冰期間轉換，而這種陸地配置對於必須不停在多變氣候裡遷居逃難的動物來說可是不幸中的大幸；不管是冷天來臨，或是日子回暖，大部分動物只消在這片大陸上往北或往南搬家就能繼續活得舒適。

「如果你看現代世界的海陸分布，當我們面臨最嚴酷的冰期之

24. 事實上，連地球科學定律都不是恆久不變。

時，世界是由這些長長的南北向直線狀海岸所構成，所以要找到一個有自己最適宜生存氣候的新地方並不難，」芬尼根說：「證據顯示事情的確是這樣。」

他帶我去他的實驗室，拖出一個裝滿亂七八糟鮑魚、笠貝、扇貝殼碎片的塑膠袋。這些碎片看來像是剛被風暴沖刷上岸，仍舊發著虹光；事實上它們來自上一次溫暖間冰期，距今已有十三萬年歲月，那時加州的氣候與現在十分相像。

這些貝殼採集於洛杉磯外海聖尼古拉斯島（San Nicolas Island）。冰被消退時，這些軟體動物從中美洲海岸跋涉數百英里到此；而當間冰期結束、冰雪重回大地，牠們就又緩緩回到熱帶地區，隨著冰期氣候劇烈變化而移動。一旦氣候有了風吹草動，動植物的存亡可能就取決於它們是否擁有這類逃生途徑。

由於人類造成的氣候變化，現今動植物也因此進行遷移。2012年，美國農業局被迫更新其植被地圖，來反映美國境內植物向北遷移的情況。麻塞諸塞州以南的龍蝦漁夫全都無活可幹，因為這些甲殼動物正逐步穩定北遷，追逐牠們喜歡的較冰冷的底層海水。北海浮游動物生活區在過去幾十年裡已經往北極移動約七百英里，讓各國漁業管理局陣腳大亂，面對有一系列新的南方物種進入他們管轄區的窘境。這場往北的大行進才剛開始。

在地球歷史上特別暖和、二氧化碳濃度特別高的時代裡，一個時空旅人可能會被某些光怪陸離的奇景嚇到，比方說五千五百萬年前在北極圈內做日光浴的鱷類。然而，未來數十年間，這些動物可能會發現追尋先祖北遷變得更加困難；和牠們南北巡迴的祖先不同，現代鱷類在往北極遷移的途中會遇到高度開發的海岸以及水被排乾的濕地，上面都是旅館、高爾夫球場、夏季渡假別墅，以及明顯不歡迎牠們侵門踏戶的海濱居民。話說回來，四億四千五百萬年前的奧陶紀動物處境更慘，牠們要面對的不是遷徙途中的人造障礙物；在奧陶紀末震盪不已的氣候裡，牠們根本無從遷徙。

有人提出說，奧陶紀的大量島洲可能是造成「多樣性大霹靂」的因素，但芬尼根認為這顆散布島嶼的行星也有其致命弱點。氣候不穩定時，動物只能被困在島洲上，廣闊海洋隔絕了牠們與讓牠們能活下去的避難所。

「地理條件可能助長了生物多樣性，但我要說這在大滅絕中也有一份責任，」他說：「真正的問題是：如果氣候改變，有沒有什麼地方還保留著適宜生物生存的氣候條件，而且這些生物有辦法抵達那些地方？如果你身處島洲上，這事情就有點難度了。」

當世界在奧陶紀末改變，眾生根本逃生無門。

無聊的腕足動物

古老奧陶紀大滅絕的某些特徵可與現代相比，比如說二氧化碳的角色造成氣候變化、毀滅了棲息地；不過這場遠古大滅絕還有其他某些部分根本無法與現代世界相比。

奧陶紀畢竟是個將近五億年前的時代，我們如果從太空中觀看當時的地球，也許根本就認不出來。當時那顆行星的運作方式在許多方面與現代地球截然不同，其中最不尋常的事情與我們直覺完全背道而馳，那就是許多生活在海洋較深處的動物可能竟是因為溶氧量增加才被消滅。

說到底，那個時代海水中的溶氧量雖然逐漸上升，相對來說仍頗低；要在這種讓人窒息的環境裡安居樂業，生物需要一些儉約策略，腕足類動物就是把這種策略用到出神入化的例子。

如果奧陶紀的研究者露出防衛的態度，那是因為他們鍾情的對象，和代表地球生命史後期、各領風騷的動物相比一點都不可愛。當無趣至極的腕足類動物被拿來跟恐龍具大銀幕魅力的動物相比，那些研究史前海洋海生無脊椎動物的人馬上就要回嘴：誰都能喜歡恐龍，但只有真正的硬派才有本事欣賞腕足類的生活，如果腕足類稱得上是在「生活」的話。

「你要知道，」芬尼根半開玩笑的說：「大部分古生物學家看待恐龍專家的態度，就像是海洋生物學家看待海豚專家的態度。」

驚人的是，現今地球上仍有少數活跳跳的腕足類動物，在罕有的庇護所裡重溫牠們古生代光輝歲月，比方說紐西蘭周圍和東南亞一帶；那兒的人把牠們厚厚抹上香料，變成一道有嚼勁但又不合時宜的珍饈。研究者把這些遠古遺跡帶進實驗室裡，想從牠們身上打探關於古生代生命的訊息，但卻發現這些動物跟其他他們的研究對象一樣無趣。

「牠們真的很無聊，」芬尼根如是說。

深海出了什麼事？

我在芝加哥大學參與一場研究生學術討論會，史丹佛大學的古生物學家佩因（Jonathan Payne）就說到研究這種活動力極低的生物所具有的挑戰性；和牠們相比之下，蛤蜊和淡菜簡直都成了一把熊熊燃燒的新陳代謝之火。如果你想要邪惡，你可以把一隻腕足動物關進一罐水裡，等上好幾個星期看牠以緩慢到令人無奈的速度逐漸溺死。實驗室裡死掉的腕足動物跟活的幾乎區分不出來，只有當屍體發臭了你才察覺得到。

佩因解釋說，科學家測量某種動物新陳代謝速率的方法，最標準的就是把牠放進水族箱裡，然後測量牠會用掉多少氧氣。「腕足動物很難用這種方法測量，因為牠們新陳代謝速率實在太低；當你把牠扔進水箱裡，你得先用強效抗生素把水箱處理過，才能確保你測量到的不是水箱裡細菌造成的背景耗氧量。」

「以第一近似值來說，」古生物學家基維爾（Susan Kidwell）插嘴說：「牠們是死的。」聽眾席這片古生物學界的未來之星同時爆出哄笑。

「我教書的時候，常常開玩笑說腕足動物是沉澱物而非生物，」佩因補了一句錦上添花。不過佩因不是只拿腕足動物在討論會上說單口相聲，腕足動物對奧陶紀末大動亂的反應，確實有助於科學家細細分析當時海洋出了什麼問題。

埋首於腕足動物物種的浩瀚資料裡，芬尼根訝異的發現：深水腕足動物，也就是那些最適應低氧環境的生物，竟然在奧陶紀冰期徵象初露時就死光了，與牠們相伴同行的深海盲眼三葉蟲也是一樣[25]。那裡究竟發生了什麼事？

今日富含氧氣的海水，主要是由冰寒極區與暖和熱帶之間溫差驅動著進行循環。這座引擎帶動全球規模的輸送帶在運轉，長年將冰冷且含氧量高的表層海水送往深處。在溫暖得多的奧陶紀世界裡，海水循環的效率可能更低，深海海水溶氧量也就更少。既然如此，非洲突然出現大型冰河一事或許啟動了海水循環，一口氣把大

25. 奧陶紀生物大滅絕中深海生物的死亡情形也證明伽瑪射線說不可信。

量氧氣帶到深海[26]。

深海腕足動物過著無聊至極的生活，以此換取在低氧（但掠食者極少）的環境下生存的條件；深海三葉蟲可能攝食長在自己身上的細菌來撐過簞食瓢飲的生活。當非洲大陸結成一片冰，海水循環加劇，這些棲息地隨之消失，上述生物的平安日子也就到了盡頭。

至於那些神祕的筆石，牠們互相附著成奇怪的鋸齒狀物或鑷狀物，像一群串在一起的水手般把自己划上岸；對牠們而言，海洋狀況的改變可能同樣具有敲響喪鐘的意義。

「此事殺傷力之所在是食物的變化，」水牛城紐約州立大學古生物學家米契（Charles Mitchell）如此說。

來不及演化，就只能被淘汰

我在一場以奧陶紀為主題、長達一週的國際學術研討會上，見到了米契，地點是在最國際化的城市：維吉尼亞州的哈里森堡（Harrisonburg）。這城市地底下就是實實在在的奧陶紀。該區域遠古海洋生命形成的石灰岩被挖出洞穴，洞壁上滿是南軍軍人藏身洞中躲避北軍時留下的塗鴉。

2015 年夏天，來自世界各地的古生物學家群聚在這大學城，交換關於奧陶紀的研究心得，一起抱怨研討會餐會上提供的維吉尼亞酒品質不佳，並向圈內退休傳奇人物致敬，比方說俄亥俄州的博

26. 關於奧陶紀海洋為何如此缺氧的原因，並非所有人都同意上述熱力學解釋。學界也提出其他說法，其中最奇特的說法是，奧陶紀海洋相對來說缺少魚類；魚類骨骼裡積存磷質，死後將磷質帶往海底。如果魚類數量稀少，這種從山脈風化出來的強效肥料就會留在水層裡，讓好氧的浮游生物大肆增長。

思綽（Stig Bergstrom，此人號稱是奧陶紀專家中的麥可．喬丹）[27]。

米契來哈里森堡是為了在研討會上發表演說，主題是他最愛的神祕筆石，以及這種生物在奧陶紀末大災變中如何反應（一句話：束手無策）。我們現在能在內華達中部找到這類生物，相關地層在奧陶紀曾是陽光照不進的深海區。生存在熱帶深海的物種死個精光，但原因跟海平面下降完全無關；而是因為這些動物最愛的食物——深水缺氧環境裡的細菌群消失，因此牠們難逃一死。

冰期揭幕時海洋開始翻騰，低氧區域因此被破壞。動物的食物消失了，大部分筆石也跟著消失。表層水域那些樸素且自給自足的藍綠菌群也被取代，代之而起的海藻取用著從深海新湧上來的養分。換句話說，整片海洋裡頭食物鏈最底端的生物全部被汰舊換新；海藻比起藍綠菌可能是更豐盛的大餐，但如果你還沒演化出能吃海藻的本事，你就甭想享用到。這下子我們只好與遨遊海中的凸眼三葉蟲說再見。

除了這些受害者，還有無數物種被留置在大陸上活活乾死，以及氣候變化時被困在島嶼上的難民；綜合看來一場生物大滅絕的輪廓已經開始成形。淺海、深海、海中央，地球上無一處可供避難。

「滅絕真的是一個物種層級的過程，」米契說：「這不是只發生在個體身上的事情。雖然你、我都會死，但我們的死與生物大滅絕毫無關係；大滅絕之下的情況是大家全都死。」

當適應環境已經不再可能，大家真的就全都死了。

研究奧陶紀末生物大滅絕的時候，米契震驚的發現當時幾乎沒有多少物種試圖變化自己以適應不一樣的世界，這現象令人驚懼。

27. 現場向博思綽致意的方式是把杯子蛋糕的糖霜雕成「變形顎牙形石」（我是這麼聽說的）的模樣，學生與學者紛紛排隊與這位傳奇人物合影。

我們總希望演化現象能在面對災難時賦予生物適應能力，但事實並不是那樣。

「我們下功夫勘查過一些例子，發現物種從頭到尾一點兒沒變，」米契說：「即使身處翻天覆地的大災難之中，但若是只看這些生物，你會以為天下太平……大部分物種在大部分時間裡都維持恆定狀態，只有遇到危機時才會出現變化，而這種『化危機為轉機』的做法簡直是場豪賭，不是嗎？有時你能因此造出新物種，但有時你只能被滅絕。」

就像鹿再怎麼演化都不可能跑得比獵人槍彈快，大滅絕的嚴重性已經超出受害者的演化潛力。

「不管你多麼想擁有四隻眼睛，也是沒有用的，」米契說：「只要你所屬的物種在眼睛數量上沒有出現變異，你就完蛋了。」

黑色的求救訊號

奧陶紀末出現了數種殺傷機制，某些比其他的更隱微不顯。這些機制包括海平面下降、熱帶地區變冷、陸塊之間的距離、深海海水含氧量、以及食物鏈的崩潰。但這世界還未因此斷氣，它還需要最後的致命一擊。

北非和沙烏地阿拉伯地區的冰成岩正上方有一層具放射性的黑色頁岩，聽起來有點意思是吧？沒錯；這是北非和中東俗稱的「熱頁岩」（hot shale），那種讓石油天然氣跨國企業半夜因為發財夢醒來的東西，因為熱頁岩是世界上最重要的石油儲油岩之一。吸飽了油的黑色岩石在水中沉積而成；而這些水把最後僅餘的一點奧陶紀世界掃除盡淨，為冰河所開啟的這場大毀滅埋下慘烈的結局。

冰封歲月可能長達數百萬年，期間冰河伸展又後退，像我們現在這場冰期的情況一樣。但最後這世界卻一躍脫離奧陶紀末冰期，進入熱不可耐的溫室時期；海平面上升超過一百英尺，再度淹沒各大陸；奧陶紀原本那溫暖而缺氧的海洋情況也挾更大威力捲土重來。少數動物讓自己適應這個暫時性的冰期，卻因此付出代價，在海洋中窒息而死；死後成為化石被保存下來就是牠們所獲得的唯一報償。

有時候，黑頁岩就像是化石紀錄中的求救訊號，恐怖的透露出含氧量已經低到危險的程度。死亡海洋生物下沉堆積在海底，牠們體內的碳在此處無法被氧化或分解，因此愈積愈多，造就了黑頁岩的黑色。碳元素在這無生命也無氧氣的海床上不斷沉積，不受打擾，歲歲年年，直到五億年後它們被充滿好奇心的靈長類物種發現，決定把它們挖出來燒掉。

為什麼奧陶紀末復原的海洋如此缺氧？這問題仍受學界爭議，其中一個原因可能是非洲冰被迅速溶解使巨量淡水沖入海裡，頂上的一層淡水把底下的含鹽海水覆蓋住，大海因而出現分層，導致深水區極度缺氧。數千年前，在最近這場冰期的結尾，海水含氧量也曾因新鮮冰河融水注入海洋而短暫大幅降低，然後才慢慢復原。

到了現在，大陸上急速融冰的現象使格陵蘭南方外海積存了一大片淡水，對海水循環造成阻礙，甚至可能減緩墨西哥灣流的速度。英國里茲大學的薩拉西維奇（Jan Zalasiewicz）等地質學家認為，人類世界正急速脫離現在的間冰期氣候，未來將進入數千萬年未見的強烈溫室氣候，我們正可向奧陶紀的悲慘終章取經。

碳循環脫序已然重演

「奧陶紀末的狀況是，在本質為冰期氣候的時代裡，出現大規模氣溫上升、海平面升高、洋流停滯與生物滅絕等情況，」薩拉西維奇說：「就這方面來講很像〔現代〕。過去二百五十萬年來，我們看到完美平衡冰期和今日氣溫的系統（差距約在一度之內）。今天的情況是，我們還沒達到間冰期的最高溫，但已經很接近了。一旦氣溫超過那個點，我們就會進入前所未有的新領域，一個數百萬年來未曾出現過的新領域……同樣的，奧陶紀末的氣溫、海平面、海水含氧量都發生從一種狀態跳到另一種狀態的劇烈變化，可能類似我們將來得面對的脫序情況。」

話說回來，改變也會帶來新機會。由於農田逕流（agricultural runoff）與全球溫室效應，海洋中的缺氧帶現在正在擴張；某些生物學會在荒涼地帶狩獵的技巧，更能確保牠們的生存，現今在迅速變異的太平洋裡繁衍興盛的洪堡魷魚（Humboldt Squid）就是例子。然而，對於奧陶紀的生命來說，改變來得太快以致於牠們無法存活；這樣的事情在未來幾百年裡可能又會重演。

這顆行星足足花了五百萬年才從奧陶紀末生物大滅絕的創傷裡復原；屆時，這個被清空的生態系讓倖存者有充足機會能打出一片天。慢慢的，這顆行星開始變得比較像是現在的地球；長著脊椎骨的傢伙，也就是我們的老祖先，在此之前都是生物界的無名小卒，但在大滅絕後開始發光發亮，當年的「無魚海」早被遺忘。

儘管奧陶紀末大滅絕發生在將近五億年前模樣陌生的行星上，俄亥俄州立大學的薩茲曼仍認為我們能從中學到一課。岩石中藏有許多標示出生物滅絕的地球化學信號；其中與今日最相關的大概是碳循環的動盪，這東西在大災難之中整個亂了套。

　　這些起伏線條的含意仍是地質學家辯論的話題，但它所暗示的道理已很清楚。「我說，我們唯一能夠確定的是，」薩茲曼說：「只要碳循環出現急遽而強烈的變化，事情絕對不妙。」

　　等到這顆行星在下個地質時代裡重生，生命已經在岩石裡埋下為數可觀的碳，最終成為現在的化石燃料。不過生物學到此才剛開頭，就像在戲劇第一幕被留在桌上的手槍，最後必然會被擊發而起作用。

第三章

泥盆紀晚期大滅絕

三億七千四百萬年前到三億五千九百萬年前

溯此河而上有如返回這世界的最初始，
那時植物稱霸地球，巨樹為王。
——康拉德[1]，1899年。

盾皮魚（Placoderm）曾是海洋王者。
——馬許[2]，1877年。

1. 譯注：康拉德（Joseph Conrad, 1857-1924），波蘭裔英國作家，被視為英語文學界最重要的小說家之一。
2. 譯注：馬許（O. C. Marsh, 1831-1899），美國古生物學家。

過去幾年內，美國境內突然開始噴吐天然氣。勘探者在國內各地打了數千座氣井，用廉價能源淹沒整個市場。此為「頁岩氣革命」（Shale Gas Revolution），將石油天然氣政治地理的「大博弈」局面整個洗牌，讓美國減少對進口能源的依賴，憑一己之力躋身世界頂級天然氣生產國行列。

這場革命源自「水力壓裂」（hydraulic fracturing，又稱 fracking）這種突破性科技，自此地下大片碳氫能源儲藏庫都敞開大門任君取用。鑽井者藉此清空紐約州到北達科塔州所有吸飽石油的岩石。頁岩氣革命也點燃社論戰火，這國家一邊對鑽井導致的環境與公共健康問題展開爭辯，一邊大開天然氣龍頭讓它嘩嘩的流。

以水力壓裂法開採黑頁岩，已對美國經濟產生重大影響，但它與最初在地球上生產出黑頁岩的作用毫無關係。畢竟，美國近來所發的天然氣大財，大部分要拜泥盆紀晚期恐怖的大滅絕所賜。三億五千多萬年以前，覆蓋這個國家的海洋一遍又一遍成為窒息刑房，海洋生命大量死亡沉入海底，最後變成天然氣，讓黑斯（Hess Energy）和切薩皮克（Chesapeake）這類能源公司樂不可支。

死神兩度揮刀

奧陶紀悲慘落幕之後（然後再經過小小一段[3]稱作「志留紀」的地球歷史），泥盆紀約在距今四億二千萬年前揭幕。這是生命歷史上的重大轉型期，經歷六千萬年後以災難作結。

從奧陶紀「無魚海」以來數百萬年內，地球這顆行星發生諸多

3. 志留紀只有二千萬年長。

變化；事實上，就在奧陶紀末生物大滅絕的尾聲裡，我們的祖先魚類大放異彩，將海洋據為己有。牠們成功征服這顆行星，泥盆紀於是進入「魚類時代」。

泥盆紀出現了大規模分布全球的珊瑚礁生態系，魚類掠食者與獵物在其間旋捲而游，其中許多掠食者長得既恐怖且陌生。這些海洋新當家裡，甚至有某些成員會爬上岸待個短短時間，小心翼翼試探著陸地生活可能性。不過呢，有一場恐怖的驚喜正等待著我們的魚類老祖宗，事實上還不只一場。

泥盆紀晚期生物大滅絕，死神鐮刀在三億七千四百萬年前首度揮下。光是第一場大災難就有資格名列史上最慘烈大滅絕事件前五名，將世界上史所未見規模最大的珊瑚礁摧毀 99%。這片珊瑚礁面積廣達三百萬平方英里以上，十倍於現代所有珊瑚礁的總和，它們的遺骸是今日加拿大與澳洲地底石油無盡藏的來源。

經歷這場大屠殺，地球上的珊瑚礁需要一百多萬年才能恢復元氣；但泥盆紀生物大滅絕並非單一事件，這對地球生命可不是好消息。三億五千九百萬年前，死神二度揮動鐮刀，這場最後的災變將以冰天雪地來終結這時代，把地球上最高級掠食者全部除名；這些受害者可都是身披重甲的海洋巨怪，牠們在任何「史上最嚇人生物」的精簡名單裡都能名列前茅。

要瞭解為什麼這顆行星在數億年前的泥盆紀往鬼門關走這一遭，我們先得解釋美國為什麼擁有這麼多富藏天然氣的黑頁岩。

「我最初研究泥盆紀頁岩，是因為俄亥俄州這裡就有，」辛辛那提大學地質學家阿爾吉（Thomas Algeo）說：「接著我就開始思考，為什麼會有這麼多泥盆紀留下來的黑頁岩？」

凶手成謎

生物大滅絕是晚期泥盆紀的幾個逗號，阿爾吉是關於這方面最具影響力的學者之一；我在他的研究室裡與他碰面，以獲取地球歷史這段偶爾被忽視的時期的第一手資料。在他這個學術圈裡，許多同僚已在阿瓦雷茲小行星撞擊假說（Alvarez Asteroid Impact Hypothesis）的影響下工作數十年，阿爾吉對於泥盆紀晚期危機的看法要花一段時間才漸為他人所接受。

「泥盆紀大滅絕的型態與其他生物大滅絕事件完全不一樣，」阿爾吉說：「光是時間長短就很明顯。我們在說的是一場延續超過二千到二千五百萬年的事件。就是這麼久！」

這場大滅絕期間至少出現十次高峰，包括三億七千四百萬年前與三億五千九百萬年前那兩場最極端的慘禍〔分別被稱為「凱爾瓦塞事件」（Kellwasser Event）和「韓根堡事件」（Hangenberg Event）[4]〕這些在泥盆紀晚期間歇出現的危機情況，與「五大滅絕事件」完全不同，尤其是與白堊紀末恐龍大滅絕天差地別。化石紀錄裡顯示，恐龍幾乎在一瞬間滅絕，這樣就很符合小行星撞地球造成的結果。只是，泥盆紀大滅絕中的奇怪特質，並不能阻止古生物學家往外太空去緝凶。

實際上，古生物學家試圖以小行星撞擊說解釋許多全球性大災變，其中在地球歷史上最古老的就是泥盆紀第一場大難「凱爾瓦塞事件」。1969 年，加拿大地質學家麥克拉倫（Digby McLaren）在一

4. 這兩次事件又被稱為「弗拉斯期—法門期界線」（Frasnian-Famennian boundary）和「泥盆—石炭紀界線」（Devonian-Carboniferous boundary）。

個古生物學會發表演說，他的聽眾都是學界同僚，其中許多人甚至不相信地球史上曾發生大滅絕。

從達爾文以來，大部分人以為地質紀錄中偶爾會出現的化石大斷層只是後天造成的岩石紀錄缺陷。要說生命能在剎那間被完全抹殺，人人聽了都會嗤之以鼻，覺得這說法洋溢《舊約聖經》中天降神罰的迷信氣息，畢竟這門學科已經耗費將近兩百年才驅散以〈創世紀〉大洪水故事為腳本的地質學怪談（但這類怪談在今日美國某些地方又有死灰復燃的趨勢，令人反胃）。

然而麥克拉倫仍不得不為化石紀錄裡的大斷層感到困擾，他堅稱他的同僚們「試圖用定義的方式來消滅」生命歷史上這些刺眼的不連續處。麥克拉倫一名同事於 1965 年前往伊朗調察泥盆紀地層，發現上面的化石紀錄也出現這種不祥的斷片，與他在北美地層所見到的相同。不論泥盆紀晚期發生了什麼事，這都是全球性的大事件，麥克拉倫認定此事背後必有個造成大災難的相稱原因。

難道是天外橫禍？

「今天如果有顆巨型隕石掉進大西洋中央，產生的海浪能高達二萬英尺，」麥克拉倫對古生物學界的同事如此宣告。「這足以造成大滅絕，」他為泥盆紀晚期地層中清楚可見的這場世界性大毀滅景象背書，但只迎來一片難堪的沉寂。研究者後來將會發現小行星確實能在全球性毀滅事件中扮演如此角色，麥克拉倫的學說會遭到證實，他只是選錯了生物大滅絕的場次。

1980 年，當人們把一顆六英里寬的小行星與恐龍消失連在一起的時候，舉世震驚，關於生物大滅絕的研究突然被推上學術尖端，擺脫長久以來在地質界聲名狼藉邊緣人的地位。麥克拉倫的說法久被視為無稽之談，此時又獲得新生。

泥盆紀這幾場大滅絕吸引著想成為彗星獵人的人躍躍欲試。地質學家分散趕往地表最荒僻的角落，在其他大滅絕的分界處尋找來自外太空的證物。儘管證據稀少，某些人仍聲稱自己找到些東西，顯示泥盆紀末尾發生過毀滅性的撞擊，程度足以導致此等大災禍。

就像奧陶紀末的情況，某些地質學家也認為嚴寒在泥盆紀晚期危機中參了一腳，這段時期基本上算是地球歷史上一段氣候宜人的時光。小行星撞擊說的某些支持者提出說法，想要以「天外飛來橫禍」來解釋氣溫明顯下降、泥盆紀大滅絕持續時間異常的長、以及這場大滅絕是一陣一陣發生的這些情形。

其中一個故事這樣說：一顆軌道弧度低的小行星可能撞上地球，震飛大量石塊進入軌道，在地球周圍形成一條類似土星環的構造；這道環的陰影投射在赤道上，造成赤道地帶永遠處於暮光中，氣溫因此下降，也就解釋了熱帶地區生物滅絕的劇烈情況。接下來，經過數百萬年，環裡的石頭漸漸落回地面，這整場大滅絕的漫長時間以及間歇性發作就是由此而來。這說法頗挑動人心，雖然也有些幻想性質，是外星人迷最喜歡拿來大做文章的那種理論；但阿爾吉對此並不採信。

「可能性太低，」他簡潔的說：「裡面太多臆測成分。」

羅格斯大學（Rutgers University）的麥基（George McGhee Jr.）是小行星撞擊說比較熱心的擁護者之一，他在 1996 年出版一本書，簡述造成泥盆紀晚期生物大滅絕的小行星撞擊事件。然而麥基自己近年來已經承認，學界並未發現泥盆紀有像恐龍時代末一樣小行星撞擊的多重證據，比方說巨量宇宙塵或大到足以引發生物大規模集體死亡的隕石坑。「全世界的科學家搜尋了三十年，」他寫道，「都還是找不到。」

阿爾吉對凶手身分的假設比這樸實得多，雖然聽起來可能一樣誇張。他聲稱這說法不但能解釋那時代末期的酷寒，也能說明黑頁岩從何而來，這些黑頁岩在今日朝向開採業者噴灑天然氣，在昔日卻象徵泥盆紀出現不宜生物生存的低氧海洋。阿爾吉的研究室外面有個帶溝槽的粗大石柱，是一塊樹木化石，年齡有三億八千萬歲；這東西擺在那兒可不只是為了裝飾。「我很確定，這些滅絕事件都與陸生植物的演化有關。」

葬身湖底的小鎮

魏可夫（Kristin Wyckoff）是基爾波博物館（Gilboa Museum）義工主管。博物館是座樸素的單間建築，位於紐約州偏遠地帶卡茲奇山（Catskills），周遭環繞農田。博物館裡擺滿鏽蝕農具以及帶著烏賊墨色調的照片，照片裡是紐約州基爾波豪華大宅，宅子今已不存，基爾波舊鎮已經沉在一座人工湖底。

魏可夫的博物館就是為這座沉湖小鎮而設，紀念它以這種悲劇性的方式終結；但這悲劇卻意外的讓小鎮遇見地球生命史上最重大的場景之一。

一百年前，距離基爾波南方一百五十英里，大批移民通過愛麗斯島（Ellis Island）進入紐約市。驚人的紐約大都會，為了如何容納移民而焦頭爛額。布魯克林素來是東河（East River）另一側的獨立飛地[5]，當時剛剛被納入紐約市區，「高譚市」（Gotham[6]）因此亟需更多水源，而人們自然而然的就往北邊去找，想在人煙稀少、風景原始的卡茲奇山中谷地建造一座儲水池。

不幸的是，整個紐約州最適合建設水壩的地點之一就在古樸小鎮基爾波的正中央；這座小鎮位處谷底，是紐約水利專家計畫中全州補注效率最快的儲水庫之一，上游有超過四十條支流灌注其中。斯科哈里河（Scoharie River）將在此處被水壩截斷，犧牲基爾波這個可愛的小村莊來成全大我，州政府決定讓小鎮未來都在人工湖底度過。紐約市摧毀該鎮以解自己的渴，這種態度可說是極度缺乏臨終看護的精神。

魏可夫聽取最後一批還在世的鎮民的口述歷史，讓他憶起當年水壩動工時的情形：鎮民像「巴比倫之囚[7]」被迫遷移。居民回家時發現自家大門被潦草畫上不祥的 X 符號，標記這棟屋子將被拆毀。

「〔一位前鎮民〕說她在最後一趟搬家時要回去拿她臥房裡那些娃娃，結果發現房子已經被夷平，」魏可夫說：「房子被那些人燒了，事前幾乎什麼都不跟你說。」

挖出了最古老的森林

1926 年，閃亮亮的全新基爾波大壩將斯科哈里河攔截起來，這座小鎮於是漸漸沉入水底。一位研究基爾波地方歷史的學者做出

5. 譯注：飛地（enclave），指行政上隸屬於甲地，而所在卻在乙地的土地。
6. 譯注：高譚市（Gotham），美國DC漫畫公司出版漫畫中的一座虛構都市，蝙蝠俠故事的主要背景。高譚市也是紐約市的別稱。
7. 譯注：巴比倫之囚，指舊約聖經中記載猶太民族被征服者加爾底亞人脅迫遷移到巴比倫城的故事。

如下猜測，可能還稍稍加油添醋了一點，他說：「該鎮三分之一以上的原居民因心碎而亡，剩下的人恍恍惚惚流落四方尋求棲身之處，直到死亡將他們從這殘忍世界中解放；他們說，這個世界似乎容不下他們存在。」

今天，老鎮基爾波的殘餘部分都沉在斯科哈里儲水庫底下，這裡的水仍舊從曼哈頓的水龍頭流出。博物館不遠處，一座寂寞墓園位在魏可夫路旁有點距離的地方，園中墓碑歪斜、生滿青苔，上面只刻著編號；老鎮原有墓地與鎮子一起被水淹沒，州政府被迫將鎮上亡者遺骸遷葬。此事距今已過九十年，但這些人對紐約市的憤怒仍歷歷可見。「你都還能感覺得到。」魏可夫如是說。

話說回來，水壩建設還是帶來了某些好事。「基爾波水壩這整件事情裡頭，唯一的光明面就是他們發現了不可思議的化石。」

採石工人採掘砂岩塊來鋪設水壩表層時，發現蒸氣挖掘機不斷被一些有溝槽的怪異柱狀岩石所阻，這情形令他們大惑不解。在奧巴尼（Albany）西方一小時車程處，這些人無意間發現了地球上最早的樹木，以及生命歷史上最古老的森林。

紐約州與泥盆紀自此正面相見。

植物的崛起

整部地球歷史裡頭，大陸表面差不多一直都是荒瘠險惡的岩漠，內陸地區是一片無生命的空白，讓我們現今回顧時幾乎認不出這顆家園行星。但從泥盆紀開始，小型植物漸漸在海岸邊建立脆弱灘頭堡；它們被稱為「小人國植物世界」，因為規模實在太不足道，畢竟先驅者地錢的枝椏最長也不過幾英寸而已。

然而，從水中藻類變成陸生植物，對小人國居民可說是飛躍性的突破，雖不起眼但不容小覷。它們必須防止自己在剛剛開始減弱的陽光下被烤乾（做法例如長出一層覆蓋表面的蠟質，以及用來呼吸的小小氣孔）。

植物一旦登陸，土地空間的有限性與爭搶陽光的需求最終導致植物發動另一場讓地球面目一新的革新；到了泥盆紀中期，植物已經做好垂直發展的準備。樹木演化出具支撐力的維管束組織，藉此爭相朝樹林頂上追高，踩著其他樹木的肩膀搶占陽光惠澤。

「植物在這時候從膝蓋高度長到樹一樣的高度，」阿爾吉說。在此之前化石紀錄裡沒有一棵樹，一下子基爾波就出現三十英尺高形似棕櫚植物的叢林，在紐約的海濱平原與濕地上高高生長。這些原始樹木只用一圈夏威夷草裙狀的薄弱纖維把自己固定在陸地上，但不久之後植物的某些嫩芽就會往下生長，發展出有模有樣的根部掘入地下。殖民陸地的大業正如火如荼開展。

這些最早的森林迎來世界最早的昆蟲入住它們寬廣中堂，馬陸和始祖蜘蛛在基爾波的熱帶環境裡奔竄。這些最初的昆蟲將會誘使魚類蹣跚踏上旱地，最後完全捨棄大海裡的祖居。經過數億年，複雜生命終於離開擁擠的海底育嬰房而冒出頭來，進入荒涼了無生氣的各大陸，但它卻終將因拓荒精神而遭天罰。

基爾波水壩逐漸殘破，維修工程於2010年展開，賓漢頓大學（SUNY Binghamton）古生物學家斯坦（William Stein）所領導的團隊受紐約州環保局之邀來此觀察世界最早的森林。這處地方近百年來都被州政府管制，禁止科學家或大眾進入，至今猶然。

遺址內部是個精采奇境，斯坦的團隊發現一處保存極其良好的森林地面，上面留下兩百個洞，洞裡曾矗立著世界最早的樹。他們在此掘出超過三十個笨重的樹木化石塊，稍後將其中數個贈與魏可夫的博物館。

基爾波化石林不只提供我們一扇望入原始生態系的窗，還標誌著一顆新行星的誕生，這顆行星的表面因植被而煥然一新。斯坦的團隊在《自然》（*Nature*）期刊中寫下基爾波森林所觸發的世紀性變革：「樹木起源於泥盆紀中期，此事代表陸地生態系的重大改變，且可能具有長期性的影響，包括風化作用加劇、大氣中二氧化碳濃度降低……以及生物大滅絕。」

儘管現在我們將樹木視為生命的貢獻者，而植物也將在泥盆紀之後的地球歷史裡成為陸地生命能夠蓬勃發展的礎石，但對這顆行星來說，最早的森林卻是末日信使。

藻類促成了死亡區

大陸上初現森林，這事要怎麼跟海裡形成的嚇人黑頁岩和泥盆紀晚期重重打擊這顆行星的至極危機連在一起？

「泥盆紀時期發生的情況就類似現代海洋的『死亡區』，」阿爾吉說。

現在的墨西哥灣，每年到了夏季就會出現一片大小約如紐澤西州的區域，區域內氧氣全部消失，裡面所有生物死亡殆盡。說到這裡，紐澤西州自己其實也有季節性的缺氧症，五大湖中的伊利湖（Lake Erie）在 2014 年出現有毒藻華，規模之大讓當局被迫切斷托俄亥俄州托雷多市飲用水供應。2016 年，佛羅里達海岸受到一波波濃稠藻類淤泥侵襲，稠得能把海洋生物活活悶死，船主人說那東西的濃度可比墨西哥酪梨醬。

位於美國中部大西洋岸的切薩皮克灣[8]直到最近都還是個生物學樂園，但現在也被同樣的問題所困擾，成了死氣沉沉的地方。過去切薩皮克灣的牡蠣礁規模極大，能對海上航船造成不小損害，同時也是海洋生物的萬獸園，裡面有「海豚、海牛、水獺、海龜、短吻鱷、巨鱘、鯊魚和魟魚。」今天在這混濁海灣開遊艇的人可能會對這兒的動物名冊瞠目結舌，因為此處發現海牛的機率跟發現河馬一樣高。

再往外頭走，低氧水域也威脅著波羅的海和中國東海。藻類不受控制的生長，耗盡海中氧氣，造成這種稱為「優養化」的致命現象。對於泥盆紀晚期那些遭逢大劫的動物來說，這種酪梨醬一般的潮水可能也不是陌生現象。

優養化是由過量的好東西，也就是太多植物所需的養分所造成。墨西哥灣現在的問題源自內陸，源自美國中西部和北美大平原上一望無垠的方整農田；農夫噴灑氮肥與磷肥來滋養作物，沒被農作物吸收的養分最後都沖進密西西比河。密西西比河在路易斯安那州南部入海，河水裡累積的「奇蹟肥」[9]刺激大海中藻類瘋狂生長。等到藻華整批整批死亡，它們就下沉分解，過程中用掉整片水域的大部分溶氧。

氧氣沒了，其他生物紛紛窒息，結果造成大批魚群死於非命。灣岸海灘遊客每年都有一段時間能見到啟示錄般的景象，大量燕魟、鰈魚、蝦子、鰻魚和各種魚類屍體被沖上岸。水底下，死掉的

8. 有意思的是，切薩皮克灣（Chesapeake Bay）本身是在三千五百萬年前因巨大小行星撞擊而生成。
9. 譯注：奇蹟肥（Miracle-Gro），美國史考茲奇蹟公司（Scotts Miracle-Gro）旗下植物肥料品牌名稱。

螃蟹、蛤蜊，和掘洞蠕蟲散布在海床上，像是無脊椎動物的索穆河之戰[10]留下遍地傷亡。我們很容易推想一場全球、長期的升級版優養化會如何帶來世界末日，泥盆紀發生的事情或許就是這樣。

致命的根系

今天世界各地藻華[11]和死亡區都在擴張，主要推動力是工業化農業的發展與興盛[12]。但我們看不出來泥盆紀時有孟山都公司[13]，因此我們需要另尋解釋為何遠古時代有大量植物肥料流進海裡。

阿爾吉和他的同僚認為原因就是植物自身。他們說，這是史上第一次植物把根扎入地裡，撐破岩石，釋放出磷分等營養，這些東西隨後被沖入河中，用藻類和浮游植物最愛的養分毒化大海。這種情況導致營養氾濫，促進大規模浮游藻華生長，把海中氧氣搶光，最終創造出所有黑頁岩。

基爾波的「樹木」其實就是怪模怪樣的巨型雜草，它們有棕櫚般的粗大樹幹，但在血緣上卻與木賊（horsetail）和蕨類較近。最早的貨真價實的「樹」是古羊齒屬（*Archaeopteris*[14]），它在泥盆

10. 譯注：索穆河之戰（Battle of Somme），一次大戰期間西線發生的大型戰役，是整個大戰期間規模最大、傷亡最慘烈的一次會戰，發生於1916年。

11. 除了耗掉氧氣以外，有毒藻華確實「有毒」。加州蒙特利灣發生過海鳥攝食含神經毒素藻類後變得瘋狂的事件，啟發希區考克拍出《鳥》這部電影。近年來針對新英格蘭地區湖泊周圍人口所進行的研究，其結果甚至將有毒藻華與肌萎縮側索硬化症（amyotrophic lateral sclerosis，簡稱ALS，即所謂的「漸凍人」）病患較密集的地區連接起來。

12. 全球暖化對此事有更進一步促進的效果。

13. 譯注：孟山都公司（Monsanto），世界知名的美國農業技術公司，著名產品是除草劑「年年春」（Roundup）。

14. *Archaeopteris*和*Archaeopteryx*不一樣，後者是介於鳥類與有羽毛恐龍之間的過渡生物，也就是著名的「始祖鳥」。古生物學這些名詞能把外行人繞得團團轉。

紀稍晚的時間才登場[15]。這種植物像細長的雪松，能往空中竄上超過一百英尺高。為了支撐這驚人的高度，古羊齒屬植物擁有世界最早的深根系統；它的根會分泌有機酸，且會鑽入從未受接觸的地底區域，物理化學雙管齊下侵蝕陸上岩石，擴張根部同時讓岩石四分五裂，並大量釋放蘊含在陸地上的養分。

這些樹木製造出最早的土壤，土壤沖進河川溪流，最後抵達淺海地區，讓大海裡充滿史前版本的奇蹟肥。古羊齒王國迅速在地表開疆拓土，它們從岩石裡釋放的養分也就不斷順流入海，引發海中浮游植物異常繁盛生長，讓海裡其他生命因無法呼吸而死，其作用跟現代工業製造的肥料差不多。

浮游藻華造成的巨量碳埋藏事件，在岩層中明顯可見。這是海洋中的原始生產能力失序的訊號。今天用水力壓裂法所採的含碳化合物，正是當初這些死亡潮水裡面所含的有機碳。

更糟糕的是，當時大陸表面覆蓋著奇形怪狀的海洋；有機碳只能藉有限的開口與外洋相通，因此它們接收到陸上送來的洶湧養分之後很難將其向外排放出去，這使得泥盆紀所面臨的問題更加惡化。

「今天墨西哥灣的死亡區出現在開放性的大陸棚上頭，對外根本沒有阻礙；就連這種開放的環境都能出現死亡區。」阿爾吉說：「更何況泥盆紀的環境，簡直是發展缺氧區域的溫床。」

這就是造成魚類大量暴斃的致命武器。

15. 這種樹仍然很奇怪，它用孢子而非種子來繁殖。

樹木引發的酷寒

植物後來又發明出別的東西，像是它們在泥盆紀末、第二波生物大滅絕前夕發展出種子；這發明讓植物能更進一步向內陸乾燥環境推進並存活下來。這一切始自河川湖泊旁邊的溼地地帶（比如基爾波），到了泥盆紀末期已經成了對陸地的全面入侵。阿爾吉認為，諸如樹木、根部、種子這類生物的創新，是造成泥盆紀晚期大滅絕呈現一波一波情況的主因。

「植被擴張並非這二千五百萬年到三千萬年之間持續發展的過程，」他說：「而可能是間斷進行。舉例來說，某一群植物演化出深入內陸生長的能力，適應更艱困的環境。這個過程快速發生，接下來就會有段靜態時期。接著，另一場古植物的發展就會引發下一波危機。」

如果早期森林僅是讓泥盆紀晚期海洋充滿過量養分、剝奪海中氧氣，那這場大滅絕不至於如此慘烈；樹木還做了別的事，它們大量吸收空氣中的二氧化碳。今天，那麼多人為了亞馬遜雨林的破壞而急如熱鍋上的螞蟻，因為這顆處於全球暖化的行星也在為了自己的碳儲存而焦頭爛額。

一個有爭議性的說法說，最近這場從西元 1500 年持續到 1800 年之間的大寒流，是由於美洲印第安人大量死亡，使得北美大陸林地在經歷數百年原住民火耕農業（slash-and-burn）開墾之後又能重新復育，才造成這種結果。當樹木繁衍、重新占領哥倫布之後的新大陸，它們從大氣中吸收大量二氧化碳，可能因此促發短暫的低溫時期。說到最後，樹木並不是靠著土地長大，而是靠著它們周遭的空氣長大。

在泥盆紀，荒蕪大地上展開的第一場造林運動規模可完全不同。樹木在世界各地拓展，大氣裡二氧化碳含量最終會下降超過90%。更有甚者，碳不只被鎖定在世界最早的森林與土壤裡，還有大量的碳被吸飽養分的浮游藻華埋進無氧海中。說來也不令人驚訝！因為這麼多碳被掩埋，對氣候和生命都造成重大影響，也於是嚴寒降臨了。

「泥盆紀晚期兩場最大的生物滅絕事件都與氣溫急遽下降和大陸上冰河形成有關。」阿爾吉說。如果他是對的，這顆行星不只是海洋遭受窒息之苦，且整體還因為二氧化碳濃度遽降而被間歇性酷寒氣候所扼殺。

缺乏決定性證據

很不幸的，阿爾吉提出的學說遇上一些矛盾證據；泥盆紀晚期第一場大難，也就是讓世上珊瑚礁災情慘重的「凱爾瓦塞」事件，至今仍讓人覺得撲朔迷離。今人看不清當時狀況，原因之一是這波滅絕潮整整持續一百萬年，其中有多達五次生物死亡高峰期。一百萬年內能發生太多事情；人類也不過出現在世界上二十萬年。

因此，第一波生物大批死亡事件仍然「充滿爭議性」(這是學術論文會用的含蓄用詞)；此外，討論這場較早滅絕事件的不同論文讀起來也像雞同鴨講。

然而，阿爾吉認為植物領土擴張與二氧化碳含量下降，造成凱爾瓦塞事件中出現短暫冰期；這樣的說法雖非牢不可破，但也是奠基於某些證據才提出：研究者在小型類鰻魚動物的牙齒中測得氧同位素含量，呈現當時熱帶海水溫度曾有短暫瘋狂陡降攝氏五到七度[16]。適應寒冷環境的生物，似乎能取得大滅絕後的生存優先權，且牠們還一步步向熱帶逼近。

不過，這些證據本身就自相矛盾，整個時期中有件事始終陰魂不散困擾著專家。當時俄羅斯地區看起來似乎有個主要火山帶發生噴發，而這件事可能導致各種亂局，包括極度的全球暖化現象。我們確實有證據證實當時出現暖化現象，以及一波波滅絕潮中出現海平面暴漲的情況。

讓學術界感到混亂的主因包括替岩石精確定年的困難，以及化石紀錄本身的破碎性質，況且這些資料還是要由人來加以詮釋，而人人的詮釋角度都有別。

真的有冰期嗎？

對於植物改造地球以致地球生命遭劫的說法，英國赫爾大學（University of Hull）的邦德（David Bond）並不質疑。

「我滿喜歡湯姆（阿爾吉）的假說，」邦德說：「生物界發展出較大型植物的每一步，似乎都與全球性海洋缺氧的現象同時發生。這很有趣，這種想法還滿有道理。」

然而，邦德並不認為泥盆紀晚期第一場大型滅絕事件中出現過冰期，他認為岩石中顯示氣溫下降與海平面遽降的證據，其實年代都在大滅絕之後，因此它們不可能是大滅絕的成因。至於那些呈現氣溫直直下墜的溫度資料，邦德認為並不可靠，它們已經在地下埋了億萬年，早已變質。

16. 如果你不知道這是怎麼回事，這裡告訴你：動物在不同溫度的海水裡，會將不同比例的氧同位素存在自己骨骼中。

「我認為當時很可能有海平面下降和氣溫變冷的情況，但關鍵是發生的時間，」他說：「如果這些事發生在大滅絕之後，那它們就不可能造成大滅絕。」

相反的，邦德和其他人提出的說法是：海平面迅速上升和全球暖化（可能是由俄羅斯和烏克蘭火山排放出的二氧化碳所導致）使泥盆紀的缺氧海水湧流上大陸棚，幾乎將海中活物一舉消滅。

火山爆發的時間尚未被精確測定，因此難以與大滅絕時間做比較，但兩者時間確實相差不遠，足以使人開始揣測。更何況，如本書接下來所要呈現的，這類火山爆發在接下來每次生物大滅絕裡都扮演舉足輕重的角色。

凱爾瓦塞事件，地球生命歷史上最重要也最具毀滅性的事件之一，直到現在我們仍不知道它的成因。或許，泥盆紀的頭一場生物大滅絕並不是由急凍氣候或炙人的熾熱所造成，而是由於氣候在火與冰之間迅速而瘋狂的擺盪，才使得生命萬劫不復。地球歷史上如此關鍵時刻竟還充滿未知數，這對不知是否該尋求地質學或古生物學學位的學生來說應當有些鼓勵效果，讓他們知道這些學門裡仍有重大問題尚未得到解答。

至於泥盆紀第二場大災劫，讓這個地質時代慘澹落幕、屠滅一整批恐怖大怪魚的「韓根堡事件」，此處阿爾吉或許說對了。我們幾乎可以確定當時這顆行星曾短時間遭冰封，因而釀成巨禍。

「種子植物在泥盆紀晚期登上舞臺，且非常快速的擴張勢力，」阿爾吉說：「這似乎引發了最後的氣溫下降與冰河作用。」

世界綠意盎然，而後這行星就結凍。我們很容易能找到終結泥盆紀這場全球性冰禍的證據，只要開車經過馬里蘭州西部時，往車窗外探頭就能看見。

發現證據了

1985年，馬里蘭州州政府地質學家布列津斯基（David Brezinski）頭一年到該州地質調查局（Maryland Geological Survey）任職。當時，他開車往馬里蘭西部的阿利根尼山脈（Alleghenies）去探勘，探勘對象是一大片築路工人炸穿「斜坡山」（Sideling Hill）後所露出的大片路邊坡。

這片人造峭壁展示著有如千層蛋糕的岩石，在淺海與沼澤中沉積而成，後來因大陸碰撞擠壓而成巨大的U字形。U的兩端往外延伸的方向，點出早被歲月蝕平的隱形山峰曾經的位置。

六十八號州際公路所經過的這處人工峽谷已經成了某種景點，常有機車騎士駐足觀望；但對布列津斯基這個研究岩石露頭經驗豐富的人來說，這座峭壁簡直令他嘆為觀止。

路邊坡由一層層砂岩和煤炭堆成，乍看是那種遠古溫暖海岸地區會形成的沉積岩層，但往基部看，岩石裡卻突然嵌入某種完全不搭調的東西。「基本上這是塊泥岩，但裡面夾雜著巨大礫石，直徑可達一公尺或更長。我從沒看過這樣的東西，」布列津斯基這樣跟我說：「這讓我無法理解。」

礫石看似是由冰河所留下，但實際上不可能；長久以來學者都認為這一整區的地層是在熱帶世界水下所形成。地質學家試著提出合理解釋，說這塊突兀的大雜燴岩層可能是因局部的海底土石流所造成。

「但我在馬里蘭州西部和賓州西部也發現了，」布列津斯基說：「到處去看同樣年代的地層，你都會發現這種石頭，它的存在完全不是『局部性』。」

布列津斯基知道這不是水底岩石崩毀的遺跡，也不是其他人所說小行星撞擊引發海嘯留下的殘片，而是冰河在旱地上作用的成果。「人們長期忽略這個證據，因為他們知道泥盆紀是個溫暖世界，」他說：「而這個證據與此並不相符。」

奇怪的是，這類證據竟愈來愈多。2002 年，有人發現泥盆紀的礫石上帶著條紋，透露它曾在那能把地翻上天的冰河行進中遭到磨蝕。2008 年，人們發現肯塔基州泥盆紀頁岩裡卡著一塊三噸重的巨大花崗岩，唯一合理的解釋就是它被冰河運到這裡棄置。

克里夫蘭近郊地底下，以及德國一些河岸地區都有泥盆紀時的大型河谷地形，它們是當時海水退去，冰被擴張而在乾燥海床上挖掘出來的，現在都已被沙土掩埋。

布列津斯基在馬里蘭 I-68 公路邊坡頭一次注意到這塊雜燴巨岩，發現它延伸長度有二百五十英里，從賓州北部穿過馬里蘭州進入維吉尼亞州西部。確實，某些在遠古時期接近極點的地方都發現過冰磧石，比方說史前時代的玻利維亞和巴西，但是，阿帕拉契山脈在泥盆紀幾乎都位處熱帶地區。也因此，這一切線索都指向一場地質時代上短暫但極具破壞性的冰河時期，看來泥盆紀世界竟是因低溫而殞命。

布列津斯基的研究室位在巴爾的摩的社區，該年內此處已發生三起謀殺案。他以及他在西馬里蘭和賓州的同僚們所做的研究，「確實改變許多人對泥盆紀晚期的想法，」他說：「我認為過去五年內的變化很大，就連阿爾吉一開始都對這附近的冰河證據抱持疑心，但我們在 2006 年帶他到賓州走一遭，之後他說『好吧，行，這還滿有說服力的。』」

大滅絕一日遊

布列津斯基帶著我和一群地質學家與古生物學家出門做田野調查，目的地是斜坡山著名的路邊坡，進行生物大滅絕一日遊。

現在我們很清楚州際公路系統對地質學的影響，從未有哪項全國性工程能無心插柳對科學做出如此貢獻。美國東半部的商場、房屋與「光合成糊狀物」遮蓋這片大陸驚人的化石寶藏，於是公路路邊坡常能為我們開啟一扇望進悠遠過去的孤立窗戶。

不過，一位地質學家告訴我說，如果前總統艾森豪（Dwight Eisenhower）這位公路系統之父稱得上是地質學的好朋友，那麼前總統夫人「小瓢蟲」詹森（Lady Bird Johnson）就是個「不受歡迎人物」(persona non grata)，她倡議的《公路美化法案》(Highway Beautification Act）內容包括在許多路邊坡地帶種滿植物。

「有人帶酸來嗎？」我們在 I-68 的路肩行進時，一名地質學家詢問眾人。「有！」另一個人回應。我後來發現這個奇怪的問題在地質學家之間是家常便飯。酸的用處其實有點平淡無奇，不過就是用來把岩石上一層層汙垢清掉而已。

參加這場田野調查的古生物學家之一是賓州大學的薩蘭（Lauren Sallan)，她是全世界研究遠古魚類的頂尖人物之一，甚至「之一」兩個字說不定可以去掉。對她而言，這趟親眼觀賞公路旁冰磧石的旅程可比朝聖之旅。

薩蘭很努力的讓她同僚瞭解這場終結泥盆紀的大滅絕嚴重性。其他生物大滅絕主要影響了腕足動物甚至浮游生物等無脊椎動物所，但泥盆紀最末這場大滅絕卻全面屠殺了充滿魅力的大型脊椎動物，其中 96% 遭到滅族，多麼恐怖的數字。泥盆紀的脊椎動物都住在水裡，但現在的脊椎動物幾乎包括所有你想得到的野生動物：狗、鯨魚、蜥蜴、蛇、鯊魚、大象、青蛙、我們人類，再說下去還有不知多少。

「泥盆紀末這一回，是脊椎動物所遭遇過最慘烈的滅絕事件，」她還說，這場事件比白堊紀末剝奪恐龍與地表大部分生物生命的大滅絕還要慘烈。「至少魚類在白堊紀末沒有死得一個不剩。」

盾皮魚的消失

布列津斯基帶我們去看公路邊坡底部標誌著泥盆紀末日終章的那段奇特冰期，示意我們可以在此取些紀念品。如果學界現在才慢慢開始認知泥盆紀末大滅絕的嚴重性，那麼另一件事也始終未能成功進入專家的腦子，那就是當時曾發生災難性冰期；大學裡高度專業化的情況使同僚之間對隔壁研究室在做什麼都不太聞問。

薩蘭站在西馬里蘭公路旁，手執一塊冰成岩，凝望著不近不遠的地方，然後宣告：

「我的生命已經完整了，我得到了大滅絕的證據，而這是冰河留下的殘跡。我現在能給來我研究室的人看，然後說『你看看，真有其事』。我一直在告訴別人這場大滅絕有多嚴重，嚴重到在熱帶海平面都出現冰河，但大多數人都不相信我。現在，我猜我大概可以直接拿這塊石頭砸他們，等他們進了醫院就會相信我了。」

面對人們低估這場事件，薩蘭的態度渾身帶刺，她的態度有部分原因來自她對盾皮魚類的熱愛。盾皮魚是各式各樣身披重甲的魚類，是泥盆紀的統治者。如果你從未聽過「盾皮魚」這個詞，那很可能是因為牠們已經不存在這世界上；但薩蘭要說，牠們之所以滅絕並非是牠們自己的錯。盾皮魚之於泥盆紀，就如同恐龍之於侏羅紀和白堊紀，雖然牠們在現代流行文化裡所受待遇大不同。「盾皮魚到處都是，牠們什麼都做，然後牠們就沒了。」她說。

為了理解薩蘭對這些特殊生物的消失感到心痛欲絕的原因，我訂了張往克里夫蘭的車票去看看這些傢伙。那裡有某些地球歷史上最兇惡、最可畏的掠食者，牠們的遺骸就散落在河岸。

河濱的時尚商店街，有餐廳、釀酒廠和酒吧，清楚呈現了辛辛那提從「鐵鏽地帶」[17]的衰落景況中的復興復甦。然而，克里夫蘭那被河流切過的市中心（河流兩岸盡是工廠，過去放把火河水還會燒起來）處處散布著停車場；市區最令人矚目的建築物，過去曾是富麗堂皇的百貨，現在已經變成把人退休金吸乾的賭場。這類「克里夫蘭的獨一無二特質」可就讓人有點難以欣賞。不過，對於一個古生物學家來說，這座城簡直就是美夢成真，它就建造在海中怪物骨骼堆成的地基上。

「我們可能太愛把這些東西擬人化了。問題是，你看嘛，它看起來就很邪惡啊！」克里夫蘭自然史博物館（Cleveland Museum of Natural History）館長萊恩（Michael Ryan）如是說。

我在萊恩的博物館展室深處與他碰面，身邊圍繞著殺手級盾皮魚「鄧氏魚」（*Dunkleosteus*）的大型鈣化頭部，各個復原狀態不一。這種三億六千萬年前的巡海巨無霸是以萊恩前任館長鄧克（David Dunkle）之名命名。這些巨大魚類頭骨是從克里夫蘭當地河岸岩層裡挖出來，該地已經為世界各地的博物館產出無數令人歎為觀止的標本收藏。不可免俗的，鄧氏魚總被展示成血口大張、充

17. 譯注：鐵鏽地帶（Rust Belt），指美國某些地區從1980年代以來製造業逐漸凋零，因此導致人口外移與都市規模縮減的情況。

滿空洞惡意的結凍表情。《經濟學人》曾半開玩笑的說恐龍是「可告慰的已滅絕」；這種說法如果還能用到別的生物身上，那非鄧氏魚莫屬。

無敵的海中霸王

帶著結實的骨盔護體，鄧氏魚無疑是泥盆紀大海中打遍天下無敵手的王者，也是世界最早擁有脊椎骨的頂尖掠食者。牠身體有一臺溫尼柏格露營車（Winnebago）那麼大，相較之下身長一碼的鯊魚簡直成了溫順小人兒；鯊魚是最近才演化出來的生物，牠們睿智的選擇在海洋裡扮演一個邊緣角色。

和現代我們較熟悉的魚類牙齒不同，兇殘鄧氏魚口中是一臺分叉的斷頭臺，是從頭上盔甲凸出來能自動磨銳的一套骨板，在現存生物身上完全找不著。牠揮動這些刀刃來刮肉裂骨，讓恐懼如漏油般遍布水域。

鄧氏魚和那些只能移動下頜來進食的動物不一樣，牠頭頂有著肌肉構成的巨大鉸鍊，讓牠張大滿布劍戟的嘴巴時模樣像是隻被驅邪的鱷龜（snapping turtle）；這個動作能製造出強大吸力，鄧氏魚實際上是先把獵物吸進血盆大口裡，然後再施展魚類史上最驚天動地的咬功。牠之所以必須披上一身厚度超過一英寸的可畏骨板，純粹只是因為這海洋裡還有別的鄧氏魚。

克里夫蘭頁岩層裡發現的某個鄧氏魚頭甲上有某種咬痕，依據萊恩與其同僚發表的論文所述「其成因最佳解釋就是……另一隻鄧氏魚。」這種狀況可想而知。防禦力較弱的動物在牠們面前不堪一擊，鄧氏魚從來不會心慈手軟；甚至有人說，化石紀錄中圍繞著鄧氏魚的那些面目全非魚類殘骸，是血腥饗宴後反胃吐出的殘渣，呈現這貪得無厭的海中怪物暴飲暴食的本性。

「對於牠們，我們還能怎麼說呢？」萊恩說，手指其中一件泛著光澤的戴盔魚頭，「意思是說，牠們看起來就是很邪惡啊，對不對？」

對。

當這類動物在海中施行恐怖統治，我們那些四肢如槳的魚類祖先也小心翼翼往旱地上踏出第一步，這大概不是什麼巧合。美國自然史博物館（American Museum of Natural History）古生物學家梅賽（John Maisey）告訴《自然》雜誌，我們的老祖宗「並非征服陸地，而是逃離水中。」

也就是說，牠們是貨真價實被嚇到地面上的。芝加哥大學演化生物學家以及《我們的身體裡有一條魚》（*Your Inner Fish*）作者舒賓（Neil Shubin）寫道：「〔在泥盆紀〕成功之道非常簡明：變大，長出盔甲，或者離開水中。看來我們的遠祖選擇避戰。」

「這些傢伙天生只有一種功用，那就是吃掉其他東西，」萊恩一邊審視著他研究室中一具克里夫蘭挖出的龐大頭骨，一邊說道：「牠們應該是做得成績斐然。」

怪異的溝鱗魚

萊恩這些頭骨標本後方牆上是一排排架子，裡面滿塞著建設七十一號州際公路時從克里夫蘭發掘出來的大量鯊魚和鄧氏魚化石，足以讓他和同事們忙上好幾輩子。

正當築路工人在中西部鋪設瀝青河，以提供「鐵鏽地帶」中，從熔爐和生產線裡繁衍出來的、長著擋泥板尾鰭的無數「車魚」游泳遷徙；克里夫蘭自然史博物館的工作人員，則不斷從新開發的路旁碎石裡翻出鄧氏魚頭的盾甲和遠古鯊魚化石。

「我們有一些義工和工作人員，他們基本上每個禮拜都得出門去勘查築路工程留下來的廢石堆，然後把任何帶著骨頭的東西撿回來，」他說：「那些工人就把石頭棄置在路邊，我們的工作人員得在卡車把廢石載走之前，從裡面翻出所有他們要的東西。」

鄧氏魚在克里夫蘭海中享受無敵的支配地位，牠那些披盔帶甲的盾皮魚兄弟姊妹則扮演五花八門配角角色；牠們有的跟燕魟是一個模子印出來，有的看來像是長了魚尾巴的噴射戰鬥機。

不過，這時期數量最多的化石魚是另一種穿盔甲的盾皮魚類，叫做「溝鱗魚」（*Bothriolepis*）。這種怪異生物身上也覆滿骨板，模樣像是無頭烏龜，身體兩側伸出兩個有節的彈簧刀刀片，那是牠們還沒個模樣的魚鰭，薩蘭將這構造比作螃蟹的螯。「這幾乎跟昆蟲有點像，」她說：「真的很奇怪。」

泥盆紀海潮裡充斥著骨質迴力鏢魚頭、誇張炫耀的尖刺、長著翅膀般裝甲突出物的不知名生物，還有那最最奇怪的盔甲無頷魚與牠們同游，某些無頷魚長得簡直像巴洛克風格的鏈鋸。儘管那是個魚類時代，但一想到主掌海洋的竟是溝鱗魚這種骨質飛盤，或是鄧氏魚這種魚雷形狀的嗜血美食家，我們還是難免覺得匪夷所思。

「盾皮魚是唯一一類已經全面滅絕的脊椎動物，」萊恩說，鳥類可說是恐龍的傳人，但盾皮魚卻沒有一點點骨血留下。「世上已經沒有任何牠們的親戚還存活著。」

誰殺死盾皮魚？

話說回來，要殺死鄧氏魚和牠的夥伴們可不是件易事。「阿盾」（Placs，這是古生物學家給盾皮魚類的暱稱）不僅熬過泥盆紀晚期海洋中一波波連續不斷的缺氧情況，甚至還撐過第一波把世界珊瑚礁系統全面誅夷的死亡狂潮，雖有半數同胞在凱爾瓦塞事件中犧牲，但族群依舊存續。

然而，經歷過讓泥盆紀徹底收場的最後一擊，也就是海洋間歇性缺氧和嚴酷冰期（後者的始作俑者很可能是地表森林），地球上再也見不到任何相貌駭人的裝甲魚類。

「當時曾有七十個種的溝鱗魚，地球上到處都是這些魚，我們所發現那段時期的化石中牠們就占了 90%，這情況一直持續到泥盆紀末，然後牠們就死了個精光。」薩蘭說。

過去人們以為盾皮魚類滅絕的原因，是因為在生存競爭中漸漸輸給新演化出來的鯊魚和更現代的輻鰭魚（ray-finned fish，我們所知魚類幾乎都屬於這一類）。以地球生命為主題的縮時動畫常反映出這種偏見，將盾皮魚硬塞在簡單魚類和登岸上陸的爬行動物之間某處，暗示這物種是演化早期原始而終究失敗的實驗，是讓生命能發展出現代多樣性的無名踏腳石。這種說法讓薩蘭非常不高興。

除了盾皮魚以外，我們所稱的「肉鰭魚」〔lobe-finned fish，例如腔棘魚（coelacanth），這種魚現在住在動物園裡的珍稀動物區，但當年卻與盾皮魚共享江山〕也在當時被搞得幾乎滅絕；泥盆紀末的海洋大權並不是循序漸進的轉移，而是因生物大滅絕導致轟轟烈烈傾覆。

「盾皮魚和肉鰭魚一直存活到最後，」薩蘭這樣說，語氣好似在描述將軍陣亡前身先士卒衝鋒的壯烈情景。「盾皮魚的主宰性無庸置疑，不論淡水海水，每片水域每個角落都有牠們。牠們身邊的確也有早期輻鰭魚類和早期鯊魚，這也沒錯，但盾皮魚在數量上絕對徹底超越牠們。所以說，人們之所以會有所謂『盾皮魚很原始』的想法，只是因為牠們已經滅絕；因為盾皮魚跟肉鰭魚這類生物被大滅絕給抹殺，所以我們看牠們才會覺得原始。」

薩蘭繼續說：「現代海洋中沒有理由不能存在由盾皮魚、肉鰭魚為主所構成的生態系，過去一大段歲月中也是。鯊魚和輻鰭魚類一開始就是弱勢族群，如果盾皮魚沒有滅絕，那後來消失的很有可能換成這兩種魚類。在一個平行世界裡，或許鯊魚和輻鰭魚會繼續在海裡當小卒而〔在下一場生物大滅絕中〕滅絕，同時我們現在仍能看到活生生的盾皮魚。」

登陸英雄的下場

泥盆紀末，儘管許多生物的故事在此收場，但也有其他故事在美麗新世界裡正要起頭。我開車來到賓州中部荒野，來見識那個時代最末，生命歷史上發生最重大的轉變之一。

三億六千萬年前，這個「里程碑州[18]」的中央是阿帕拉契亞馬遜叢林，河流和牛軛湖割裂古蕨構成的密林。水從卡茲奇山流下，最後在匹茲堡附近某處入海（再往下就是可怕鄧氏魚的領地）。

魚類在祖居的大海裡度過二億年，此時終於踏上陸地，開始適應靜好溪湖岸邊的生活；這就是我們先祖的故事。如果你回溯自己

18. 譯注：里程碑州（Keystone State），賓州的俗稱。

家系回溯得夠遠，最後可能會遇到這些勇敢的魚兒。

牠們在陸地上踏出最初步伐可謂英雄壯舉，人類在上一個世紀也曾試圖躍向天空。兩件事情在許多方面都非常相似，一樣充滿嘗試性，也一樣充滿災難。

今日人類在高度發展下，感到原來這舒適的小世界已經太過狹小，無法容納自己的野心，因而不斷受到誘惑想要前進外太空；同樣的，泥盆紀大陸空曠但難以生存的生態空間，也引得一群英勇探險者從擁擠海洋中逃出。

致命的脫水危機、沉重的重力作用、來自上方的炎炎輻射熱，以及適應稀薄不足空氣那喘息連連的過程，這些只是泥盆紀登陸先驅所面對的部分挑戰。大海是個安樂的育嬰房，我們的老祖先離開海洋時的恐慌心情，大概就像是在家裡待太久、不曾自立的青少年那樣。

海納螈（*Hynerpeton*）名字來自賓州海納鎮（Hyner），是這類像魚又不像魚的過渡生物之一。牠在泥盆紀末已經沒了鰓，只呼吸乾燥空氣，還發展出大型肩胛骨，目的似乎是要連接肌肉發達的上臂。儘管拉丁文學名意思是「從海納鎮來的爬行動物」，這種兩棲生物可能一生中大半時間還是待在水裡，但要稱牠為魚類也好像不太對。海納螈是所謂「四足動物」（tetrapod）之一，你我也是。

小鎮朝聖

我根據 Google 地圖的指示前往海納鎮附近的「紅丘田野實驗室與化石展覽」（Red Hill Field Lab and Fossil Display）。舒賓於 1990 年代在這個地方發現海納螈。在發掘當時，這生物是北美洲所發現年代最早的四足類動物。

我原本猜想，既然這是地球歷史上如此重大的發現，這個鄉下小鎮大概也得有一座同樣等級的大手筆紀念館方才相稱。然而，當我的手機顯示我已經抵達目的地，我卻發現自己站在週末關門的鎮政府外頭。搞不清楚狀況的我，只好詢問路人鎮上有沒有一座化石博物館。

「對啦，道格把化石收在這裡，」那人說，手指著鎮政府大樓。「今天禮拜天，他應該回家去了，但如果你要他幫你介紹化石，他大概只會很興奮。」

他叫我繼續往前找某個加油站，加油站裡的收銀臺後有本電話簿，道格的電話也在裡頭。我照做，但我發覺博物館根本是子虛烏有，而且自己站在加油站裡抱著電話簿聽著電話裡面傳來「通話中」的訊號音，不由得滿心氣餒，最後決定開車出鎮離去。

就在此時，一片巨大的紅色山壁在我左側現身，半山腰處有位長者手拿地質槌在鑿岩面。我把車開到路邊停下。

「你是道格嗎？」我把頭伸出窗外問道。

「是的，」他說。

我解釋說我正在寫關於生物大滅絕的書，他聽了伸手往上指著岩壁。

「我們在這裡發現古蕨，」他說：「你大概聽說過這東西也是大滅絕成因之一。」

「對。」我說。

道格羅維（Doug Rowe）是個退休機械工程師，也是業餘古生物學家，他每年花一美元租下當地鎮政府頂樓，收藏在那裡的化石足以在世上任何一間頂級自然史博物館展出而毫不遜色。他要求訪客都要在簽名簿上留名，於是這座陽春博物館兼田野工作站的簽名簿，讀來有如世界頭號研究生與古生物學家點名冊。

這些人每年來賓州小鎮朝聖，看看魚類最早登陸且褪去魚類行為的地點。道格站在路旁山壁底端，指著那覆滿砂土的紅色岩石，指出那些只有地質學家才看得見的古老河道與靜水池塘給我看。岩石中充塞魚類和植物的碎片，我們在這裡發現一顆鯊魚頭骨，以及一隻怪物般肉鰭魚類海納魚（*Hyneria*）的魚鱗和尖牙，道格估計這隻含肺魚身長約有十二英尺。

寥寥可數的倖存者

泥盆紀時代，某些肉鰭魚變成海納螈這類四足動物，牠們的肉鰭轉化為地球上所有後來出現的陸生脊椎動物的胳膊（或翅膀）與腿（算是個有點成功的副線產品）；但那些留在水裡的肉鰭魚類卻遭翦除，現在地球上僅有極少數肉鰭魚倖存，雖然牠們並未在泥盆紀徹底消失，卻再也不曾從打擊中復原。

對這敗亡的一族，麥基以輕描淡寫的幽默語氣寫道「今天能代表〔牠們〕的只剩下三個屬的肺魚、一個屬的腔棘魚，以及我們（沒錯）。」而且腔棘魚還差一點上不了這份名單，因為人們一直以為牠已經滅絕了幾千萬年，直到 1938 年一隻腔棘魚在南非外海被捕獲；這是生物學歷史上最驚天動地的發現之一。美國自然史博物館館長斯蒂斯尼（Melanie L. J. Stiassny）敘述說：「那就像是有人拿霸王龍的照片給你看，說『這東西在菜園子裡跑，有意思吧？』是的，太有意思了。」

現代肉鰭類腔棘魚甚至還有退化後的肺殘跡，細胞內帶有某幾段能激發身體長出四肢的 DNA。事實上，比起與其他魚類之間的距離，腔棘魚與你我的親緣關係還比較近。但如果腔棘魚在泥盆紀時決定留在水裡，或許是個明智抉擇，因為那些往陸地推進的登岸先驅者，牠們展現勇氣所得獎賞卻是毀滅。

「泥盆紀晚期完全是個登上陸地的錯誤時機，」薩蘭說：「牠們在大滅絕中幾乎遭到消滅。」

泥盆紀末生物大滅絕之後，四足動物消失整整一千五百萬年。災難之前，某些四足動物有八根手指，某些有六根，還有的有五根；牠們各自追尋不同的生活方式，有的生活在淡水裡，也有的在海裡游泳。

然而，經歷終結這時代的冰寒與缺氧兩方面交叉打擊，只有淡水四足動物活下來，更奇怪的是倖存者全部都有五根手指。麥基指出，你現在是用十根手指而非十四根來拿著這本書，這現象很可能是泥盆紀末那場生物演化瓶頸導致的結果。

盾皮魚在泥盆紀末大災變中完全遭到消滅，而我們大膽無畏的祖先命運也好不到哪裡去。要說生物大滅絕這個不分青紅皂白大屠殺事件的後續是個「成功範例」，那指的也不過是少數幾個與死神擦肩而過的幸運兒。

生物的另一場浩劫——大耗盡

有幾種方法能將一顆行星變成死星，其中一個是殺光所有生物；做法包括丟一顆小行星到這行星上，或是來一場大冰期，又或是一段時間的激烈全球暖化情況。

不過這條等式還有另一部分，大滅絕還有另外一面，那就是

「種化」（speciation）。如果生物滅絕速率增加，但演化出的新物種數目也同時增加，那麼新的物種就會進駐滅絕物種在自然界中原有的生態位置，於是事情基本上保持平衡。

泥盆紀晚期怪象在於動物界似乎被剝奪這種創造性的恢復力，當大滅絕鼓聲隆隆不斷，新物種出現速度卻大幅下降。俄亥俄大學古生物學家史提高爾（Alicia Stigall）稱這個事件為「大耗盡」（mass depletion）而非「大滅絕」。造成這場泥盆紀大耗盡的關鍵就是外來入侵者。

在這亂象叢生的泥盆紀晚期，一個最大的狀況就是遠古各海洋開始逐漸結合成一片，長久以來各自分離的大陸塊也逐漸靠近，未來終於形成超級大陸「盤古大陸」。當這些陸塊彼此接近，海平面被推得上升又下降，像雜草般易於繁衍、生命力強韌的物種就會散布到新環境裡，而這對該環境的原居民並非好事。

一個充滿獨特地方色彩的多樣世界正在緩緩轉變成全球性的僵化與一成不變，因為入侵物種不斷擴張，原本區域性的獨一無二動物群受到排擠。不論是無脊椎動物（像是史提高爾最喜歡的腕足動物）或脊椎動物（像是魚類），其均一性都在泥盆紀晚期變得更高。這樣的情況，加上當時正在凌虐這行星的氣候與海洋異狀，地球上大部分生命會因此消失似乎是無可避免的事。

「『滅絕』的意思是牠們被殺掉，要殺掉那些東西並不難，」史提高爾說：「真的。我的意思是說，你只要把環境搞亂，住在裡面的一切生物就會翹辮子。要達到這種效果很簡單，這類致命機制也有很多，但是要讓生物停止種化可就是另一回事。所以說，我認同阿爾吉那個陸生植物演化的學說是很有效的殺戮機制，但這說法不太能解釋為什麼當時不再出現新物種。建立生物多樣性的過程跟摧毀生物多樣性是完全不同的兩件事。」

史提高爾直截了當將泥盆紀環境的同質化現象與今日相比，現代人也把入侵物種運送到世界各地，以人工製造出生物學上的盤古大陸。原本生活在大陸上的老鼠現在已經主宰太平洋荒僻小島的食物鏈，來自俄國的斑馬貽貝（zebra mussel）也在美國五大湖區釀成大害，阻塞地方淨水廠的管路。過去地表上曾有一個個鮮明相異的地方植物生態系，現在整片大陸上都是單調的玉米和黃豆。史提高爾在她闡述泥盆紀「大耗盡」的文章裡做出如下結論：

「棲息地被摧毀，加上外來物種被引進，現代這兩種狀況很可能造成生物多樣性全面喪失，其程度可能更甚於過往經歷〔即二疊紀末生物大滅絕〕。」這句話恐怖、沉重的意涵會在下一章清楚呈現。

泥盆紀晚期的災難大總匯

這樣看來，泥盆紀晚期的危機可能是多重因素所造成。樹木繁衍、冰河現象、火山活動、優養化、海洋缺氧，和物種入侵等情況讓地球系統循環失控。這不是一套簡明優雅的殺傷機制，但此事似乎也並不令人意外。

「既然地球歷史上只發生過寥寥幾次生物大滅絕，那很可能就是各種最壞狀況的大集合，」薩蘭說：「所有問題都浮上水面，所有問題都糟糕透頂，於是我們就有了一場生物大滅絕。」

如果研究者想梳理造成泥盆紀晚期大毀滅的諸多元凶，會發現有面大牆阻擋我們對於地球生命史上這段轉型期的瞭解，而那障礙就是人們對此缺乏興趣。

「老實說，泥盆紀這塊研究領域有點貧血，」阿爾吉說：「很難湊到足夠的人一起開會。我們試過要做泥盆紀特刊，結果徵集不到足夠的論文，最後整件事就打水漂。在這方面活躍進行研究的人實在太少。」

令人難受的是，不但是關於泥盆紀這個重要時代的學術研究缺乏生氣，而且距離阿爾吉研究室數英里外就有一座「創世博物館」（Creation Museum）；這是一間怪異的基督教福音主義兒童樂園，目光呆滯的學童在裡面觀賞恐龍登上諾亞方舟的仿真模型，並被告知說地球年齡並不比金字塔要老多少。這座「創世博物館」正在擴建，外界的捐款源源不絕湧入，甚至還能享受州政府的減稅優惠。

植物教我們的一課

回到大約三億五千九百萬年前的克里夫蘭，溫和淺海消失了，腳下淨是乾旱陸地，冰寒荒原有巨大河谷割蝕而過。往南數英里，就在離岸不遠處，縮小、缺氧海洋上有浮冰漂流，遠方那名為阿帕拉契的龐然巨物，正從關隘吐出冰河。更往南去，超級大陸的南部是一片風聲呼嘯的廣闊銀白。

這冰封的靜謐底下埋藏著盾皮魚類遺骸，牠們曾宰制地球海洋長達七千萬年，如今卻死得一隻不剩。古蕨的壯闊森林也一同消逝，它們的成功或許正導致了自己的末日。世界上前所未見最壯觀的珊瑚礁早已死去，化塵歸土。

仔細檢視海水，就會發現連浮游生物都全然不復當年小人國的榮景；而那些身上殼繞成一圈圈、長得像烏賊的動物，原本在浪花下載浮載沉，此時也全部消失無蹤。

陸地上，狂風颳過倖存下來的樹叢；這些樹叢雖是這一切災禍的始作俑者，但也是未來陸地上所有生命得以昌盛發展的功臣。大氣中二氧化碳濃度降到谷底，我們此時面對的是地球生命史上最長冰期的開幕，長達一億年的古生代晚期冰期於焉開始。

泥盆紀結束之後，地球生態系處處是空缺，且盾皮魚這類掠食者全被根除；藉著這般天時地利，海床上暴發出一片身覆骨板的海百合（名叫 crinoid，與海星是遠親）花園，有如墳場上生長的花朵。我們知道泥盆紀是魚類時代，但它那悲慘的後續時期則被棘皮動物迷稱為「海百合時代」，這稱號聽來就沒那麼響亮。

倘若事情真如阿爾吉所說，泥盆紀晚期一陣又一陣致命亂象的幕後黑手就是植物，那他也認為我們能從中學到一課。「如果陸生植物驅動了泥盆紀晚期生物危機，那不僅代表當時的滅絕機制與其他幾場大滅絕完全不同，而且這種滅絕機制還直接與演化有關。那就表示，演化過程會自己產生動態變化，導致生態圈其餘部分陷入危難。就這方面來說，我認為這與人類今日所產生的影響非常近似。」

人類和最早的樹木一樣，在生命歷史上擁有大幅改變地球化學循環的獨特能力，這對氣候、海洋氧化，以及陸上與海中的生命都造成戲劇化的後果。我們達到這效果的手段，竟然是挖出泥盆紀晚期生物大滅絕的罹難者，那些埋在黑頁岩中富含碳的生命殘骸，這還真有那麼一點點詩情畫意。

「人類的演化已經進行六百萬到七百萬年，因此問題不是人類演化，」阿爾吉指出，「而是我們竟然演化到讓自己的科技在這星球表面到處搞破壞的臨界點，這可類比泥盆紀末的古蕨森林。」

當我走出阿爾吉的研究室，踏進辛辛那提酷熱的四月天，我想到他研究室外那根始籽羊齒屬（*Eospermatopteris*）樹樁，以及他對我說的話。

「我們就是泥盆紀的樹木。」他是這樣說。

滄海桑田

「碼頭以前是在這裡嗎？」我從新斯科細亞的喬金斯化石崖壁（Joggins Fossil Cliffs）走回車上，路上一名老婦人抓住我的手臂。「觀光導遊是這麼說的，」我告訴她。

「那麼，麥卡隆河壩（McCarrons River dam）是在碼頭嗎？」她指向海灘更遠處想像中的某個點。「我不確定，抱歉。」

老婦人嘆氣。當我轉身要上階梯，她又開始說話：「好久好久以前，我就是在這裡學游泳，」她搖搖頭。之後她又待了好一會兒，扶著欄杆彎身張望遠方，努力的重新想像她那失落的世界。

區區數十年前，年輕的她曾徜徉此地。如今那裡雖被無意的潮水抹去，但還有一根三億一千五百萬年的老樹樁挺立在滿是煤礦的海崖上。石片從崖壁剝落，露出看似牽引機輪胎痕的東西，留下這足印化石的馬陸，身體長達荒唐的八英尺。

崖壁其他岩石裡面封著和海鷗一樣大小的蜻蜓，某些樹幹化石中空部分還能發現地球最早的陸生爬行動物，牠們終於脫離祖居的海洋，從生到死都在陸地上度過。儘管泥盆紀已經過去，這些岩石記錄的是一個被泥盆紀創新出來的東西所塑造、被樹木所改變、最後被動物所征服的新世界。

「真是滄海桑田啊！」婦人嘆道。

名副其實的石炭紀

泥盆紀之後出現的世界對我們來說比較熟悉，四足動物開始產下帶殼蛋，讓牠們在繁衍時終於能徹底離水，終生都能待在岸上，還獲得鼓膜來賦予自己聽覺。

在此同時，樹木仍瘋狂熱中於埋碳大業；泥盆紀之後的地質時代名為「石炭紀」，當今世界絕大部分煤礦都是產於此時。燒煤當然會放出二氧化碳而導致這顆行星變暖；但數億年前碳被大量埋進泥炭沼中，這個過程讓這顆遠古行星降溫的程度比今日暖化更大。

位於熱帶的新斯科細亞原本是叢林地區，但當時緯度較高的地方都已常備冰河景觀。這是個冰涼、低二氧化碳的世界，但另一方面它也是個充滿氧氣的世界，由新建立的植物大帝國不斷噴吐出。雖然聽起來不像那麼一回事，但在石炭紀樹木以泥炭沼為埋葬之處的同時，大氣中氧氣比例竟衝高到 35%（相較於今天的 21%）。

這個氧氣富足的環境，讓被動式吸收氧氣的昆蟲，得以長到恍若異世界的巨大體型，解釋了新斯科細亞岩石中彷彿那牽引機胎痕般的馬陸足跡，以及大小如海鷗的蜻蜓。

當你將一塊木材放入火中所出現的光與熱，從字義上來說就是那棵樹一生數十年中沐浴吸取的陽光。太陽能被儲存在化學鍵結裡，火焰中放出的二氧化碳和當初樹木從空氣中吸取來合成醣類、造出木質與樹葉的那些二氧化碳本質是一樣的。

當我們掘出經歷上億年歲月的煤炭森林，把它們送進火力發電廠燃燒，我們也就釋放出被收藏在其中累積數百萬年的史前陽光與二氧化碳；這古老的日光為我們在冬日送暖，驅動著我們的現代世界。

然而，從泥盆紀熱帶溫室氣候到接續著的古生代晚期冰期嚴冬，之間差別只是大氣中少了大量二氧化碳；經歷過多少地質時代岩封的沉眠，我們現在一口氣釋放出的竟也是同樣一批二氧化碳，這真是在自尋死路。

最後一隻盾皮魚長逝之後，地球這顆行星要再等一億年才會出現另一次全面大屠殺。下一場生物大滅絕所造成的毀滅可能讓地球生命發展差一點點完全歸零，相較之下奧陶紀與泥盆紀的災難都成了小兒科。

第四章

二疊紀末大滅絕

二億五千二百萬年前

地表眾生僅存齊一想法，那就是死。
——拜倫爵士，1816年

「五億年是很長一段時間，對不對？」史丹佛古生物學家佩因把一片出自二疊紀末生物大滅絕（End-Permian mass extinction）[1] 打磨過的岩塊放在他辦公桌上，一塊來自中國的遠古海床遺跡。

這石頭經歷整場大滅絕的數千年沉積而成，下半部生成於大滅絕之前，由貝殼與浮游生物這些生命世界的碎屑構成；上半部沉積於大滅絕之後，成分是微生物和泥巴。兩層全然不同的東西在中央交會，這個呈現強烈對比的交會線，就是地球生命歷史上最慘烈的一章。

「五億年是一段很長，很長，非常長的時間，而這就是地球歷史過去五億年內一件空前絕後、最最悲慘的事件。你想像的時候不應該以為這只是『壞年頭』那樣而已，不論當初發生了什麼事，事情都是地球表面在過去五億年間最極端的情況。所以說，這不是個百年一見的事，不是千年一見，甚至不是百萬年才得一見，要說是十億年間絕無僅有的事還比較接近。這點你得牢記。不論那是什麼，那都是糟糕到不能再糟。」

世界末日降臨前，地球處於地質時代的二疊紀。在泥盆紀冰寒終章之後一億年間，這顆行星已經至少有了我們便認得出的現代地球樣貌；至少至少，地表上有了樹木等植物，還有大型動物在其中顛簸步行。與以前的世界相比，這是一個極深遠的突破。我們現在可能覺得地球陸地上本來就有植物動物等生命，但要知道，地球陸地曾有超過四十億年都是一片光禿禿，後來這個模樣簡直是革命性的變化。

1. 又稱為二疊紀—三疊紀生物大滅絕（Permian-Triassic 或 Permo-Triassic）。

怪模怪樣的時代

泥盆紀那些輕手輕腳爬上岸的魚類此時已經站穩腳跟，分支為兩個譜系；一支是爬行動物（最後演化出鱷、蛇、烏龜、蜥蜴、恐龍，以及恐龍那些受歡迎的旁系子孫——鳥類），另一支最後則變成哺乳類[2]。

令人驚訝的是，後面這支才是二疊紀世界的統治者，正統爬行動物則潛伏等待屬於自己的機會降臨。這群前哺乳動物統治階級是群模樣陌生且頗為醜陋的野獸，看來有如某種平行世界；這個萬獸園裡頭有身體柔韌、性格兇狠的頂級掠食者，還有動作緩慢、體型像犀牛的植食者成群聚在盤古大陸水源處。爬行動物那一支有些個子比較大的成員也混得不錯，但牠們都是長得像坦克車、渾身疣瘤的大山怪。這可不是地球最上相的時代。

海洋裡，泥盆紀晚期遭到摧毀的珊瑚礁已經復生，雖然有鯊魚和魚類，但海中生物圈仍處於很原始的狀況。珊瑚礁特別具有古生代風情，由整批各式各樣的群聚生物（colonial animal）組成，這些生物如今都已不存在。三葉蟲好不容易才從上次生物大滅絕裡艱苦生存下來，這時仍在鋪滿腕足動物的海床上晃悠。自從泥盆紀晚期近海地區大屠殺之後，海蠍的生活範圍大多被局限於淡水環境，但這種出現於奧陶紀的生物也還能撐著度日。

然而，到了二疊紀末，這一切幾乎都死了個乾淨。

在二疊紀末，西伯利亞地面整個被掀翻，數百萬平方英里區域冒出岩漿，火山氣體淹沒整個大氣層；其中一種氣體尤其重要，

2. 兩棲類從未成功脫離水生生活，現代的兩棲動物還是必須回到水中產卵。

地球歷史上即將展開一場最嚴重的集體死亡事件，而它會在其中扮演頭號殺手。學者研究這些終極災難的動機從來不是純粹的知識興趣，甚至也不會只是某種病態的好奇心而已；二疊紀末生物大滅絕完全是塞進太多二氧化碳進入大氣所造成的極端後果，這是最糟的狀況。

化身烏賊探索船長岩

奇華胡安沙漠（Chihuahuan Desert）中央，距離艾爾帕索（El Paso）一百二十英里處，有一扇窗戶，通往這顆行星經歷「滅菌式洗禮」之前比較美好的日子。

沿著孤單的六十二號公路，我在這裡停下車，站在二疊紀大海海底，然後給一個叫做「船長岩」（El Capitan）的白色高大岬角拍了幾張照片。這座懸崖身為德州最高點，就像是瓜達魯普山脈的石灰岩質船首，而這道山脈整個都是由海洋生物造成的遠古堡礁。

今天「船長岩」聳立在德州西部空曠乾旱的王國裡，正如它在超過二億五千萬年前的二疊紀時聳立在海床上的情景。山脈後方是麥基特里克峽谷（McKittrick Canyon），一片翠綠得出奇、生滿楓樹的谷地；那裡曾發生遠古海底土石崩流，巨大石灰岩塊從珊瑚礁壁墜落下來，最後停在礁坡底下。

我隨身帶了史密森尼學會古生物學家埃爾溫的《滅絕：地球生命如何在二億五千萬年前瀕臨結束》（*Extinction: How Life on Earth Nearly Ended 250 Million Years Ago*），書裡折了幾頁當做標記，作為我在德州這片空曠角落的導遊。

「站在麥基特里克峽谷陡峭絕壁的基部，」埃爾溫寫道，「我們就站在二疊紀海盆的遠古海底，抬頭看見大約一千二百英尺高的珊瑚礁；如果今天全世界海水都被抽乾，我們也能這樣仰看巴哈馬或其他地方的現代珊瑚礁。在麥基特里克峽谷中沿著二疊紀礁岩小徑攀登而上，就像是走上（如果能用游的就更好）數百萬年前的珊瑚礁表面。」

於是我穿著沾滿沙土的帆布鞋，一步步往上「游」到珊瑚礁頂部，想像我是隻烏賊一樣的菊石（ammonoid[3]），身穿螺旋狀的殼，伸長腕足，浮浮沉沉往牆頂上去，對於我有 97% 的同類將在這時代結尾被誅滅一事渾然不覺。

珊瑚礁是由花瓶海綿（vase sponge）、角狀珊瑚，以及腕足動物和苔蘚蟲（bryozoa）的群體組成，這些東西全部被分泌石灰質的海藻膠結在一起。海百合從這些壁上伸出，過濾流動的海水；這座壯偉的活堡壘矗立在開闊海域中，海蝸牛和三葉蟲在堡壘上頭和周圍徘徊。今天，任何人只要帶著一罐水、一頂寬邊帽、以及對響尾蛇的正常恐懼之心，就能前來自由探索凝結在石灰岩中的海洋風景。

「這裡埋葬的是二疊紀世界，」埃爾溫書中說到瓜達魯普，「滅絕之前最後一場生命盛宴。」

瓜達魯普山脈上的巨型洞穴系統和隔壁新墨西哥州的卡爾斯巴德洞窟（Carlsbad Caverns）一樣，都是由地下水在遠古堡礁中侵蝕而成，如今這洞穴讓人能一窺二疊紀海洋世界的內部景象。

數千年前，在第一批石矛尖、以及製作這些石矛尖的人類出現後不久，住在上述洞穴裡的巨型地懶（ground sloth）就消失了，同時不見的還有劍齒虎、腔齒犀和猛獁象。不過這場地質史上晚近才

3. 這名字來自於古代希臘羅馬的神祇「阿蒙」（Ammon，從埃及神明Amun轉化而來）；阿蒙神的造型搭配有捲曲的羊角，形狀類似菊石殼。

發生的人為滅絕行動，與數億年前古生代世界毀滅沒有任何關係。

這裡，在德州西部，一顆健康無病的行星棲在深淵上頭，即將墜落無底洞。等到二疊紀結束，基本上這顆行星上所有的東西都被殺死；經歷屠戮之後，地球生命將走上一條完全不同的新路。

再見了，三葉蟲

三葉蟲是古生代典型生物，經歷過去三億年間每一場生物大滅絕，而都能僥倖留下一點血脈；但牠們終究在二疊紀末大屠殺中一敗塗地，牠們在這顆行星上引人矚目的戲分就此結束。沒有人知道三葉蟲心智活動有多豐富，但牠們對地球生活的體驗終於要在二疊紀末亂世裡畫下句點。

海百合和腕足動物是古生代化石織毯的原料，牠們在二疊紀末生物大滅絕受到極重的摧殘，再也不曾復原。海蕾滅絕了。建造古生代珊瑚礁的床板珊瑚（tabulate coral）與皺壁珊瑚（rugosa coral）不只是受到極重摧殘（比如像先前泥盆紀生物大滅絕中珊瑚礁系統的崩壞），而是完全滅絕。

二疊紀之後的淒慘時光裡，一堆堆微生物黏泥取代原有珊瑚礁。這些毫不起眼的泥巴堆就是「疊層石」（stromatolite），它來自複雜生命出現之前那段沉悶陰鬱的漫長時光。它們在「無聊十億年」盛極一時，此後大多消失；但在史上最慘重的生物大滅絕之後，海洋又回到細菌時代的空蕩蕩情況，於是這些返祖石墩又能享受短暫而詭異的復興。復興的時間恰好在動物時代的中間，距離牠們原本當家時代已有數億年。

文獻描述這層微生物沉積層是一種「時代錯亂」，而在大滅絕後，它們在化石紀錄中無所不在的情形令人毛骨悚然。吃微生物的動物被消滅了，大海充斥地獄般的情況，早期地球的原始海洋於是在這死寂世界短暫重現，原本已成舊史的細菌王國又不受控制的成為主宰。

過數百萬年，浮游生物如雪飄落海底，以每千年數公厘的速度在海床上累積；有些成為堅硬岩石「燧石」（chert），它是由成千上萬的單細胞生物構成。在二疊紀末生物大滅絕之後，化石紀錄中出現一道「燧石間斷」（chert gap），因為其他生物幾乎都消失了。這道間隙清楚呈現一個事實：生命與地質是相同素材不同敘事；拉動一方的槓桿，另一方就會有所反應，反之亦然。

古生代終結

陸地上，這裡是前哺乳類動物的狂野世界，有看起來像爬行動物又像犬類（或是像牛）的生物。因為這些野獸應當缺乏鱗片，藝術家通常用膚色調描繪牠們，給牠們添上骯髒不規則的細疏毛髮，怎麼看都有種病兮兮的感覺。

這群身處模糊地帶的生物，在二疊紀結束時全面遭到摧毀，只有我們的老祖先（可能是種黃鼠狼般的小型前哺乳動物）再一次神奇的在某處活了下來。一般來說，昆蟲對重大危機頗能調適，二疊紀末的生物大滅絕卻是牠們唯一一次被大舉消滅。至於植物世界也被這場災難摧毀；原本有植物根系保護河岸的河流也不再蜿蜒，而是滾滾向前呈辮狀溢流，就像植物還沒出現前的幾十億年一樣。

海洋有燧石間斷，陸地也有「煤間斷」，因為樹木在大滅絕之後一千萬年之間都從化石紀錄裡消失。高度只有足踝高、名為「水韭」（quillwort）的可悲雜草，取代古生代的大型木質針葉樹和種子蕨（seed fern），散布到這整顆悶燒著的行星上。

令人發毛的是，就在植物幾乎被大滅絕摧毀後，出現一陣短暫的真菌高峰，大概是從全世界遍地腐爛的屍骨上冒出來的吧。

生物大滅絕不只宣告五千萬年長的二疊紀落幕，也宣告了這個看著動物生命從開始到蓬勃的古生代就此終結。古生代充滿三葉蟲、腕足動物和陌生珊瑚礁的各個遠古海洋，與下一個時代天差地別，有如恐龍時代與現代人類世界的差異那般懸殊。

有件事情或許最是令人不安，儘管古生代延續長達數億年，涵蓋寒武紀、奧陶紀、志留紀、泥盆紀、石炭紀與二疊紀等時期，從地質學的角度而言，它幾乎可說是在一個潛意識的時間範圍內告終。

傳奇的麻省理工學院地質年代學家鮑林（Sam Bowring）檢測來自中國、記錄著二疊紀海洋中生物大滅絕情形的岩石，發現整場噩夢進行的時間不到六萬年，短得令人屏息。二疊紀末生物大滅絕標誌著一顆古老而美好的行星告終，以及另一顆古老而美好的行星在一段悲慘復原期之後開始新生命。

克氏蛤趁勢崛起

瓜達魯普山脈往北數百英里，地質時代往前推進數百萬年，我們來到猶他州的聖拉斐爾山丘（San Rafael Swell）。這是一片彷彿擁有魔力的孤寂荒原，被七十號州際公路一分為二；這段路是州際公路系統中最長一段沒有任何加油或汽機車維修服務的路段。

猶他州這段路兩旁的地景荒涼險惡至極，引得美國太空總署研究人員來此設法取得對火星地景更深入的認知，而此地光禿禿的不毛景象也似乎配得上世界末日最佳紀念。

這裡，在生命歷史上最大一場生物大滅絕之後數百萬年，從曾如萬花筒般多采多姿的二疊紀海洋世界（也就是我們在德州珊瑚礁所看到的同一個世界）變成只剩四散零落的貝殼碎片，這些岩石中幾乎找不到任何化石。史密森尼學會的埃爾溫在書中說到這些荒瘠地帶：「研究生通常不願意選擇三疊紀早期作為題目，因為那時代物種太少，田野工作很快就變得枯燥無趣。」

化石紀錄中籠罩一片死寂，在這地質輓歌之後，開始出現滿是貝殼的海底，裡面幾乎全是單一一種生命力極為強韌、能適應缺氧環境的蛤蜊「克氏蛤」(*Claraia*)；從巴基斯坦到格陵蘭，地球各處大滅絕後的地層都是由牠們所構成。由於對手全部棄權消失，這種生物於是獲得這靜謐世界的主權。這種軟體動物善於把握良機，於是構成沉悶單調的鋪地石，揭示出一個徹底被擊垮的世界，需要花費將近一千萬年才能修復。

「如果要在生命歷史上挑出兩大事件，那就是寒武紀大暴發和二疊紀末生物大滅絕。」史丹佛的佩因對我說。

早在 1860 年，二疊紀末生物大滅絕前後出現了生命型態的斷層，這在學者眼中已經清清楚楚。自然哲學家菲利浦（John Phillips）就解釋說，從二疊紀末灰燼中盛放的這個全然不同世界，只有可能是上帝的第二度創世。

自從動物生命起源以來，二疊紀末生物大滅絕是唯一一次讓這顆行星一腳跨進墳墓的事件，讓其他大滅絕都相形見絀，且它是地球生命故事中最最絕望的時刻。

歷史正在重演嗎？

2007 年，華盛頓大學古生物學家瓦爾德寫出《綠色天空下》（*Under a Green Sky*）這本書，在書裡主張排放二氧化碳不只是官僚體系的例行頭痛問題，事實上這還是貫串地球歷史的「生物滅絕推動者」。

除了這本書，瓦爾德還在 2006 年於普林斯頓大學主講一系列講座，他在其中將二疊紀末大滅絕與我們現代世界的危機並陳；他的書與這系列講座的錄音對我的影響非常大[4]。瓦爾德的演講混合技術性的說明與黑色幽默，引導我知道「二氧化碳驅動全球暖化」這個說法，不僅是政府超級電腦運算出來的氣候模型，更是地球在遙遠過去多次重複的實驗。最讓我驚恐的是，全球暖化竟關係到化石紀錄中最極端的一場滅絕事件。

「歷史正在重演嗎？」瓦爾德在《綠色天空下》裡面問道，「大部分人都認為如此，但我們其中太少人曾去拜訪久遠以前的時代，將它與現在和未來做比較。」

瓦爾德提出警告，說我們可能很快就要重訪地球歷史上最慘烈的幾章。他說他之所以提出這個警告，是「被憤怒與悲傷所驅使，但更大的動力來自恐懼。」

讀完他的書已過好幾年，我終於能設法與瓦爾德共進午餐，請他在美國地質學會年會的一場會議中撥出時間。身為一個末日預言家，瓦爾德的性格出人意表的活潑歡快，臉上笑容讓人放下心防，說起話來總擺脫不掉不斷岔出去的衝動。

4. 也大概是因為這樣，才有了你現在在看的這本書。

和他交談時，你會發現話題在各種具有權威性的離題之間跳躍，從鸚鵡螺殼的形態學到奇波雷連鎖墨西哥餐廳最近暴發大腸桿菌的汙染源。這一類不按牌理出牌的求知欲，促使他在他極具生產力的古生物學家生涯中從一個大陸跑到另一個大陸，從南極洲到帛琉、從西班牙到加拿大的海達瓜依，只為追尋生命歷史上最大問題的答案。

瓦爾德的初戀並非古生物學，而是水肺潛水。他兒時著迷於《海底兩萬英里》（*20,000 League Under the Sea*），青少年時又對法國海洋探險家庫斯托（Jacques Cousteau），和海洋研究船卡利普索號（RV Calypso）的帥氣探險經歷既羨且嫉，因此後來投身大海。

「我是說，他們對我來說都是英雄人物，」他這樣對我說。當他在大學時，「卡利普索號來到西雅圖，我那時候是個潛水教練，大概二十還二十一歲吧。我們在派對上跟一堆美女喝得醉醺醺的，然後庫斯托那批人走進來，接著才過了五分鐘還十分鐘，所有美女全跟那些人走了。當你大概二十一歲的時候，有什麼比這種場面更能激勵你？我那時候就想，媽的，大丈夫當如是。」

鸚鵡螺的「死支漫步」

瓦爾德一輩子都在太平洋和印度洋各處的荒僻環礁揹著水肺潛水，之後他成為世界頂尖的鸚鵡螺專家，這種華美但羞怯的動物沿著礁壁浮浮沉沉，數學家將牠的殼視為擁有優雅幾何造型的珍寶。鸚鵡螺是頭足類動物，與管魷、章魚，和烏賊同屬一家。和這些動物不同的是，鸚鵡螺的眼睛是一對針孔般的攝影鏡頭，幾乎沒有用處；且牠的觸手具有化學感應能力，主要用來聞嗅探測而非抓取食物。

「這些東西基本上就是巨型鼻子，」瓦爾德說。鸚鵡螺已經存在世上二億年，牠所屬的鸚鵡螺亞綱（nautiloid）是一支古老的世系，其中只有鸚鵡螺生存到現在。我們在辛辛那提見到鸚鵡螺，牠們從寒武紀開始熬過全部五大滅絕事件（包括二疊紀末的超級大災難），但現在卻成了所謂的「死支漫步」（dead clade walking）——雖然倖存下來，但再也不復當年風光，蹣跚步向滅絕。雖然牠們活過動物生命史上每一次大滅絕，但人類可能是牠們最大的剋星，因我們總想要毀掉自己所愛。

「不幸的是，牠們的殼實在太好看，」瓦爾德說：「美極了。」

有的鸚鵡螺殼在 eBay 上可以賣到二百美金，這對菲律賓和印尼的窮困漁夫來說是一筆無法抗拒的大財。瓦爾德在潛水生涯中曾眼見動物從一座又一座環礁裡消失，「就是說，只要人類覺得漂亮的東西就會倒楣。」

在新喀里多尼亞（New Caledonia），一趟追尋這些演化遺物的潛水過程中，瓦爾德的人生轉向成為悲劇。他的潛水工作助理在二百英尺深的地方昏迷，瓦爾德帶著溺水的同事一路直接浮上海面，途中完全沒有為了防止發生潛水夫病而暫停休息。然而瓦爾德的救援徒勞無功，當這兩人到達水面時他的同伴已經死亡。

如今那場潛水事故在瓦爾德身體和心理都留下傷痕，急速上升的過程中他的血液裡產生氮氣氣泡，他的髖關節因此嚴重受損而必須動手術換成人工關節。

「他死得多慘啊！」他說。

瓦爾德寫下這場個人悲劇如何影響他的職業生涯：

「這件事讓我遠離現代，遠離海洋，轉向陸地上那些較黑暗的事物，也就是生物大滅絕的本身。畢竟要瞭解不可預期、不可解釋的死亡，除了直探它那最陰沉的型態，還有什麼更好的方法？」

基於這種詭異的迷戀之情，瓦爾德最後會踏上二疊紀末這塊領域絲毫不足為奇；這場歷史上最悲慘的生物大滅絕別號又稱「大死亡」（The Great Dying）。

難道是太空隕石？

十年前，二疊紀末大滅絕出現一位熟悉的嫌疑犯。

加州大學聖塔芭芭拉分校地質學家貝克（Luann Becker）領導的團隊，於 2004 年宣布他們在澳洲外海發現一處巨型隕石坑；她的團隊數年前提出理論，說不僅是白堊紀末那場徹底殲滅恐龍的事件，就連二疊紀末這次更慘重的生物大滅絕都是由巨大小行星撞擊所導致，2004 年的發現能夠支持這項理論。

不過，比起恐龍滅絕，二疊紀殺手來自外太空的說法仍缺乏說服力。小行星造成恐龍滅絕一說的有力證據之一是滅絕時期地層中所含銥元素。這種元素在地表很罕見，但在太空岩石裡就很常見。許多研究者原本以為他們能在二疊紀末地層中輕鬆發現類似訊號，但把整個世界都翻過一遍之後，卻沒有人能在任一處岩石裡發現多少銥元素。

然而，貝克的團隊卻宣稱發現了另一種來自地球之外的地質化學訊號。貝克在中國、日本，和匈牙利的岩石樣本裡找到的不是銥元素，而是巴克明斯特・富勒烯（buckminsterfullerene，又稱「巴克球」（buckyball），她主張這種化合物是從外太空來的。

這種巨型碳分子的名號，源自著名的美國建築師與發明家富勒（Buckminster Fuller）這位發明測地線（geodesic dome）的怪人，因為分子中碳原子晶格的模樣據說與拱頂十分相似。貝克聲稱氦3（helium-3）氣體被困在小小碳籠子裡，而這種氣體只有可能源自地球以外。只是，當其他科學家大隊人馬出動檢驗這些成果，這些人不僅無法重現她的研究結果，且還發現她所使用的日本岩石樣本其實來自三疊紀時代。

學界後來才知道，巴克球無法困住氦3氣體超過一百萬年，這些氣體早就會逸散掉。至於據說存在的隕石坑，撞擊專家也強烈懷疑該團隊找到的地理特徵是否真由太空岩石造成，其中大部分人現在都認為那是普通地質活動導致的結果。隕石坑與巴克球這兩個「大發現」不久就在學術圈中失去公信力，但卻在科學媒體界留下揮之不去的殘影。

「像《發現》（*Discover*）這類的科普雜誌，到現在還在宣傳二疊紀大滅絕的撞擊假說來製造新聞效果，但行內科學家都已經拋棄這個假說。」瓦爾德寫道。

 沙漠骸骨的訊息

1991 年，瓦爾德用休假前往南非，那時他還不大注意二疊紀末這個時代。相反的，他心心念念要去那兒研究當地一處白堊紀化石遺跡；那裡富藏菊石化石，這是鸚鵡螺的史前表親，曾稱霸海洋長達數億年。

瓦爾德已靠著菊石在學術界小有名氣，他過去的研究將西班牙蘇邁阿地區（Zumaia）海濱懸崖裡這種螺旋殼生物整理歸檔，顯示出白堊紀末掃滅恐龍的大滅絕，是場毫無預兆的天降橫禍，因為菊

石族群直到最後悲慘一刻之前都還興旺無比。長久以來學界都在激辯白堊紀世界究竟是在數百萬年間逐漸沒落，還是在地質史上的瞬間被化為灰燼；瓦爾德的發現有助於為此事提出定論。

結果，一個學界同僚明示瓦爾德，說他並不願意與瓦爾德分享自己珍貴的南非菊石化石遺跡；瓦爾德於是把注意力轉向沙漠中某個著名岩層，這片岩層年代比白堊紀要早二億年，內有大量長久遭人遺忘的動物骸骨，被太陽曬成白色。瓦爾德知道，這些岩石在化石紀錄上的年代約略處於一場超級規模的滅絕事件附近，就連終結恐龍時代的慘劇都遠遠比不過。

「我開始問別人『這紀錄內容是什麼？它距離滅絕界限有多久？這場滅絕的模式是什麼？』這些普通的廢話，我在蘇邁阿研究菊石就是這麼做的。結果我發現事實上竟然沒人討論過這些問題，我嚇死了！他們都沒想過要搞清楚這些事！那時候人們對這場大滅絕的興趣之低讓我震驚無比。」

南非卡魯沙漠與其他地方埋葬的骨骸，來自一條我們祖先世系未曾踏上的道路。這就是二疊紀那被遺忘的世界，這世界遍地都是我們古怪而不好惹的表親，但它一直以來都被後來恐龍稱霸地球的傳奇掩蓋光芒。

單弓類統治地球

超過二億五千萬年前，我們的親戚曾經統治世界；這種說法可能頗令人驚訝，因為有些人還戒不掉「直到六千六百萬年前恐龍被大災難清光，哺乳類才有出頭天」這個想法。其實他們想的也沒錯，二疊紀這些被稱作「單弓類」（synapsid）的野獸，距離正統哺乳類還有好一段距離。

單弓類裡最出名的「異齒龍」(*Dimetrodon*)是種有獠牙、長相怎麼看怎麼像爬行動物的野獸,擁有大片背帆,自然史博物館的訪客常把牠誤認為恐龍一員[5],但實際上異齒龍和牠在二疊紀的同伴卻都是我們的古老表親。我們是單弓類,異齒龍也是,這從牠顱骨那特殊但與我們相似的構造可以看出。

其他早期單弓類動物還包括杯喙龍(*Cotylorhynchus*),這是長得像啤酒桶的植食者,頭部之小簡直像是卡通造型,怎麼看都像是「適者生存」一說的反證。若說這些早期單弓類,我們大家族的遠親成員,在我們眼中看來如此陌生,那是因為二疊紀的殘酷大修剪;一系列的滅絕事件,包括這時代終結時的末日審判,將這株正開枝散葉的演化樹砍到只剩下一兩根枝椏,其中就有我們的先祖。

異齒龍和牠長背帆的朋友還活不到能親眼目睹二疊紀末日的那時候,牠們在更早之前就被一場完全成謎的事件「奧爾森階滅絕事件[6]」(Olson's extinction)全部消滅(這或許是一種慈悲)。話說回來,二疊紀仍可說是一個「單弓類吃單弓類」的世界,消逝的單弓類會被更多演化樹上我們這一側的單弓類所取代。

這回出場當主角的是另一群醜傢伙,叫做「恐頭獸」(dinocephalia);牠們是體型像坦克車的龐大怪獸,某些還長著怪異頭骨,上面像是爆炸般生出許多鹿角般的瘤瘤。恐頭獸王朝最後也將傾覆(與一整批其他長相醜笨的單弓類生物一起下臺),在二疊

5. 迪士尼動畫《幻想曲》中,異齒龍與劍龍出現在同一個畫面裡,但牠們的年代其實相差超過一億年。

6. 奧勒岡州立大學(University of Oregon)古生物學家瑞塔拉克(Gregory Retallack)認為高濃度二氧化碳造成的溫室效應是這場滅絕元凶,但其他科學家對於「奧爾森階滅絕事件」是否能算是一場真正的滅絕事件尚有爭議,認為這有可能是化石紀錄不完整造成的誤判。

紀結束前另一場滅絕事件中垮臺。

這場滅絕事件就沒那麼神祕，大約同個時候也正發生海洋生物大量死亡，以及一片巨大火山區域發生毀滅性的大暴發，將中國整個撕開，這場火山災變絕對具有毀壞整顆行星的實力。科學家對這次滅絕事件瞭解愈多，它在地球歷史災難排行榜的名次就愈往前移。然而，二疊紀中期這場危機雖然嚴重，但與這時代結尾那場等著將地球一刀斃命的災厄相比，也只能算是場重傷而已。

二疊紀期間有多場災禍降臨，但生態系有其韌性，很快就能復原。通往終極大滅絕的前一刻，這顆行星上還看不出任何顯示世界即將結束的徵兆。這段這夕陽無限好的時光，屬於二疊紀哺乳類先驅者最後一個大族：獸孔目（therapsid）。

獸孔目之下有種二齒獸（dicynodont），大概在當時成群結隊踏過遍生灌木的鄉野。這種植食動物的體型大約從狗到母牛不等，有巨型獠牙和口喙。那時花卉、果實、青草都尚未出現，這些植食動物必須在非常缺乏養分的世界裡變通過日。事實上，這顆行星大部分地區應該都不適於植物生存。

一片遠古海洋位於今日大西洋，從奧陶紀以來就逐漸縮小，到了二疊紀各大陸已經執手結合為一；分離數億年之後，地球陸地又重新合併在一起，形成一片延伸通往兩極的巨型超級大陸。超級大陸的無盡內陸是貧瘠乾燥的蠻荒地帶，有如你把北達科塔州放大到全球規模，這裡有著地獄般的高熱和慘酷冰寒，從不曾有一滴雨落下。這就是盤古大陸。

瘋狂的大陸漂移說

地質年代中，各大陸不斷漂移，這對我們來說早已是常識，但「大陸在熾熱的對流地函上漂移」卻是科學史上最具革命性的想法。令人驚奇的是，此說直到晚近才廣為人所接受，大約與人工甜味劑同時代。就像大部分科學革命一樣，這個推測一開始並不為人採信，甚至還被視為瘋狂。

大陸漂移說由韋格納（Alfred Wegener）提出，此事頗為著名。這位德國氣象學家的研究引領他前往高緯度的北極區，而這也是十九、二十世紀之交大部分科學研究的趨勢。

他在格陵蘭考察時想到一個意象，覺得各大陸就類似他身邊漂浮的大塊浮冰，在好長好長一段時間內碎裂成塊、漂漂盪盪、然後又撞上彼此，且曾在某個時間點上形成一座超級大陸。他將這座大陸稱為「盤古大陸」，意思是「全地球」。

韋格納之所以能看透此事，他憑藉的觀察與大部分六歲小孩並無二致，那就是各大陸陸塊大致都能像拼圖一樣被拼在一起。更重要的是，同樣化石的分布地帶似乎能躍過海洋，世上迥然不同的地區似乎能被史前生物連接起來。

韋格納的說法雖有說服力，但他同時代的學者全都對此視若無物，而韋格納未能活到真相大白的那一天。他像所有維多利亞時代的敬業北極探險者一樣英勇死於冰上，如今他的遺體仍在那裡，可能已經埋於百英尺深雪下。

韋格納留下的大陸漂移學說最終將讓整個地質學界天翻地覆。地質學在二十世紀中葉前的情況，大約就與伽利略和哥白尼所發動的概念革命之前的天文學差不多；至於解釋地球地質特徵所用的邏輯也是複雜到令人想哭，程度與托勒密的本輪模型[7]不相上下。

然而，從1950年代晚期到1960年代早期，人們以測深法（bathymetry）對海床進行探勘，顯示出海底火山帶像籃球表面溝紋一樣環繞整顆地球，推動各大陸彼此遠離；這下子地質學上一切現象都有了意義：火山、地震、島弧、山脈、深海海溝、化石分布，以及各大陸那看似能彼此拼合的輪廓，原來這些大陸在數億年前確實曾是一整片跨越全球的大陸，正如韋格納所想。

超級大陸「盤古大陸」在二疊紀臻至完美，形成一個巨大伸展的C字形，從北極一直到南極，中間被一道東西向的龐然山脈貫穿，那是北美洲與非洲和南美洲的交界處。環繞在這座超級大陸四周的海洋也不簡單，那是覆蓋全球的超級大洋，名為「盤古大洋」（Panthalassa）。

當那些獸孔類植食動物正嚼著盤古大陸上不甚可口的灌木，統治這座超級大陸的帝后則是我們另一支祖宗輩的親戚：兇惡的麗齒獸（gorgonopsid）。這種頂級掠食者體格強壯，長得與狼有點相似，牠的頭骨像是一個超大型釘書針拔釘器，牙齒比霸王龍還長，能用來把草食的二齒獸活生生撕碎；這些恐怖刀刃包括門齒、犬齒、後犬齒（post-canine），顯示這世系已經逐漸向哺乳動物的型態靠近。

麗齒獸學名來自希臘神話中能以眼神將人變成石頭[8]的蛇髮女妖三姊妹（Gorgons），可謂貼切。我們這麼多失落久遠的表親，包括二齒獸與麗齒獸、植食者與肉食者，牠們在古生代最後的一千萬年間縱橫天下，直到末日降臨。

7. 譯注：本輪模型（epicycle），托勒密在地球中心說的基礎之下用來解釋日月和各大行星移動速度、距地遠近變化的數學模型。
8. 地質學家並不清楚是哪一種石頭。

瓦爾德在南非二疊紀末荒原裡看到的就是這批遠親的蒙塵骸骨，要它們吐露出暗藏的祕密。手握大筆資金，瓦爾德與南非博物館的史密斯（Roger Smith）回到沙漠中，準備掀開這場史上最慘烈大滅絕的真相。在卡魯沙漠（二疊紀時，此地靠近南極）中只要走一小段距離，就能看見泥盆紀後史詩級億年冰期，劇烈轉變為二疊紀盤古大陸沙漠荒野。

「一開始你還看得到冰磧石，所以這裡還有冰；但走到最後你已經從冰河時代進入萬物瘋狂猝死的超高溫沙漠，兩者之間只隔一個時期、一層岩石。只不過經歷數百萬年作用，整個世界就倒反過來。」

瞬間發生的大滅絕

關於二疊紀末生物大滅絕的第一個問題最簡單：這事態拖延許久嗎？這顆行星是在數百萬年間逐漸損耗殆盡嗎？或者這從地質學角度看來是場突發慘劇？出人意表的，這個問題很難回答，需要先花好幾年在卡魯沙漠中蒐集枯骨，然後將資料加以統計整理來澄清真相。

瓦爾德與史密斯發現陸地上的大滅絕確實是轉瞬間的大災；在被他們理解為二疊紀與三疊紀分界處的地方，獸孔類一下子全都消滅，時間幅度看來只有數千年，而非學界原先以為的數百萬年。兇猛麗齒獸全遭夷滅，從地球上徹底消失；至於植食性二齒獸在二疊紀晚期整整有三十五個屬，但只有兩個屬通過大滅絕的篩選。

卡魯沙漠中，揭示三疊紀開頭的只有一個孤獨身影，那就是這些英勇倖存者之一的水龍獸（*Lystrosaurus*），這種其醜無比、長得像豬的掘洞者，生有獠牙和口喙來剪切這荒涼世界裡的強韌雜草。藝術家筆下的水龍獸，常帶著一副發現自己糊里糊塗活過大屠殺的不可置信表情。

生物大滅絕的後續時光中，「山中無老虎，猴子當大王」，這生物竟繼承整顆地球，成為從南極到俄羅斯全球各地三疊紀早期化石紀錄中的主角，就像是克氏蛤在這場末日之後鋪滿海床，構成一幅貝殼界的單作栽培畫面。

瓦爾德受到阿瓦雷茲小行星撞擊假說啟發，想在淪亡的麗齒獸與殘存水龍獸兩代王朝之間數層不祥的地層裡闖出名號，目標是找出一場威力足以釀成這大禍的災難性小行星撞擊事件殘跡。他搜尋銥元素地層、噴射墜落物等證據，或者任何能解釋死神如何降臨生物圈的事物。但他什麼也找不到。

取而代之的，瓦爾德和其他人在二疊紀中找到了劇烈的碳循環震盪。

如果地質槌是地質學家野外工作良伴，那體積有點龐大的質譜儀就是地質學家回到實驗室裡更親密的益友。這臺機器能汽化岩石，探明任何樣本的分子本質。

當瓦爾德和他的同僚馬克里德（Ken MacLeod）把大塊化石送進質譜儀，他們發現樣本中較輕的碳同位素含量在大滅絕時飆升，這現象可能反映當時太古大氣中突然出現過量的碳。這結果與全球各地二疊紀末海相與陸相地層的發現相符，它們全都出現碳循環大波動的現象。

大氣中多出來這麼多較輕的碳，到底是哪來的？要增加這東西的儲量有幾種方法，一種是把世上所有植物、浮游生物，和動物都殺光。植物對碳很挑，它們喜歡含有較輕同位素的分子，所以會將世界上大部分的較輕碳同位素都鎖藏身體裡，浮游生物也是一樣。既然動物吃這些植物，肉食動物又吃這些吃植物的動物，整個生命世界就能把巨量較輕碳同位素拉出碳循環之外。

因此，如果世上所有動植物都死光，較輕的碳同位素就會從植物和動物殘骸中被釋放出來，它們在大氣與海洋中的含量就會上升。或許這種大規模死亡事件能夠解釋岩石中碳同位素比例的轉變，但二疊紀末大滅絕中碳同位素的變化極其劇烈，讓其他許多科學家都認為，單單只是生物圈的崩垮已經不足以解釋這情況。

吞食大陸的大陸玄武岩溢流

當工業革命在十八世紀展開，大量地層中的煤在英國工廠中點火燃燒，這世界大氣中碳平衡情況也開始向較輕的同位素傾斜，反映原本蘊含在植物化石內巨量二氧化碳被注入大氣。要製造出二疊紀末岩石中這種訊號，還有另一種更簡單明瞭的方法，那就是把極大量的二氧化碳灌進大氣裡。

正如瓦爾德所說，重點不是二氧化碳來自「Volvo 汽車或是火山」；二疊紀末的火山可不少。

二億五千二百萬年前，火山噴發讓俄羅斯和整個世界成為一片荒蕪，這在現代完全找不到可供類比的事物。地質學在十九世紀提出一項信條，之後始終遵奉不渝，那就是「現在是通往過去之鑰」，此即「均變論」(uniformitarianism)。依據均變論的主張，我們能將今日地球表面所見運作中的地質作用套用到過去，藉此瞭解地球歷史。

不過，二疊紀末西伯利亞這場末日火山作用卻推翻了這句歷史悠久的箴言。這片「西伯利亞玄武岩」和二疊紀較早時中國地區那場災難性的火山爆發一樣，它們的噴發方式與我們現在熟悉的情況大不相同，且噴發規模完全超乎人所能想像。

富士山、維蘇威火山、雷尼爾山（Mount Rainier），今天這些層火山（stratovolcano，整個奧陶紀不斷此起彼落暴發的那些火山也都屬於這種）印在明信片上都很上相；但西伯利亞玄武岩是一種叫做「大陸洪流式玄武岩」（continental flood basalts）的噴發。如其名所說，這就是熔岩如洪水般汩汩流滿整片大陸，在短得嚇人的時間裡（從地質學角度來說）堆積起數英里厚。這種噴發方式是生命史上最具毀滅性的力量，幸好它們發生的頻率並不高。

二疊紀末，俄羅斯有超過二百萬平方英里的面積都被熔岩覆蓋，「西伯利亞玄武岩」在短暫時期內，把西伯利亞大地的裡子全翻到外頭。今天這片玄武岩區由摩天高原與玄武岩中切出的險峻河谷構成，這些地標都有世界奇觀的水準，它們坦然呈現於大地上，卻因為深藏在西伯利亞無人地域中而未曾聞名。

二疊紀末這裡噴發出的熔岩足以將美國本土全境鋪滿半英里深的岩漿；熔岩在俄羅斯某些地方堆積的高度將近二英里半。黃石公園如果爆炸，能在美國某些州鋪上數英寸厚的火山灰，這跟二疊紀末熔岩洪流相比起來根本不在同一個等級。

1991 年，加州大學柏克萊分校地質年代學家賴內（Paul Renne）將西伯利亞玄武岩的年代大致定在與二疊紀末大滅絕相同時期，在這個深深沉迷於小行星撞擊理論的學術圈裡引起不少人側目。

這幾波熔岩流發威之處令人始料未及。岩漿泉雖會把地表生物覆蓋或火化，但這不是最可怕的事，生物學能擔保被熔岩扼殺的生命總會重生；這是生物的消長現象，稱為「演替」。

今天聖海倫火山生機盎然的山坡就是一個例子，該地在 1980 年被化作末日之後的灰燼堆。一時把整片大陸悶死並不足以永遠消滅該處的生命力，若非如此，現在加拿大的極北林區就不會存在，因為這個國家才在數千年前才被超過一英里深的冰層壓在底下。

不，大陸玄武岩溢流的最主要奪命機制出自它們釋放的巨量火山氣體，其中最重要的可能就是二氧化碳。二氧化碳能使全球氣候短路，並把海洋化學搞得一團亂。如果說火山自身洶湧排放出的大量二氧化碳還不夠嚇人，要知道這批岩漿可能選了全地球最糟糕的一處地方冒出地面。

火山引發的大爆炸

奧斯陸大學（University of Oslo）地質學家史文森（Henrik Svensen）曾造訪過西伯利亞玄武岩，這樣一趟旅途通常必須結合飛機、車子、直升機，最後悠閒搭船順一條河流而下，離開地圖所呈現的區域。不過，無論他的團隊花了多大工夫遠離紅塵俗世，卻發現俄國的享樂者似乎無所不在。

「我們搭了兩小時直升機，然後被扔在無人荒原中間，一片什麼都沒有的地方，」史文森談到某一趟旅程，「隔天我們正在露營的時候，突然出現一艘很奇怪的自造小船從上游開來，上面有油桶，還有木頭高臺。那是俄國人在渡假！竟然來這種地方！」

除了當初噴發時製造出來的古老熔岩堆，史文森還聽說過西伯利亞地表下有奇怪的管狀地質構造散布在各處荒野，有的管子寬達一英里，裡面是碎的岩石，某些地方的管子頂上還有巨坑。這些巨坑與其下的管子不是由天上來的撞擊所致，而是由遙遠底下咕嘟作響的火爆大釜造成。

史文森四處尋找當初俄國人探測鋇礦與磁鐵礦所鑽出來的老岩心，發現它們都躺在森林裡荒廢的倉庫中。許多這類「倉庫建築」已經成了露天場地，屋頂和牆壁消失不見，在許久之前被拿來當燃料或以其他方式犧牲掉，供人度過西伯利亞的冬天。

「我們很幸運，能在這些整個毀壞的建築物裡發現完整岩心，」他說：「我們在森林裡找到很多有趣的材料，我現在還在研究。」

史文森編織的畫面為二疊紀末火山活動又增添新的恐怖。構成西伯利亞玄武岩的岩漿，穿過地殼冒出之後侵入通古斯加沉積盆地（Tunguska sedimentary basin）。通古斯加沉積盆地是俄國一片廣大地區，從埃迪卡拉紀（Edicaran）之後數億年間不斷累積一層層的沉積物。

盆地裡積滿了碳酸鹽、頁岩、古代樹林形成的煤炭，以及遠古海洋乾涸後留下的巨厚鹽層。這些沉積物在某些地方堆積厚度超過十二公里。通古斯加沉積盆地是全世界最大的產煤盆地，且它絕不是全然為岩石，如果可以，你絕對會避免把數百萬立方公里熔岩從這裡送上去。史文森說，岩漿接觸到鹽層有時會被擋住，於是往旁邊滲開成一大片熔岩岩層，將二疊紀地表下埋藏的煤炭、石油和天然氣點燃。

然後，轟。

附近動物會目睹鄉間這場突如其來的爆炸，這是二疊紀末第一度排炮齊射，宣告末日降臨。

地球變成「滾湯」

史文森調查的這些管狀地形中盛滿碎岩。高熱氣體從地底暴衝上來，在地表造成驚天動地的爆炸，留下一堆半英里寬的坑洞。

這場非常大爆炸會讓大氣中二氧化碳與甲烷含量超載，甲烷是比二氧化碳還要威力強大的溫室氣體，分解後會製造出更多二氧化碳。史文森說，就是這些化石燃料燃燒造成大滅絕期間碳同位素比例瘋狂變化，甚至造成了大滅絕。

「當你加熱這些沉積物，碳酸鹽就會生成二氧化碳，然後頁岩從有機質裡生成甲烷，然後那時候西伯利亞的蒸發岩（鹽）裡含有的石油沉積物，像原油和天然氣這些東西，也都受到入侵的岩漿加熱。」

如此說來，二疊紀末生物大滅絕與我們現代即將降臨的大禍或許根本是出自同一個原因。西伯利亞玄武岩滲透侵入大片在古生代億萬年裡積存起來的煤礦、石油和天然氣儲藏庫，並在其中散發高熱。岩漿這樣做並不是出於經濟動機，但造成的後果卻大同小異；它在數千年間燒透一座座龐大化石燃料庫，效果正如引擎活塞與火力發電廠燃燒化石燃料一模一樣。

史文森的說法讓我想起我與加州大學爾灣分校（UC Irvine）地球科學家與氣候模型專家瑞吉威爾（Andy Ridgwell）的一段對話，內容關於現代世界的文明計畫。

「基本上，全球經濟完全奠基於我們將碳從地裡挖出來、送進大氣的效率，」瑞吉威爾對我說：「基本上這是個全世界共襄盛舉的事業，而且從事這工作的人多不勝數，這在地質上是件不容小看的活動。」

西伯利亞玄武岩也是如此。

今天，人類每年排放的二氧化碳量高達驚人的四百億噸，這可能是地球歷史過去整整三億年以來最高的排放速度，也就是說甚至連二疊紀末大滅絕都被比下去，這點你注意到了嗎？若把地球上每一滴石油、每一塊無煙煤、每一寸化石燃料都燒光，能往大氣層裡釋放五兆噸的碳；如果我們這樣做，這顆行星會變得面目全非，大塊大塊地方都會變得過度炎熱而不適於我們這類的哺乳動物居住（更別提海平面將會上升超過二百英尺，把大部分文明世界淹在底下）。

即便人類的作為已經很不尋常，據估計二疊紀末生物大滅絕的碳排放量約在毀天滅地的十兆噸（比我們能夠燒掉的總量還高出一倍）到已經超乎人所能想像的四十八兆噸之間。

正因如此，二疊紀末生物大滅絕與後續地球氣溫估計值讓人怎麼樣都難以相信。卡魯沙漠中河流不再蜿蜒、昆蟲不再嗡嗡，大規模死亡事件席捲全地，氣溫可能一下子躍升達攝氏十六度之多；華氏一百四十度的熱浪在盤古大陸上變成司空見慣尋常事。熱帶地區海水溫度從攝氏二十五度（約同於現代海洋）驟升到可能有攝氏四十度，這是三溫暖熱水浴池的溫度，或像是二疊紀末專家威納爾（Paul Wignall）所說的「滾湯」。

多細胞生命在這種全球規模的按摩浴缸裡根本無法存活，構成生命的複雜蛋白質會因高溫而「變性」，也就是被煮熟。學術論文的遣詞用字通常節制嚴謹，但就連經過同儕審查的科學著作，都形容史上最慘生物大滅絕之後的三疊紀早期是個「末日過後的溫室」。

毒氣與紫外線的大屠殺

西伯利亞玄武岩釋放出的毀滅性並不止於全球暖化，當熔岩點燃通古斯加盆地裡數英里厚的鹽層時，這份爆炸性的配方能生產出像是鹵化丁烷、溴甲烷、氯甲烷這些恐怖化學物質。它們混合而成的有毒大雜燴能釀成許多災難，其中包括摧毀臭氧層。史文森提出，在這個已經擁有眾多劊子手的世界裡，還有殺傷力強的紫外線 UV-B 也來參一腳。

此事有更進一步的證據，加州大學柏克萊分校古植物學家路伊（Cynthia Looy）和她的同事在二疊紀末植物上發現奇怪的畸形孢子和花粉粒，從義大利到格陵蘭、南非都有，可能是 UV-B 導致的突變。我曾和路伊談過，她不認為只憑高溫就能殺光整片植物世界。「要殺死植物很困難，」她這樣跟我說。這些不正常的孢子和花粉可能表示二疊紀末，這個剛被剝去臭氧層的世界已承受過量放射線，讓陸地上的生命忍受不了。

就在過去這數十年內，人類差一點點就複製出上述這場末日景象。1989 年的蒙特婁議定書（Montreal Protocol）要求逐步淘汰那些會摧毀臭氧層的氟氯碳化物（包括二疊紀末出現的溴甲烷等氣體），人們普遍認為這份議定書是史上最成功的國際環保協定。

此協議只許成功不許失敗。美國太空總署以這些化學物質排放情況不變的條件進行模擬，結果顯示地球臭氧層將在 2060 年代幾近徹底消失；這種不可想像的情況將使照到地表的紫外線加倍，引發一波全球性的致命突變與癌症。

國際協商雖然大致能控制這致命射線在本世紀中葉的發展；但是，電腦模擬溫室氣體依現況流進大氣的結果也同樣令人心驚，但止血措施卻少得可憐。

這是因為蒙特婁議定書所規範的鹵素碳化物（其中某些相同的化學物質，曾在二疊紀末從俄羅斯地下蒸騰出來），是屬於工業用化學物質中的小眾，容易進行全球化管理，且有大量準備上市、可行的替代品。

相反的，全球經濟整個都是建立在燃燒化石燃料的基礎上，而化石燃料的燃燒卻可能是二疊紀末斷頭臺最重要的構件，令人憂心。打從工業革命以來，人類繁榮就是奠基於燃燒煤炭、石油、天然氣，正如比爾蓋茲最近對《大西洋》（*Atlantic*）雜誌說的，「我們對能源的大量消耗與現代文明根本是同一回事。」

借鏡二疊紀

沒有人知道我們現代這場地球化學實驗會造成什麼後果；但二疊紀末，大量溫室氣體注入大氣的結果就是讓地球成為墳場。

大量二氧化碳進入大氣會讓地球快速暖化，這是地球科學中不爭的概念，也是這學門超過百年來的基礎認知。然而，二氧化碳含量升高造成的效果並不只有暖化而已；除了讓地球升溫以外，二氧化碳還會與海水起反應，讓海水變得更酸，並除去其中的碳酸鹽。既然珊瑚、浮游生物，以及像是蛤蜊和牡蠣等有殼的諸多動物都只能在狹窄的酸鹼值範圍中利用周遭富含的碳酸鹽來搭建自己的骨骼，那麼如果在海中注入大量二氧化碳，對牠們而言可能致命。

現代海洋中的酸鹼值正在快速下降，從工業革命以來已經降低了 30%，這個數字令人怵目驚心。就算那些對全球暖化如銀河繁星般數不清證據都能視若無睹的人，也無法對海洋酸化一事提出反駁，這是最簡單的化學。

令現代人膽顫心寒的是，史丹佛大學古生物學家佩因認為海水酸化是二疊紀末海洋中最重要的殺手機制，若把當初那片大海的情況結算一下，可說裡面所有東西大概都死了個精光。

許多生物大滅絕專家都是經歷過 1980 年代到 1990 年代那場恐龍滅絕大戰的老將，切身體驗過這些辯論在人際關係與學術上造成的餘波。不過，當大部分人對恐龍的命運終於達成滿意共識時，佩因卻還是個大學生。他是新一波年輕古生物學家一員，這群人不只是從偏遠地區塵土飛揚的岩石露頭中蒐集地球生命故事，也愈來愈會從大型資料蒐集鑽探資訊。他常身在前往中國的短程旅途中，到那裡去研究二疊紀末海洋中的生物大滅絕（程度幾近 100%）；其他時間他偶爾會在史丹佛大學的研究室，我就在這裡與他會面。

對佩因來說，二疊紀末這幅地獄景象，遠遠超出現代氣候與海洋系統中可能發生的情況。這絕對是最最糟糕的場景，但話說回來，我們仍可能發現它與人類眼下面對的挑戰有著陰鬱相應之處。

無法想像的二氧化碳濃度

不過，首先值得做的事，是把二疊紀末的瘋狂渾沌放進前後脈絡裡面去看。

氣象科學長久以來就是個深奧難解的領域，但今日行星地球上，任何負責任的公民教育體制都應將氣象科學基礎知識放入核心重點。

關於人類在將來數百年間所要面對的難題，有一項數據我們特別不能忽略，那就是大氣中二氧化碳的含量（以百萬分之一為單位，簡稱 ppm）。過去數百萬年來，這顆行星上的二氧化碳濃度約在冰期的 200 ppm 與暖熱時期的 280 ppm 之間擺盪，那是這顆行星在文明出現之前本來的模樣；要知道，工業革命與早於工業革命的人類一切文明發展，都發生在一段氣候穩定的不得了的時期裡。

環保運動者麥吉本（Bill McKibben）之所以建立 350.org 這個網站，就是為了強調二氧化碳濃度若超過 350 ppm 就已經進入高度危險區域，完全超出人類經驗之所及。當這世界在 2013 年出現了 400 ppm 這個數字，全球科學家的反應都驚恐無比。

這場全球性的化學實驗如果不受管制，那幾乎可說文明的穩定性必會因此動搖。上一次二氧化碳濃度達到 400 ppm 的時候，海平面上升到比現在還高出五十英尺的地方。不只如此，350.org 在二疊紀末說不定還得多加好幾個零。

「拿現代海洋來說，如果像二疊紀末那樣往裡面加進四十兆噸的碳，二氧化碳濃度就會從比方說 300 ppm 變成 30000 ppm。」佩因說。

我們同聲大笑，這個數字根本不可理解。一個二氧化碳濃度高達 30,000 ppm 的大氣層已經不是地球大氣層了。

「這不是說它那時候真的上升到 30,000 ppm，沒有吧？」我問道。

「我們不知道，」佩因說：「我不知道這數字到底算不算是狂想，」他詳細說下去：「我思考這件事的方法是這樣：想想這個事實，白堊紀末大滅絕那場〔小行星〕撞擊所產生的能量差不多是地球上所有引爆過的核武器總能量五十萬倍，製造出二百公里的隕石坑，這座隕石坑一端在這裡，另一端就在這裡到洛杉磯的一半距離處，這種東西根本無法想像；而這場事件對生物圈的影響甚至不如二疊紀末那般嚴重。所以說，不論二疊紀末發生的是什麼，都是非常極端的事。

「我們需要找出某種能讓海中 90% 物種滅絕的東西……而且那時候還沒有過度捕撈這回事，」他笑著說：「這件事也很重要，得記住，是吧？我們在過去數千年見識到的生物滅絕，其中大部分都不是因為氣候變化所導致，而是因為與人類的直接互動所造成，像是過度捕撈、過度獵殺、棲息地直接受破壞，這些都與氣候或海洋化學的改變無關。二疊紀末沒有這些來火上添油，也就是說這些情況必須全部由氣候和海洋化學一手造成。所以說……我不認為我們有任何證據能否定二氧化碳濃度 30,000 ppm 的情形真正存在過；況且，如果我得跟你打賭，我會賭當時大氣中二氧化碳更接近 30,000 ppm 而非 3,000 ppm。」

（最新的代表性研究，將二疊紀末大氣二氧化碳濃度值估計在 8,000 ppm 左右，這仍然是個高得讓人頭昏腦脹的數字。）

如果把這麼多額外二氧化碳以夠快的速度注入大氣，不只這顆行星會熱到前面所說那種科幻等級的氣溫，連海洋都會被徹底摧毀。海水會吸收二氧化碳，海中酸鹼值於是直直下落，我們現代海洋已有這種徵兆。

海洋酸化的下場

不過，時間尺度就是一切，長期來說大海有本事跟上大氣中二氧化碳的大幅度增加，只要事情進行的速度夠慢就行。風化作用的漸進過程粉碎陸地上的岩石，把它們沖入海裡，於是能在酸化海洋裡起到緩衝效果，就像碳酸鈣片能緩和胃酸過多症狀一樣。注入大氣中的二氧化碳愈多，岩石風化的速度就愈快。

「二氧化碳增加會從兩方面加快風化作用，」佩因說：「一個是它讓雨水變得更酸，不過很多地球化學家認為另一件事其實更重要，那就是它會讓這顆行星熱起來，造成更多蒸發現象與逕流。你把愈多水打進這個系統裡流過，你就愈能推動化學風化進行。」

問題是，岩石風化需要時間，很多很多時間，像是俗諺故事說的「鳥在山側磨鳥喙，最後終於把山磨成平地」那麼久的時間。二氧化碳在大氣裡增長的時間尺度若快於岩石風化的速度，則我們就有了張釀成海洋酸化的配方。

「所以說，時間尺度真的很重要，」佩因說：「大海對這些事情的反應都看時間尺度怎麼樣。你把巨量額外的碳加進系統裡，長程而言，大部分的碳都經地質作用回復成為石灰岩（碳酸鈣）；也就是說，長期下來我們所燒的所有煤炭、所有石油最後都會在海中造出更多石灰岩。問題是整個過程的時間尺度需要十萬年，這對人類一點幫助也沒有。如果你想想現代海洋，我們正在做的事情其實就是燒出二氧化碳，把碳加到海裡，但我們沒往海裡加任何鈣啊，是不是？沒有人在燒鈣，沒有鈣被送進大氣裡。」

古生物學家難得能見到自己的假說在現代世界上演，但「人類世」（Anthropocene）的現代海洋，好像在為佩因和他的同事提供某種令人不喜的概念性驗證（proof-of-concept）。今天的珊瑚礁供養海洋中四分之一物種，就算二氧化碳排放量繼續維持在不太誇張的程度，珊瑚礁大概也難逃厄運；況且，新受到人類世二氧化碳洗禮的各片海洋中食物鏈底層已經岌岌可危。

南冰洋（Southern Ocean）酸化海水裡，有一種叫做「翼足類」（pteropod）的小型半透明腹足綱生物振翅游泳，牠屬於南極洲食物鏈基部的一份子，而今人們卻發現牠的殼上布滿孔洞。2008 年，美國國家海洋暨大氣總署（NOAA）科學家貝納先克（Nina Bednaršek）在某次繞南極洲進行的研究航程中發現這些被侵蝕的生物。

到了 2050 年，海洋酸化會讓整片南冰洋成為翼足類無法生活的禁地，這將是生態學上一場大災。貝納先克先是在南極洲周圍發現這些令人難過的情況，後來她又在西雅圖外海發現面目全非的翼足蟲，這種生物在那裡占了西北太平洋年幼鮭魚所需食物的一半。

「問題不在於翼足類會不會被溶解掉，或是牠們會不會受到損害，因為事情很明顯：牠們會。」貝納先克這樣跟我說。

此事目前並不受重視，但海洋酸化在未來數十年間造成的後果實在具有改變全世界的威力。

縱然我們傾盡所能把二氧化碳注入地球系統，二氧化碳的總量還是遠比不過二疊紀末那讓人瞠目結舌，但這並不表示人類可以得救；我們發現，重要的其實是二氧化碳排放的地點而非絕對排放量，這也就是為什麼佩因和他在加州大學聖塔克魯茲分校的同僚克拉潘（Matthew Clapham），能將一份共同發表的論文標題定作〈二疊紀末海洋中的生物大滅絕：二十一世紀的遠古先例？〉（End-Permian Mass Extinction in the Oceans: An Ancient Analog for the Twenty-First Century?）而沒有一點開玩笑的意思。

沒有人曉得現代珊瑚礁到了二十一世紀末會變成什麼樣子，但若「大死亡」有任何提點作用，我們知道事情可能變得非常糟糕。

我問佩因：那些在二疊紀曾經風華絕代的珊瑚礁，像是建造在瓜達魯普山脈的那種，如果潛水者重訪二疊紀生物大滅絕高峰期的地球珊瑚礁，它們會看到什麼？

「你大概會看到一大堆綠色軟泥，」他說：「說不定會有大朵水母，這也有可能，誰知道。」

我問他人類能遇到的最惡劣情況是什麼。

「我認為最惡劣的情況就是我們把海洋酸化，把所有的珊瑚和住在海中其他所有大型動物都殺死，然後，哈，你最後就得到一個軟泥世界。」

二疊紀末的東方快車謀殺案

二疊紀末大滅絕有個最奇怪的特徵，當時世界各地海洋沉積物中都出現一種叫做「異胡蘿蔔素」（isorenieretene）的色素，從澳洲、中國南部到英屬哥倫比亞都有。

一種名為「綠硫菌」（green sulfur bacteria）的壞份子利用這種色素進行光合作用，它們需要海洋中同時出現很多特殊條件才能生長繁盛：缺氧、有毒硫化氫，還有最重要的陽光。如果有陽光，那就表示這些有毒菌華現身在淺海中。但是說到底，海洋學上並不存在從底部到水面都缺氧的海洋，海水表面一直在與空氣混合，在風與浪不停攪拌下將氧氣溶進海水表層。

「優養化根本就錯了，」瓦爾德說：「大錯特錯，誤導我們。你不能把現代當成通往過去之鑰，因為過去有些時候與現代差異實在太大，我們甚至沒辦法把那些情況概念化。事實是就算你在透光層（海水水柱頂部陽光能夠穿透的薄薄一層），表面有來自大氣的溶氧，但只要再往下二或五或十公尺，你就已經進入無氧海水裡面，瞭解嗎？這太詭異，跟現在真是天差地別，」瓦爾德繼續說：「說到底，整個問題其實就是：坎普到底對了多少？」

坎普（Lee Kump）是賓州州立大學地球科學系系主任，他認為這顆行星在二疊紀末不只是因中暑而亡，還被硫化氫毒氣所毒害。

此人對於家中裝飾有些獨門訣竅。「你知道嗎？你現在能買到一些鹽燈，那種鹽塊跟我們吃牛排的時候用的一樣，」他在他賓州州立大學的研究室裡這樣跟我說：「你應該去買那種燈，因為它們幾乎都是二疊紀末留下來的鹽類沉積物。」

當盤古大陸內陸在二疊紀末日成為一座超級大陸等級的乾旱地獄，世界各地內陸海也逐漸乾涸，留下大量（現在在經濟上擁有重要地位）的鹽結晶。我在波士頓住的地方，冬天馬路上是用來自愛爾蘭的二疊紀鹽來除冰。

「我出門吃烤肉，那地方在賣這些東西，西藏岩鹽塊，讓你烤肉的時候用，所以我就買了一塊。除此之外我們家還有個鹽燈，有點裝飾作用。」

除了極度高熱、破壞性的海洋酸化，以及臭氧層毀滅之外，學界提出的二疊紀其他可能凶手包括：火山噴出的二氧化硫造成高濃度酸雨，害死森林；含硫的氣膠遮擋日光造成短暫酷寒；火山冒出的大量有毒氣體（第一次世界大戰戰場上的人，對這些有毒氣體並不陌生）導致痛苦的呼吸系統壞死；二氧化碳直接導致中毒；以及汞中毒。

這麼多殺人不眨眼的傢伙到處亂跑，埃爾溫曾幽默的說二疊紀末這數不清的嫌犯群是生物大滅絕的「東方快車謀殺案」理論。

「只有但丁有本事恰如其分描述這個世界，」他這樣寫道。

「嗯，這兒完全不缺殺人凶手，」坎普如是說。

海洋缺氧的各種解釋

往這篇偵探小說裡再加兩個可疑人物：可怖的鬼怪「海洋缺氧症」以及這鬼怪的劇毒夥伴「硫化氫」，後者只有在缺氧環境下才會被細菌製造出來。

如果你聞過臭掉的蛋，你就知道硫化氫是何方神聖。只消 1 ppm 的濃度，它就能開始讓空氣裡充塞這絕不會認錯的臭屎味沼氣。如果它濃度提高到 700 ppm 到 1000 ppm 之間，人類就會馬上死亡，這是真實發生過的事。硫化氫又稱作「糞氣」，多少在糞坑中工作的農人因為吸入足夠濃度的硫化氫氣體而身亡。這東西也是油井和天然氣井附近的危害，就像德州二疊紀盆地（多麼具有詩喻性）裡的情況，那裡曾經有鑽井工人被地底岩石間滲透冒出的瓦斯所害。

2005 年，坎普提出說法，說這種惡臭氣體可能要對「大死亡」負責任。要製造硫化氫，首先你得有缺氧現象，而後者本身就頗具殺戮實力。

和其他大滅絕一樣，從巴基斯坦的鹽嶺（Salt Range）到北義大利白雲石（Dolomite）礦區，到中國南部、美國西部、格陵蘭、以及北極海上曾是捕鯨據點的斯匹茲卑爾根（Spitsbergen）和其他更多地方，都能發現沒有一點生命跡象的岩石，這象徵當時全世界的海域都令人窒息。

海洋缺氧在二疊紀末似乎是種全球性的信號，且這現象直到滅絕事件後數百萬年都還沒徹底消散，或許因此造成地球環境復原速度極慢。

科學家試圖為這些悶死生命的海域提出解釋，他們原本推測：

西伯利亞玄武岩釋放出的大量二氧化碳必然造成地球升溫，使得兩極與赤道間的溫差減少，於是讓全球洋流停止流動。當我在寫這一段的時候，北極某些地區剛承受比正常溫度要高出攝氏十六度的高溫，格陵蘭急遽溶解，同時洋流似乎也變得緩慢。依據古海洋學家推斷，如果二疊紀末洋流運作完全中止，深海處就會喪失氧氣，變成厭氧性細菌的天下，用硫化氫灌滿海洋。

然而，後續模擬研究卻揭示海洋根本不可能像這樣按暫停。海底火山、區域性鹽度差異，以及海洋環境的改變最終會推動洋流恢復運行，不論效率多麼緩慢。「停滯不流動的海洋無法真正存在，」坎普如是說。

這是好消息，但我們又要怎麼解釋全球性海洋缺氧與硫化氫這些訊息？

坎普認為缺氧現象並非肇因於海水停止循環，而是高熱本身；基礎物理就告訴我們較暖的水中溶氧量較低。同樣的，氣溫愈高，動物就需要吸入愈多氧氣，這是動物生理學上一件不幸的偶然。於是只要海洋變得溫暖，氧氣含量降低就很快成為大問題。

至於另一個在二疊紀末導致海水缺氧的因素，我們可能又得說到陸地上的風化作用，這是像泥盆紀危機時一樣的狀況，岩石風化讓磷分之類營養物質瘋狂灌注入海，餵得浮游生物爆炸性成長，造成氧氣耗盡的不健康環境。

「我們模擬過溫室效應氣候下的環境，也就是陸地上風化作用更劇烈、磷分流進大海成為養分的情況，」坎普說：「某種意義上這跟受汙染的池塘差不多。」

有毒的超級颶風

除了綠硫細菌如凶兆般在海洋現身，世界各地二疊紀末海洋地層露頭還能看到愚人金（黃鐵礦）微粒，洩漏出當初水體中充滿劇毒硫化氫的內情。

坎普提出一個跳躍性的想法，它認為硫化氫不只害死海水中任何接觸到它的動物，甚至也同時造成陸地生物大規模死亡。他在 2005 年發表文章，認為大型硫化氫氣泡可能浮上水面，飄離大海，將內容物散布在陸地上，用有毒的惡臭霧霾覆蓋地球，然後殺光所有東西。

後續的電腦模擬顯示這種海洋釋放毒氣的災難景象可能性並不大，坎普於是必須放棄這個想法，把其他致命機制放到前面來考慮。不過，他其實還沒完全放棄這個噩夢般的場景。

「我跟你說我最新的恐怖電影構想，」他說：「美國國家大氣研究中心（National Center for Atmospheric Research，NCAR）那些人有很厲害的模型，能推算出大氣日循環和年循環的結果，他們把二疊紀的情況放進去，結果生成超級颶風。」

這下慘了。

超級颶風是大小堪比大陸陸塊的地獄級颶風，風速可達每小時五百英里；只要大氣模型中海洋溫度被提高到史所未見的程度，它們就會突如其來現身。所謂「風速每小時五百英里」跟「海水溫度攝氏一百度」一樣幾乎超出人腦所能認知，這比起地球上最強的龍捲風內部最大風速每小時還要超出二百英里，只有核爆現場才能直接暫時生成這樣的風速。

「這些是天王級的颶風，能如入無人之地般侵入北極圈，威力無比。你要知道，它們的面積足以覆蓋整塊大陸。它們太大了，大到不可思議，而且還有天大力量能深入內陸。所以呢，有件事我一直想要試著要讓國家大氣研究中心那些人做做看，那就是讓一個這種東西橫越含有硫化氫的海洋，因為超級颶風一定會把硫化氫吸起來。」

恐怖電影的重點逐漸浮現。

「現在你有這些大颶風，不只是每小時五百英里的風速，裡頭還裝滿硫化氫，」他開始大笑，「『以及』二氧化碳。接下來你就看到這些含毒的超級颶風登上陸地。」

坎普一直笑，那是當一個人知道自己說的話既瘋狂且可怖但卻可能成真之下發出的緊張笑聲。

總之，當時海洋正快速酸化，這占了地表大部分面積的東西不但熱成三溫暖池，還徹底喪失溶解其中的氧氣。致命潮水含著濃濃二氧化碳與硫化氫滾滾而來，只要這兩種成分的其中一種就足以對生命大開殺戒。

俄國一大片地方轟然炸裂，被數英里深的熔岩密密覆蓋火山噴出神經毒氣與致命煙霧，頭頂上高處的臭氧層被鹵素碳化物拆得四分五裂，邀請死亡射線傾盆而下淋在地球表面。酸雨摧毀森林，荒涼地景上河流不再蜿蜒。二氧化碳濃度極高，全球暖化情況極為劇烈，地球大部分地方熱得連昆蟲也無法生存。現在，這裡又多了恍若來自異世界的超級颶風，內容物是有毒沼氣，雲層高度堆疊通天，能將整片大陸摧毀。

既然二疊紀末這些景象有的實在太過誇張，我問坎普：它們是否真的能拿來與現代相比。

「嗯，依據最佳的估計，我們今天往大氣裡灌送二氧化碳的速率至少十倍於二疊紀末，而速率是個大重點。現在我們正製造出一個很艱難的環境要求地球生命去適應，且我們弄出的變化速度可能比地球歷史上最糟糕的情況還要快十倍。」

「這是本日份的教訓，」他又笑了：「我會盡量不要表現得太過悲觀。」

第五章

三疊紀末大滅絕

二億一百萬年前

若有人曾不幸目睹二疊紀末那愈演愈烈的不可思議大難，大概都會覺得這是地球的末日；因此，「地球未來還有更多場大滅絕」一事聽起來竟成了美妙佳音。

既然地球上每一座潟湖、每一個洞窟、每一處隱密水塘、每一道深海峽谷裡那些生命力強韌且不起眼的住客並沒有完全遭到誅滅，這顆行星就仍然活著。確實，主要的幾場生物大滅絕發生之後，這顆行星都不只是活著，而且還以全新之姿傲然盛放；這就是三疊紀發生的事情（包括真實的「傲然盛放」）。地球歷史最低點之後又過數千萬年，飽受摧殘的超級大陸再度生意盎然，且還成為爬行動物傳奇時代的舞臺。只是好時光易逝，正如二疊紀末的故事，地球表面在三疊紀末再度開裂，將整個生物圈吞噬。

時間是事物保存最為冷酷無情的敵人，因此化石的存在本身就是奇蹟。地球歷史絕大部分都已被歲月抹滅、翻攪、摧毀。不過二億年前三疊紀這位行星殺手可不同，它的存在感並未因光陰而減損；三疊紀末生物大滅絕的元凶——消滅掉地球上四分之三生命的犯人，如今在紐約市的西曼哈頓任何建築物還能清清楚楚看見它。

話說回來，若要有生物大滅絕，那得先有生物可供滅絕；當世界被再度摧毀之前，這世界也得先從最悲慘的經歷中復原才行，此非易事。

雖然一個新而自信的世界，在三疊紀末得以建立；但在這個地質時代的開頭，地球的面貌還是被毀壞到認不出來的程度，令生物難以生存。就算度過了二疊紀末滔天大禍的高峰，這段時期想必看來仍有如行星地球彌留將死之際。生命出現的地方都被無所不在的克氏蛤所主宰，這是種發戰爭財的入侵者，至於樹木之類事物則奇異的消失了一千萬年。

過去學者認為，是二疊紀末天譴巨災那史無前例的規模使得災後復興極為緩慢拖延。如果你臉上受了一拳，你可能得花點時間勉強復原；但如果你是被一輛時速百英里的車撞上，要重新站起來的難度就更高了。

不過，最近的研究顯示，讓地球在「大死亡」之後一敗塗地的，或許並不只是二疊紀末生物滅絕的嚴重程度，而是因為那些嚴酷如異界的情況在三疊紀依然長期延續。

新的科學論文說起當時地球地獄般的景象時絲毫不加修飾：《科學》雜誌在 2012 年刊登一篇文章〈早期三疊紀溫室效應下的致命高熱〉（Lethally Hot Temperatures During the Early Triassic Greenhouse），出自中國地質大學地質學家孫亞東與同事，文中分析微型鰻魚狀生物的牙齒化石，得到結果是當時熱帶海面溫度維持將近攝氏四十度，而大部分海洋在數百萬年內都不利於生命生存。陸地上，這顆行星整片腹地毫無生機，承受著超過攝氏六十度的異常高溫。這種極度炎熱的情況，與三疊紀早期整個地球中段地區缺乏魚類化石，以及接近赤道的所有地方都沒了動物的情形相呼應。

實際上也有些發展稱得上是復原，例如魚龍這種像海豚的爬行動物出人意表地被演化出來，但這些發展都被排擠到兩極區域。史丹佛大學的佩因分析岩石中鈾同位素，顯示海洋缺氧在大滅絕後五百萬年間仍是長年為地球造成壓力的因素。殘酷的是，「大死亡」塵埃落定之後才過二百萬年，二疊紀末的少數倖存者就又面臨另一波主要滅絕事件。

盤古大陸搞壞了恆溫機制

複雜生命的歷史中，持續最久的悲慘時光就發生在史上唯一一次各大陸結合成超級大陸的時間裡，這或許並非巧合。盤古大陸那不尋常的模樣，可能搞壞了這顆行星的恆溫機制，讓它失去調節大氣中二氧化碳的能力。

儘管超級大陸的邊緣會風化而吸收二氧化碳，廣大的乾旱內陸基本上看不到一滴水，沒有水就沒有風化作用，沒有風化作用就表示地球最可靠的二氧化碳吸收機制已被破壞。

「當你在我們的氣候模型裡做出一片超級大陸，你就會得到乾燥的內陸地區，」坎普告訴我，「於是這些地區在那時候就變得對全球碳循環無甚貢獻，因為那裡沒有水可以風化岩石。所以說，嗯，你能想像在盤古大陸這種大陸性（continentality）很高的時代，火山爆發能讓二氧化碳調節器整個失靈，二氧化碳濃度一下子不受壓制的增長。」

結果，三疊紀早期成了個刑房般的熱爐。

其他一些主要會蒐集二氧化碳的地點是珊瑚礁與淺海海棚，珊瑚（在大滅絕之後則是微生物）在那裡把碳關進石灰岩裡，同時富含碳的浮游生物死後沉入海底，最終也會變成岩石。比起一座超級大陸，許許多多小型大陸加總起來擁有更長的海岸線，這是很簡單的幾何學。

愈長的海岸線就有愈多大陸棚空間，讓淺海生命能把碳埋起來。然而，二疊紀到三疊紀期間只有一片臃腫的超級大陸，它能製造出的這類空間顯然不足，生物碳泵就這樣被簡單幾何學給堵壞。結果呢？大氣中充塞更多二氧化碳，這顆行星無法自行降溫；再加上樹木、森林這些大型二氧化碳儲存槽在二疊紀後消失一千萬年，這下子根本沒有地方把過量的二氧化碳送走囤積起來。

無論如何，就算速度再慢，這顆行星終究會冷卻，生命也會蹣跚的重新起身前行。只是，三疊紀早期的地球依舊是個毀敗不堪的世界，盤古大陸熱帶地區的荒原也仍是死氣沉沉的貧瘠之地。

雨後的新世界

接下來，「大死亡」之後又過二千萬年，一件美好的事情終於發生：下雨了。

雨水落下，不停的下，不停不停的下。

恐龍現身，不久之後開了第一朵花[1]，鱷的祖先也隨之出現，同來的還有最早的正宗哺乳類。這場浸透全球的大洪水就是所謂的「喀尼階雨期」（Carnian Pluvial Event），是地球歷史上一場鮮少被研究但卻不同凡響的事件。此時洪水之門大開，乾裂大地終於在久旱之後迎來源源不絕的甘霖，被稱為「三疊紀地球綠化活動」。

但這場「綠化活動」並非全是福音，事實上它可能伴隨著另一場小型生物滅絕事件而來；陸地上許多體積笨重的爬行動物和二疊紀末沒有排隊進黃泉的傢伙似乎此時都不見了，清出空間來展開新世界。

海洋裡，身材修長的海生爬行動物「海龍」（thalattosaurs）在這次事件裡消失，菊石族群也再度遭受重創。但這不是什麼天塌下來的大事，芝加哥大學古生物學家賈布隆斯基（David Jablonski）曾對

1. 屬名為*Sanmiguelia*，但這種植物是否真為史上最早的開花植物仍有爭議。之後還要等待超過一億年，開花植物才會真正成為地球主角之一。

我這樣描述這群不斷在景氣與不景氣間擺盪的頭足動物：「只要你你給他臉色看，牠們就會滅絕給你看。」〕三疊紀海洋下還發生另一場規模較小的玄武岩溢流，殘跡至今可在英屬哥倫比亞海岸山脈上找到，此事或許對氣候的戲劇性變化出了某些力。盤古大陸當時稍稍往北漂移，說不定這也讓地球更加變成超級雨季的溫床。

到了三疊紀晚期，新秩序已經建立。鏟子頭的巨型兩棲類從水裡爬上溼透的傾倒蘇鐵，在氾濫平原沼地上曬太陽。這時候烏龜已經出場，還有飛在天上的某些小型翼龍，當然還少不了用兩條腿在森林裡昂首闊步的新角色：恐龍，只不過此時的恐龍體型仍小且數量頗稀。恐龍的時代還未降臨，沒落的單弓類與牠們的家族新成員哺乳類也尚未得到天時垂青，哺乳類要再等上一億多年才終於能夠君臨天下。

三疊紀世界的主宰者世系一直延續到今天，這支被廢下臺的王族仍生活在沼澤邊緣、在高爾夫球場上令人發毛的漫步著；然而，回到三疊紀世界，鱷類一族可是地球最高統治者。

到採石場搶救化石

我開車在維吉尼亞—北卡羅萊納州邊界的泥濘道路上顛簸而行，通過一個寫著「危險　礦坑工作中　閒人勿入」的告示牌，尋找三疊紀製造出來的這個新世界。

我跟著一輛客貨兩用車往前開，這部車在維吉尼亞自然史博物館（Virginia Museum of Natural History）賣命操勞了一輩子，因此車體鏽蝕不堪且坑坑洞洞。我們突然轉向駛離路面，閃避一隻三英尺高的獸腳類恐龍（亦稱為野生火雞，牠在車前嚇得猛跳，把自己跳成一團舞動的羽毛），然後把車開進索萊特採石場（Solite Quarry）的秤量間。建築物外頭是從採石場採下的一大塊岩石，上面有三趾恐龍留下的低調腳印（跟火雞的看來差不多），宣告化石紀錄界的超級巨星終於現身，以及牠們在三疊紀的卑微出身。

採石場最近易主，新老闆是個神創論者[2]，維吉尼亞自然史博物館於是開始十萬火急搶救這片舉世知名、高壽二億二千五百萬年的化石寶庫，以免那位對「古老地球」[3]說法不贊同的新地主，先一步把岩石炸開變成築路原料。幾個禮拜前，一名志願挖掘者把一輛貼著 COEXIST（由世界各大宗教符號組成）汽車貼紙的車輛開進場址，氣壞了礦場的福音派場主，也差點讓博物館自此被拒於礦場門外。

「他們還願意跟我們合作，我們真的覺得很幸運，但這裡面有很高張力。他們什麼時候會受不了？他們什麼時候會受不了？」博物館執行長開普（Joe Keiper）戴著安全帽巡視這片工業地景時很憂心地說。

「我有點緊張，因為過去幾個禮拜以來，他們一直在我們背後這片地區清理碎石，」他說，液壓怪獸在挖掘現場發出威嚇般的轟隆聲。「這表示他們在整理現場，我們在這裡能多一天，再多一天，然後再多一天，這都是老天保佑。」

開普花了一早上從岩石裡掘出一隻腔棘魚，我和其他兩位古生物學家則用地質槌和鑿子把數千年一層層遠古湖底沉積物剝下來，

2. 譯注：神創論者（creationist），指主張人類與其他生物都是由某種超自然力量或超自然生物所創造的思想，此處特指相信聖經〈創世紀〉中上帝創造人類萬物故事的基督教信仰。
3. 譯注：古老地球（old earth），基督教為了調和聖經說法與科學學說所提出的理論，認為聖經中看似簡短的時間描述其實是一段非常長的時期。

露出底下的植物以及成千上萬小型淡水蝦，偶爾還可看到水中游的一英尺長爬行動物。幾年前，這間博物館在這座採石場發現「飛蜥龍」(*Mecistotrachelos*)，這種古怪無比的小型爬行動物腋下生著奇特的皮質翅膀，翅膀骨架由肋骨延伸出來，中間以伸展開的皮膜相連[4]。這裡過去可能曾是三疊紀湖畔渡假勝地，牠就在空中滑翔著捕食小蟲；此地對牠來說食物充足，板岩底下二英尺深處就是所謂的昆蟲層。

這是世界上保存最完美的一個例子，讓我們得以一窺數百萬年前二疊紀末災後重建起來的蟲兒世界。「牠們已經在地下埋了二億二千五百萬年，可是你把這些小蟲帶回實驗室以後，你都還能數清楚牠們觸鬚的分節，甚至是觸鬚分節上的毛髮，這種保存狀況簡直是奇蹟。」開普說。

鱷類表親的昔日榮耀

三疊紀晚期，這類裂谷中的平靜湖泊從北卡羅萊納與維吉尼亞延伸到紐澤西和紐約市，一直分布到康乃狄克或甚至新斯科細亞。這個地區與今天的東非大裂谷是同樣的東西，東非地區與非洲大陸其他地方之間撕裂開來，「裂谷」的「裂」指的就是這回事，而坦干伊喀湖（Lake Tanganyika）和馬拉威湖（Lake Malawi）都是被安置在裂口裡。

三疊紀時，在北美東部海岸與非洲西北部海濱排排站的湖泊就像是打在盤古大陸中央的穿孔，超級大陸最終會沿這條虛線被

4. 就像現代東南亞地區的「飛蜥」(flying dragon)。

撕開。正因如此，美國東部與非洲西部的海岸線才會跑到今天的位置，兩地也共有湖生生物化石。超級大陸開始四分五裂時，海水灌入這些大裂谷，形成湖泊，並邀請一群陌生的鱷類表親前來這處三疊紀熱帶庇護所，造就一個奇怪的新世界。

對現代人而言，這些動物大部分看起來都不像鱷類，因為牠們的確不是現今的真鱷類；叫牠們鱷類就像是叫恐龍為鳥，是把長輩晚輩倒反過來了。的確，裡頭有些是用四足笨重行走，往前端變細的吻部裝滿利牙，跟今日鱷類差不多；但其他像新墨西哥州發現的靈鱷（*Effigia*）就是動作迅捷、身材修長、口中沒有牙齒（！），用兩隻後腳跑跳，還長著一雙幾乎派不上用場的粗短前肢。

還有其他的，像是波斯特鱷（*Postosuchus*）能與「侏羅紀公園」中體型過大的迅猛龍（*Velociraptor*）一較短長並勢均力敵。也有的身披華麗盔甲，像是鏈鱷（*Desmatosuchus*）這種幾乎有點像犰狳的植食者就穿著帶刺鎧甲，肩膀上突出兩根引人注意的角狀物。這種動物在德克薩斯大草原的氾濫平原與河流遊走，為什麼牠們沒能像劍龍那樣成功入侵每個六歲孩童的白日夢呢？這實在令人費解。

在三疊紀稱王的鱷類表親，牠們的光榮長期都被臣下恐龍一族所掩蓋（化石紀錄中的其他東西也都一樣），但現在終於開始得到應有的注意。我們在採石場展開挖掘活動數週之前，另一群來自北卡羅萊納州立大學（North Carolina State University）、在附近工作的古生物學家宣布發現所謂的「卡羅萊納屠夫」。這是種九英尺長的鱷類親戚，用後腿行走，在這些熱帶湖濱以卡羅萊納地區頂級掠食者的身分製造夢魘。

藝術家給這種動物的造型很恐怖，把牠畫成類似鱷類的大怪獸，身體前傾，張開血盆大口發出殺戮之吼。另一種剛進入科學界的鱷類親戚最近在北卡羅萊納州的羅里（Raleigh）附近出土，這位則包著鎧甲，脖子上繞著嚇人的帶刺項圈。

這些生物在此大型遠古湖泊系統中群聚一堂；在過去盤古大陸無窮無盡的內陸地區裡，這種地方是最遠離海洋且生物還能生存的孤立處所，直到這世界開始被撕裂為止。這裡可能算是盤古大陸的「飛越之地」（Flyover Country[5]），但它底下有個地球新風貌正逐漸開啟，那就是大西洋。

當盤古大陸這個國度終究在三疊紀末開始分裂，這世界於是又在鬼門關前走一遭。

終身獻給古生物的「古物奇兵」

哥倫比亞大學古生物學家歐爾森出生於曼哈頓，從小在紐澤西州長大。青少年時期，他曾在高聳石崖帕利塞德下方這一帶哈德遜河進行探索；玄武岩城寨巍然矗立，像是河對岸摩天大樓的宏偉岩石鏡像。

三疊紀末，一道規模宏大的裂隙，突然出現在大西洋地區縱跨赤道兩側裂隙中冒出大片熔岩。帕利塞德下面還有更多那時代較早期平靜裂谷湖底留下的沉積物（就像北卡羅萊納州那些一樣），歐爾森就在這裡尋覓那個失落世界的遺物，伴隨喬治華盛頓大橋鋼梁上傳來的不絕車聲。當年那個自學的化石蒐集家，就在岩壁的陰影下，從大都會河岸裡挖出遠古爬行動物與魚類遺骸。

5. 譯注：飛越之地（Flyover Country），指美國中西部地區，因為美國東西兩岸較繁榮，故稱搭機往返兩岸時飛過不降落的地區為「飛越之地」。

1970年，歐爾森少年早熟的古生物學能力，逐漸在高中學生之間引起注意。他成功發起請願活動，寫信給尼克森總統要求他保護住家附近一處富藏化石的廢棄採石場，此事為十七歲的他贏得《生活》雜誌的跨頁報導。

尼克森某些幕僚反對將採石場重劃為地標〔現在是「華特凱德恐龍公園」（Walter Kidde Dinosaur Park）〕，他們希望總統別太跟這名青少年打交道；薩菲爾（William Safire）和布坎南（Pat Buchanan）在給總統的備忘錄中潦草寫下「這樣太容易被人拿來開『尼安德塔翼』（the Neanderthal Wing[6]）之類的玩笑。」

四十年後，歐爾森已是滿頭濃密白髮，留著相襯的濃密八字鬍，但他年輕時那用不完的精力至今猶在，他在最不疑處發現化石遺址的天分也依舊靈光（我去的那個在維吉尼亞—北卡羅萊納交界處的化石天堂索萊特採石場也是他發現的）。生物大滅絕、令人頭暈目眩的時間幅度，歐爾森與這些東西打交道時是帶著種輕鬆愉快的態度在進行工作。他興奮的用一品脫啤酒向我展示地球歷史的年代表，其中動物出現以來的時間只占了酒液上頭泡沫的量。

在他入行早期，歐爾森和其他古生物學家一樣都不敢確定三疊紀末是否曾有過大滅絕，因為化石紀錄太過模糊。如果三疊紀鱷類世界確實消失了，許多古生物學家認為這就是生存競爭的結果，恐龍因為表現較佳所以成為贏家，主宰之後來臨的數個地質時代。

但愈來愈多研究結果證實，不只陸上與海中物種大量絕跡，而

6. 譯注：尼安德塔翼（the Neanderthal Wing），指黨派內部的極右翼。

且發生得突如其來，於是歐爾森也終於相信大滅絕的真實性。如同一億三千五百萬年後哺乳類繼承地球，恐龍要上臺也需要先在三疊紀末亂世裡粗暴推翻現任掌權者（在這場子裡就是鱷類表親了），之後牠們才能接掌世界。

基於這場生物大滅絕那顯而易見的急遽性，歐爾森在 1990 年代與 2000 年代初期發表數篇文章，指控一個當時很流行的嫌犯：天外來的死神；而這嫌犯的身分似乎呼之欲出。

三疊紀的眾生相

魁北克曼尼古根（Manicouagan）有一處環狀湖泊系統，構成一個六十二英里寬、幾近完美的圓形，從國際太空站上清晰可見。這個隕石坑確實是由一場災難性的隕石撞擊所造成，但後來人們發現這顆隕石是在三疊紀生物大滅絕之前一千四百萬年前撞上地球，而那段時間相對來講頗為太平。

這顆小行星體積並不比消滅恐龍的那顆小多少，但撞到地球之後卻幾乎沒發生影響，這令從小在阿瓦雷茲小行星撞擊假說（也就是說地球生命能在數分鐘內被天降橫禍夷滅，而非在長久地質年代中逐漸被剷除；這說法過去曾遭鄙視，現已得到平反）長長暗影之下生長的一代古生物學家驚異萬分。

「這裡有個大隕石坑，它……本來估計造成它的小行星應該大到足以殺死地球上四分之一到三分之一的物種，但我們什麼都沒發現！」瓦爾德寫道，「什麼都沒發生！小行星撞擊的致命程度或許被高估了。」

歐爾森開始往別處尋找三疊紀的死神；但同一時間，他位於紐約帕利塞德（Palisade[7]）拉蒙—多爾蒂地球觀測所（Lamont-Doherty Earth Observatory）的辦公室，就在他年少時探索過的那片懸崖上方，而辦公室裡的他，其實屁股底下就正好是他那神龍見首不見尾的行星殺手，他卻長久以來渾然不覺。

三疊紀的紐約市在數百萬年以來，生命跟隨著這顆行星不疾不徐的步調，如夢般度過爬行動物年代的青春歲月，對即將到來的大麻煩絲毫沒有察覺。二十英尺長、像鱷類般的「鱷龍」（*Rutiodons*）從紐華克滑進水裡，身上裝備著長而靈巧的吻部，用來像筷子一樣挑出熱帶湖魚和淡水鯊魚。牠們會湧上摩洛哥的泥岸享受午後小憩，把一群膽小的恐龍嚇得撒開兩腿跑過湖畔木賊叢竄逃。

但也不是所有動物都這麼乖乖聽話，那些體積龐大、脾氣惡劣、頭部像是又寬又平小煎鍋的兩棲類就會據守陣地，從喉嚨發出幾聲呻吟來表達不悅，然後才勉勉強強願意與人分享岸邊空間。夕陽西下，腋下長出翅膀的小型爬行動物會從湖畔蘇鐵樹上一躍而下，滑翔著衝入從湖邊沼地飛起的嗡嗡作響飛蟲群裡。等到太陽隱沒入紐澤西高地那稜稜角角的山峰後面，體積如整塊吐司、長相類似蟋蟀的蟲兒就會發出震耳欲聾的唧唧聲，在針葉樹搭起的大教堂裡單調迴響，水面上可聞回音。

當盤古大陸開裂，這幅眾生相底下的板塊也就逐漸變薄，就像被拉長的太妃糖那樣。地球地函裡巨大、有可塑性熔融物往表面衝，最終引致「地球上大部分動物遭到殺害」這個不可避免的後果。盤古大陸逐漸分裂已有三千萬年，始終未曾出過意外，但這一切即將大事不妙。

7. 譯注：這裡的帕利塞德是行政區名稱。

都會中的大滅絕遺跡

我在歐爾森的辦公室裡與他碰面，他把我塞進他的豐田小卡車然後發動引擎。他工作的領域裡一百萬年看來只如過眼一瞬，但他開車的態度卻好像時間快要耗盡。

「這部車對我鞠躬盡瘁，」當我們在帕利塞德園道上不斷兇狠超車時，他這樣對我說。我們把車停在崖底，遠方鸛鳥忙著占滿世界貿易中心一號大樓頂部，悶悶的嗡嗡聲在河流上飄蕩，但這裡與對岸的摩天大樓之間有哈德遜河隔開，是個平靜的地方。傲立在我們面前的，是不受人們重視的玄武岩排廈，被入侵的樗樹枝椏與鹽膚木遮蔽，也被「我愛潔西卡」以及青少年幫派誓詞等退色噴漆所覆蓋。

我之前來紐約市的時候，曾經從河的對岸看過這道高聳火山岩牆不下百次，遠方的它總能讓我嘆為觀止，就像每個人面對壯闊景色時感覺到的那種隱約而不深刻的敬畏。這景象的壯麗氣氛並未因地質學的鬼故事而被解構失色，反而為它的力量更添一股令人暈眩的美，並使這座懸崖看來對周圍如蜂喧鬧的人類活動多了種冷峻態度。

「人們知道的時候都很驚訝，原來紐約市隔壁就有世界級的重要東西。」對於這座有如澡盆邊緣陣列於哈德遜河畔的巨崖，歐爾森有這樣的評價。數十年來，帕利塞德吸引了哈德遜畫派[8]畫家和垂涎三尺的地產開發商，但它如今已成為研究生物大滅絕的學術聖地。

8. 譯注：哈德遜畫派（Hudson River School），十九世紀中葉美國風景畫派，受歐陸浪漫運動影響，題材主要是哈德遜河沿岸風景，因而得名。

除非你拿到國家科學基金會（National Science Foundation）的補助（或是你擁有一艘搖搖晃晃的俄國家庭自製船），否則極少人能夠親眼見到摧毀二疊紀世界的西伯利亞玄武岩中最壯觀的露頭。至於消滅恐龍的那座隕石坑，由於它深埋在墨西哥數百萬年海洋石灰岩底下，能看到的人就更少了。

然而，清空三疊紀世界的大陸玄武岩溢流既不偏遠也未被掩蓋，反而是房地產開發商眼中肥肉；情況嚴重到讓紐澤西四位州長最近在《紐約時報》上合寫一篇專欄〈受威脅的帕利塞德〉，討論快速發展的市郊會侵占這些火山懸崖（如果他們生在二億一百萬年前，這篇專欄標題鐵定會變成〈帕利塞德的威脅〉）。

離散各地的「帕利塞德」

這些石崖過去曾是地底巨大熔岩通道，將熾熱噴泉往更西方吐送，鑄造出今天紐澤西北部的華昌山脈（Watchung Mountains），以厚重的同心玄武岩波席捲整個州。打開 Google 地圖看看當地地貌，基本上就是你想像中洞口滲溢冒泡岩漿流過大地的畫面。

如今這些遠古岩漿堆已成綠色，市郊那些為出售而細分的土地如斑點散布其上。只有開過八十號州際公路邊道的駕駛人，才能清楚看見它的斜坡地形在紐澤西派特森市附近投下陰影。這道陰影籠罩在大型量販店、商業大樓區、以及底下的停車場上頭。

這場噴發結束時，為這些大規模噴發輸送原料的地底火山管線也隨之凍結，帕利塞德是它們後來從地裡翹起並受侵蝕的結果，向任一個知情人士揭示著三疊紀末火山活動的龐然規模。這裡，以及其他噴發地點，曾用熔岩把撕裂中的超級大陸覆蓋起來，面積等於月球表面的三分之一。這裡被稱為「中大西洋岩漿省」(Central Atlantic Magnetic Province,簡稱 CAMP),是三疊紀對西伯利亞玄武岩的挑戰之作。

這次火山活動製造出多處與帕利塞德相似的地景,地點遠達法國、巴西,和摩洛哥,這些地方過去都曾與紐澤西比鄰,現在則擁有和北非亞特拉斯山脈(Atlas Mountains)相同的、一片片拔地而起的層疊玄武岩。

2013 年,歐爾森和布萊克本(Terrence Blackburn,當時是麻省理工學院博士候選人),領導一支團隊前往歐爾森年輕時尋找化石的這片如畫岩壁,將它的生成年代精確定在三疊紀末生物大滅絕時期。他們分析的是摩洛哥與緬因州芬迪灣(Bay of Fundy)的岩心,其中還有一根岩心是從喬治華盛頓大橋分叉出的旋繞高架道路下所取得。

板塊分裂與大滅絕

依據歐爾森測得的結果,大滅絕不只與中大西洋岩漿省出現的時代相同,而且以地質學眼光看來這場大滅絕幾乎是發生在一瞬間。他的團隊使用精確程度史無前例的放射性定年法,測定出地球板塊首度大分裂是在二億一百五十六萬年前,恰好就是大滅絕降臨全球的時刻,接下來六十萬年之內,間斷著發生四度短暫大陸玄武岩溢流。

歐爾森的創意是應用他在天文物理的知識來解讀化石紀錄,藉此更進一步探究這場大災難。我們雖說北極星是天空中永恆不變的標的,但由於地軸以幾不可見的程度晃動,數千年歲月中北極星確實曾替換過幾任不同星辰。

當這顆行星搖搖晃晃，地表不同區域照到的日光量也有所改變；對熱帶附近居民來說，此事後果可能是讓家園從季風氣候變成更乾燥的氣候。因為這樣，湖泊大略以兩萬年為週期變深或變淺，不斷不斷改變。湖水較淺時，湖裡留下的沉積岩與湖水較深時大為不同，前者是紅色泥岩，裡面有動物腳印和樹根殘骸；後者是薄層的黑色岩石，裡面有保存極為良好的魚類化石。

「湖泊沉積岩就像是用色碼標記的雨量計，」歐爾森說。三疊紀末這些裂谷湖泊底下生成的沉積岩，乍看之下真如一匹紅黑相間的泡泡紗[9]，為這顆行星規律性的抖顫留下證據。

歐爾森認定第一波、也是破壞力最強的一波大滅絕就發生在這其中的特定某一層之內，進行時間可能少於兩萬年，這在地質史上不過一眨眼的時間。除非哪天我們發明了時光旅行，否則這就可說是我們對這場災難能得到的最高解析度。

這場事件在令人驚恐的極短時間內消滅地球上四分之三的動物生命，終結三疊紀，並迅速的將古老鱷類族裔趕下臺，使牠們短暫霸業倏地化為雲煙。

大滅絕塑造了古戰場

直到我與歐爾森一同往帕利塞德走一趟，我才開始領略到三疊紀末火山活動的規模有多麼不可思議，並開始處處看見這個無所不在的玄武岩遺跡。

9. 譯注：泡泡紗（seersucker），一種外觀呈現條狀皺褶的棉布料。

開車路過康乃狄克州紐海文，我注意到東岩（East Rock）那光禿禿沒有樹木的陡峭壁面巍然傲視城市，那樣子怎麼看怎麼像玄武岩。它的確是玄武岩，且它也如意料之中的是生成於三疊紀—侏羅紀之交。我在加拿大芬迪灣參加一場北大西洋露脊鯨（North Atlantic right whale）調查活動，原來的目的是要做海洋相關報導，但當我們慢慢經過大馬南島（Grand Manan Island）的聳立斷崖時，它們壯偉陡峭的樣貌與帕利塞德幾乎一模一樣。果不其然，在我回家後，Google 搜尋很快告訴我這些巨型峭壁是在二億年前由熔岩生成。

這場大滅絕留下的末日地質特徵不僅塑造了賓州蓋茨堡[10]古戰場最主要的地形景觀，更在這場決定性戰役的進程本身起到關鍵性作用；「皮克特衝鋒」[11]迎接敗亡命運的地點，那道墓地山脊（Cemetery Ridge）緩坡，正是由底下三疊紀末火山活動的熔岩通道造成，巨大玄武岩岩層構成整座戰場的地貌。

此地小圓頂（Little Round Top）也是遠古熔岩堆，北軍上校張伯倫[12]在此成功阻擋南軍攻勢，五百碼外「惡魔巢」（Devil's Den）的三疊紀末玄武岩遊樂場中有狙擊手隱身低伏。戰場中交織著一道道用熔岩碎塊堆砌的石牆，1863 年 7 月 3 日，這些牆上都掛滿了一身彈孔的陣亡士兵。

戰場北側的麥克佛森山脊（McPherson Ridge）被鐵路切割穿過，沿著鐵道走，就能看見被三疊紀末火山活動搞得天翻地覆之前

10. 譯注：賓州蓋茨堡（Gettysburg），美國南北戰爭期間「蓋茨堡會戰」（1983年7月）的地點。
11. 譯注：皮克特衝鋒（Pickett's charge），蓋茨堡會戰中南軍發起的衝鋒作戰，最後失敗並獲致慘重傷亡。
12. 譯注：張伯倫（Joshua Chamberlain, 1828-1914），美國大學教授，南北戰爭期間自願從軍。

的祥和世界；與這裡相同的寧靜湖泊沉積岩散落分布在東海岸各處，往北往南都有。茂梅溪（Plum Run Creek）溪水在蓋茨堡戰役第二天被鮮血染紅，從此有了「茂血溪」（Bloody Run）的諢號；橫跨溪面的橋由當地開採的砂岩搭成，岩塊上壓印著三疊紀恐龍的不起眼腳印，大小還比不上你的手掌。

無處不在的玄武岩不僅是美國東北部的特徵，也是北非、歐洲，以及亞馬遜河流域共通特質。總之，三疊紀末那場大陸玄武岩溢流，在今天總共覆蓋超過四百萬平方英里的面積。

「我們說的是行星規模的火山活動，」歐爾森說。

又是二氧化碳搞的鬼

三疊紀將盡，地球被撕裂開來，用岩漿灌滿各處谷地，此時紐華克那幅靜好湖畔風情畫也被塗改為火湖景象。地表出現長達數百英里的裂隙，從長島海灣（Long Island Sound）到魁北克、從茅利塔尼亞到摩洛哥、也在亞馬遜河底下延伸將近二百英里；沿著這些裂隙，液態岩石一陣陣往空中噴湧，泉柱可能高達一英里，留下整片冒著煙的黑石荒原。但是，在三疊紀末生物大滅絕的當下，毀滅整顆行星的並非這種程度極端但僅發生於某些區域的大難，而是地殼構造大翻轉時排放出來的火山氣體。

「我們發現某些事情與這場滅絕有關，其中一個就是二氧化碳含量大幅上升，」歐爾森如此說。同樣的問題再度出現。

植物化石證實當時二氧化碳濃度直直飆升。植物從葉片表面的微小氣孔吸進二氧化碳，氣孔愈多呼吸就愈順暢，但相對也會付出代價，那就是這種植物更容易喪失水分而乾死；因此植物總將氣孔數量控制在最低限度，剛剛好足夠進行呼吸，但絕不超過必須的量。

在二氧化碳濃度高的時期，它們一口口吸著富含二氧化碳的空氣，因此需要的氣孔數量也就更少。都柏林大學學院（University College Dublin）古植物學家麥艾爾汶（Jennifer McElwain）研究二億年前的植物化石，發現遠古樹葉的氣孔數量在三疊紀末生物大滅絕期間直線下降，這變化是配合二氧化碳洪潮而出現，成因明顯是火山氣體。和二疊紀末一樣，這場大滅絕期間的碳同位素紀錄也有明顯偏移，同樣顯示有巨量的碳被排放入大氣中。

「二氧化碳隨時間變化的幅度非常恐怖，百分之百的恐怖，」歐爾森說。「我們知道它至少增加了一倍，甚至可能高達兩倍。我們認為二氧化碳每增加一倍，就會造成平均氣溫上升大約攝氏三度。聽起來好像不多，但其實冰期與現代氣候的差別也就這麼大。這個數字非常可觀，且它將極端的狀況變得更極端。我們昨天在死谷（Death Valley）測得北美洲六月有紀錄以來最熱的氣溫，這八成不是巧合。」

換言之，對於三疊紀的生物來說，牠們所住的地球已經偏暖，而攝氏三度的氣溫變化可能就是生死之別。作為對照，政府間氣候變遷委員會（International Panel on Climate Change，簡稱 IPCC）以一般情況下二氧化碳排放量進行預測，認為本世紀末全球氣溫將會上升五度。

歐爾森和其他古生物學家在大滅絕岩層裡〔比方說紐澤西州克里夫頓（Clifton）一間老人安養院後頭發現的岩石〕發現了遠古植物殘骸，甚至還有花粉粒子，它們全都顯示當時植物世界深受氣候劇變所撼動。

花粉這種看似稍縱即逝的東西竟能保存數億年，這事乍聽令人嘖嘖稱奇，但花粉其實是地球上最能耐久的生物結構之一。古植物學家格倫（Alan Graham）曾這樣寫道，「如果將一把榔頭、一條腳踏車鍊、一把鉗子和一粒花粉放在鋁製鍋子裡跟氫氟酸一起加熱七天。金屬器物都會被分解或者嚴重腐蝕，但花粉壁基本上不會產生任何變化。」

「熱帶地區植群的多樣性整個被消滅，這是生物大滅絕那時候發生的事情之一，」歐爾森說，

三疊紀的紐澤西，多采多姿的熱帶植物世界一夕傾覆，霎時間單一樹種取而代之成為世界霸主，霸權延續長達數百萬年；依據歐爾森的說法，這種樹有著柏樹那般短而粗硬的葉子。「它八成是種酷熱環境求生專家，」他說。

這場史前氣候變化的受害者不只是植物。回到他在拉蒙—多爾蒂地球觀測所那堆滿化石的辦公室裡，歐爾森將動物領域所受毀壞的殘痕呈現給我看。他會因工作必須遠行，足跡到達中國西部這麼遙遠的地方，但其實此地三州交界處已擁有世界上藏量最豐的幾個化石遺址。

他從自己收藏的大量當地岩石標本中翻找出一系列遠古動物腳印給我看，這是他和十二歲的兒子在離辦公室不遠的哈德遜河河岸找到的東西。這些腳印闡釋了古代鱷類表親與恐龍在大滅絕前後所經歷的演化運勢反轉，令人心驚。

生物大滅絕之前，可以見到兇猛勞氏鱷（rauisuchains）那大到誇張的五趾腳印，這種體型龐然、運動能力強的鱷類親戚長得不像鱷類，反而更像披著鱗片的老虎，牠是當時君臨天下的掠食者。「你看看，這動物的大小幾乎是當時大部分恐龍的三倍，」歐爾森說。

生物大滅絕之後，兩者比例一下子倒轉，替補上來的恐龍很快發展成大眾慣常想像的那般碩大體格，留下巨型三趾足印。這種情況會持續超過一億三千五百萬年。在此同時，只有最小最弱的鱷類能夠存活到侏羅紀，牠們成了一支在滅絕邊緣掙扎的弱勢族群。

「大滅絕後的某些鱷類親戚長得真的很可愛，」歐爾森說。「說實話，牠們一定非常非常惹人疼，幾乎像小狗一樣。只不過會被我們認出是鱷類的大傢伙沒有一個活過大滅絕。牠們在侏羅紀得重新發展新的生活方式。」

三疊紀末大滅絕的災情不如二疊紀末那般慘重至極，但它似乎也算得上是場具體而微的「大死亡」，火山將大量碳灌進大氣，其結果是致命的超級溫室效應。另一方面，三疊紀末生物大滅絕或許會是預示人類未來數百年命運的慘烈模板。

「這些噴發的速率，恰好能與現代全球暖化與海洋酸化的情況相比擬。」歐爾森說。

韌命的牙形石也逃不過浩劫

三疊紀進入尾聲，證據顯示不僅陸地上出現熱浪，海洋裡也降臨浩劫。「大死亡」之後，雙殼貝（即蛤蜊、扇貝和牡蠣這類生物）大致取代腕足動物成為海中主角，標誌著海洋生態系一場不起眼卻具有劃時代意義的轉變。然而這些雙殼貝有一半將在三疊紀末滅絕，牠們那些長得像烏賊的有殼親戚菊石類也再度從化石紀錄裡銷聲匿跡（以牠們典型「我是溫室裡的嬌花」的方式），連時髦的新物種魚龍（ichthyosaur）也遭翦除。

許多海洋生物都過不了三疊紀末生物大滅絕這一關，其中最奇特的恐怕是著名而充滿謎團的牙形石[13]。牙形石最出名的就是牠們口中細小的齒，模樣帶著某種怪異巴洛克風格，《紐約客》作家麥菲（John McPhee）曾將其描述為「看似狼頷，其他的又像是鯊齒、箭鏃、鋸齒狀的蜥蜴脊椎片段；看來並不醜惡，反倒有種不對稱的、「俯拾之物」[14]那般的動人之處。」

這些纖細尖齒有趣之處有二：第一，它們對石油公司而言不可或缺。牙形石只要受熱就會變色，能指出岩石中的「油窗」地帶[15]，也就是最適於生成石油的環境。

第二，過去一百五十年來沒人搞得清楚這些小玩意究竟是啥，它們的神祕身分足以激發科學史專家奈爾（Simon Knell）寫下這段（不帶諷刺性的）文字，說牙形石的真身已經成為古生物學家眼中「神話裡的傳說事物，是亞瑟王的石中劍，所有來者都要在此測試一下自己的智識能力。」

近來的復原圖都把這些刺刺的小東西擺進長得像鰻魚的怪異生物口中，裝在看似史坦．溫斯頓[16]怪物工作室出品的兇殘齒輪裝置上。牙形石跟三葉蟲一樣善於在各種情況下生存，將近三億年的化石紀錄遍布牠的身影，甚至連「大死亡」都打不倒牠。牙形石的成功延續無盡歲月，但卻在接下來的三疊紀末突然不見，只留下牠們奇形怪狀的頷部。

13. 譯注：牙形石（conodont），指的是各種具有尖齒或鋸齒狀物的古代生物的部分遺體。
14. 譯注：俯拾之物（objet-trouvé），現代藝術裡以各種傳統不被視為藝術創作媒材的物品來製作藝術品的手法，例如家具、舊貨、垃圾等，這類物品被稱為 objet-trouvé。
15. 譯注：油窗地帶（oil window），指溫度介於攝氏九十度到一百六十度之間的環境。
16. 譯注：史坦．溫斯頓（Stan Winston, 1946-2008），美國電視電影特效化妝師，作品包括「侏羅紀公園」「異形」等。

「牙形石跟上帝一樣，」德國古生物學家齊格勒（Willi Ziegler）曾有此妙想：「牠們無所不在。」直到有一天牠們不再存在。

珊瑚的厄運重演了

話說回來，三疊紀末大滅絕時，海洋裡所發生最了不得的大事其實是珊瑚全面遭到摧毀。

「珊瑚礁幾乎完完全全滅絕，」歐爾森說：「在這場大滅絕中，牠們根本就從這顆行星上整個消失。」

德州大學奧斯汀分校（University of Texas-Austin）古生物學家馬亭戴爾（Rowan Martindale）的研究室裝飾著來自世界各地古老珊瑚礁岩塊，包括一塊從瓜達魯普山脈鑿下來的二疊紀海綿。她的工作是追蹤珊瑚礁在整本地球歷史裡的命運，故事裡有令人炫目的暴起，也有一敗塗地的暴落，兩者都曾在三疊紀上演。

珊瑚礁在五大滅絕事件中都元氣大傷，但三疊紀最末這場珊瑚礁浩劫特別引人矚目，因為它發生在地球歷史上最驚人的造礁大躍進時代之後。

「珊瑚礁在三疊紀最晚期發展得非常好，最經典的作品就是德奧阿爾卑斯山脈，」馬亭戴爾如是說。馬亭戴爾在童話故事般的山中完成博士研究，這些山陵大部分都是當初形成的珊瑚礁；那時歐洲位於盤古大陸東岸，擁著熱帶的特提斯海（Tethys Sea，又稱古地中海）。環繞薩爾茲堡的峰嶺中，或許還生動的繚繞「真善美」主題曲「音樂之聲」，但同時也埋藏著三疊紀末生物大滅絕最終受害者的死氣沉沉。

「在三疊紀—侏羅紀交界處，接下來三十萬年間岩石紀錄裡一點點珊瑚礁或珊瑚的影子都沒有，」馬亭戴爾說。

雖然這已是二億年前往事，但三疊紀結尾珊瑚礁被全面清除的慘況，卻在二十一世紀響起陰鬱回音。

「三疊紀—侏羅紀事件最厲害的地方，就是這是現代珊瑚遭受過最嚴重的打擊，」馬亭戴爾說：「此事非同小可。」

泥盆紀的巨大珊瑚礁、高聳在德州的二疊紀石灰岩，這些地球歷史上更早、更古老的珊瑚系統都是另一顆不同行星留下來的殘跡，裡面有海綿、腕足動物、大型方解石角狀物和蜂巢狀物拼成的怪異百衲被，被鈣化藻類固著在一起。

然而，三疊紀代表現代珊瑚礁的誕生；今天從佛羅里達到雪梨的珊瑚礁都是由石珊瑚構成，這種珊瑚在三疊紀首度現身，但接下來差一點就從化石紀錄裡徹底被抹消。

有如重新上映的二疊紀末事件，這個大型死亡現場的肇事犯人令人倍覺可怖：大量二氧化碳從紐澤西與其他地方被噴吐注入空氣，造成化學連環效應，使海洋變得更暖、更缺氧也更酸。

「基本上就是珊瑚礁系統大規模崩毀，」馬亭戴爾說：「如果你是三疊紀末珊瑚礁居民，那你大概逃不掉滅絕命運。」同樣的話或許也能用在今日，只看未來數十年進展如何。

「今年稍早我去土克凱可群島（Turk and Caicos）的凱可海洋臺地（Caicos platform），看了被說是『神奇珊瑚礁』的那些地方，」她說：「他們剛挖出一條新水道給旅館船隻使用，下頭什麼都死了，非常糟糕。」

若要瞭解三疊紀末海洋裡發生了什麼事，現代珊瑚礁系統很有參考價值；從 1980 年代早期以來，這套系統已經萎縮可能有 30% 的規模（這在地質史上是如瞬間雷殛般的恐怖速度）。過去二十年來，珊瑚生長速率下降 20%，破壞力極強的白化現象（珊瑚依靠寄生於體內的微生物來提供養分，水溫升高會使珊瑚失去這些共生的微生物）成為常態。

人類目前正以每年 2 ppm 的速率提高大氣中二氧化碳濃度，如果這股趨勢繼續下去，海洋繼續酸化，依據權威性研究的估計，世界各地的珊瑚礁到了本世紀中葉「將變成迅速消蝕的亂石海岸」。浮潛泳客若在三疊紀末生物大滅絕後珊瑚礁區潛水，就能目睹人類世界這幅未來景象，曾經閃耀生意盎然霓虹光彩的珊瑚礁都成了破碎黏滑殘骸。

海洋酸化逼死珊瑚

如前所述，現代海洋自工業革命以來已因大氣二氧化碳濃度變動而產生反應，酸度比起原來增加 30%。蛤蜊殼、珊瑚骨骼，和許多種類的浮游生物，甚至是烏賊頭部的加速器官，這些都由碳酸鈣構成。碳酸鈣也有些我們比較熟悉的應用，包括製作制酸劑或粉筆，或許你還記得小學自然科學課程把一段粉筆放進酸液的實驗。

然而，現在的海洋不僅因為吸收大量二氧化碳而酸化，且其內部化學環境的變化也讓海洋中的碳酸鹽變成碳酸氫鹽，而碳酸氫鹽在生物學上毫無用處，海中動物因此難以取得碳酸鹽來建造自己的外殼或內骨骼。政客們面對二氧化碳過多的情況還在猶豫不決，但呈現在眼前的就只是簡單的基礎化學而已。

珊瑚在酸性高、碳酸鹽含量低的水中很難進行鈣化，牠們會變得密度較低、更為易碎，於是也更容易受到風暴和掠食者損害。牠們必須花費更多能量才能製造出比原來還脆弱的骨骼，把原本用來進行繁殖的資源都給消耗掉。

2007 年昆士蘭大學（University of Queensland）侯古德堡（Ove Hoegh-Guldberg）領導的研究團隊估計「在〔二氧化碳濃度〕達到 450 到 500 ppm 之間的時候，珊瑚侵蝕的速度將超過鈣化速度。」也就是說，珊瑚礁會真正開始步向毀滅，依靠珊瑚礁生活的各種生物也一樣。

以目前的碳排放量趨勢看來，我們大概在本世紀中期就會達到這個臨界點。令人灰心的是，侯古德堡和他的同事竟然採用政府間氣候變遷委員會所發布二氧化碳排放量預測的低端數值。換句話說，國際氣候協商活動中正式提出的最樂觀的場面，是一個全世界珊瑚礁大概都會在本世紀中被摧毀的場面。

侯古德堡還注意到，二氧化碳濃度超過 500 ppm 之後珊瑚就會整個停止生長；那些比較悲觀的預測認為本世紀末二氧化碳排放量會達到 600 到 1000 ppm，侯古德堡等人對此的形容十分具有暗示性，「讓人想都不敢想」[17]。

除此之外，珊瑚還對氣溫變化特別敏感；許多種類的珊瑚無法在低溫下生存，但如果海水變得太暖，牠們也會出現致命的白化現象。稱為「蟲黃藻」（zooxanthellae）的微生物住在造礁珊瑚上（珊瑚在三疊紀時首度徵召它們成為共生體），珊瑚仰賴它們進行光合作用來提供養分。如果某段時期水溫異常升高，共生藻就會從助手變成貨真價實的毒手，專家認為珊瑚是在萬不得已之下將它們驅走

17. 珊瑚能在中生代較高的二氧化碳濃度下生存，這可能成為質疑者攻擊的箭靶。侯古德堡等人解釋：「雖然現代的珊瑚發源自二氧化碳含量更高的三疊紀中期，卻沒有證據顯示它們居住的水域碳酸鹽的飽和度低 ……是大氣中二氧化碳沒有緩衝的快速增加，造成相關的重大改變，例如海水中碳酸鹽離子、pH 值及碳酸鹽飽和度的下降，問題並不在大氣中二氧化碳濃度的絕對值。」

以自保。這種狀況被稱為「白化」，名副其實；看看一座發生白化現象的珊瑚礁，就是一幅白如沙漠枯骨的碳酸鈣全景。

對珊瑚來說，白化是種自我急救的手段；那些從白化事件裡存活下來的少數珊瑚群落通常只剩下當年繁花似錦的蕭條殘影，且對未來降臨的危機更乏抵抗能力。擁有數百年歷史的珊瑚群落核心顯示，過去數十年間四處殘害珊瑚的白化現象是過去數千年所未見（例如 2015 年造成佛羅里達與夏威夷群島珊瑚礁慘重傷害的恐怖白化事件）。

更有甚者，這種現象在未來只可能更嚴重。長年受到摧殘的珊瑚可能缺乏移動到高處的能力，於是在海平面上升的情況下慘遭『溺斃』，因為提供牠們養分的共生微生物無法在較深較暗的水下進行光合作用。不單單是以上這些危機，還要加上過度捕撈和汙染，這下我們知道某位生態學家為什麼會稱全世界的珊瑚礁是個「殭屍生態系」，而這生態系裡可是海洋中 25% 生物物種的養育者。

「我們圈子裡很擔心珊瑚礁未來五十年內會變成怎樣，」馬亭戴爾說：「有人在討論說我們是不是該直接開始冷凍珊瑚組織加以保存。」

不幸的是，珊瑚礁一旦消失，取而代之的東西可沒那麼賞心悅目。昆士蘭大學生物學家潘多菲（John Pandolfi）的說法是：全世界的珊瑚礁正處在一道「通往黏泥的陡坡上」，放眼望去淨是覆滿綠色汙泥、了無生機的廢土丘景象。

「某些珊瑚礁已經開始轉換為肉質藻（fleshy algae）的天下，」馬亭戴爾如是說：「重點來了。就溫度變化與酸鹼值變化來說，依照我們對未來的預測，我要表達的是：珊瑚礁以後在這世界上很難繼續存在。」

雖然到目前為止世界各地珊瑚礁的災情多由入侵物種、汙染，以及過度捕撈所造成（馬亭戴爾說「佛羅里達的珊瑚礁已經算是被消滅了」），但下一個世紀即將出現的海洋化學環境轉變，以及由此所致的珊瑚礁大規模毀滅，將會是地球歷史上極其罕見的大災難。直到過去十年左右，科學界才真正看清海洋酸化的恐怖真相；那些看得懂化石紀錄並且關心海洋未來的人，對海洋酸化感到的憂慮甚至超過全球暖化。

某天，如果生命樹的另一個分支也出現了地質學家，他們或許會注意到珊瑚礁在我們這個更新世—人類世交界處突然消失的怪異現象，並將此事與二億年前三疊紀—侏羅紀之交相比較。如果遙遠未來這些地質學家足夠聰明，牠們可能還會注意到這兩個時代的岩石樣本裡，碳同位素與氧同位素有相似的大幅異變，顯示這兩場大滅絕都出現大量碳元素注入大氣以及暖化高峰等情況。

如果三疊紀末生物大滅絕可作為前車之鑑，我們會發現儘管只要幾十年就能把珊瑚礁全部剷除，但生態系復原所需時間可不只數十年、數百年、數千年，而是數百萬年。未來數年內，能源產業以及監控能源產業的各國政府所做的決定將會在岩石中留下紀錄，存續上億年。

想想我們已經做了多少破壞珊瑚礁的事，把這些趨勢放到類似地質時間的幅度裡去往後推進，就會知道地球歷史上最慘重的災情與現代正在發生的事情確實有相似之處。

帕利塞德阻止第六次大滅絕？

我跟歐爾森在拉蒙—多爾蒂地球觀測所停車場走向他的車時，在我們看不見的地方突然傳來鏗鏘作響的聲音。「那可能是我們的岩心鑽探計畫開始運作，」歐爾森說：「怪的是這跟封存碳的嘗試有關。啊，糟了，我們還沒說到這個。」

令人驚奇的是，歐爾森辦公室底下這座可能導致複雜生命史上第四度主要大滅絕的岩壁（帕利塞德），現在卻被用來阻止第六度大滅絕的發生。

如果歐爾森和他在哥倫比亞大學的同事肯特（Dennis Kent）與郭德堡（Dave Goldberg）所說為真的話，摧毀三疊紀世界的同一批噴吐著碳的末日玄武岩，未來將能變成人類世二氧化碳巨型儲存槽。這道懸崖竟會以這種奇特的苦行，來懺悔它過去對這顆行星所犯下的罪。二氧化碳如何被埋葬？祕密就是進行一場加速版的風化過程，這顆行星過去也曾蒙類似狀況拯救，而能脫離高二氧化碳造成的溫室效應。

「『帕利塞德』與熔岩流其實有潛力成為現代二氧化碳儲存槽，因為玄武岩很容易跟二氧化碳起反應成為石灰岩，」歐爾森說：「所以說，有種儲存二氧化碳的方法很可能即將成真，那就是把火力發電廠製造的二氧化碳攔下來不讓它進入大氣，然後把這些氣體打進玄武岩碎石堆裡，這些碎石就會迅速變成石灰岩。我們在這裡〔哥倫比亞大學〕做過一些實驗，這是我們實際得到的結果。我們去年在高速公路十四號出口實驗性的弄了一個洞，現在我們正在這裡〔拉蒙—多爾蒂地球觀測所〕做一個實驗洞來確認這種做法是否真的可行。」

眼前地球化學所有發展趨勢都指向萬丈深淵，但人類這等聰明才智給了我們一個理由，讓我們還能樂觀相信這樣的未來並非不可避免。

火山爆發如何造就冬天

無疑的，三疊紀末日與現代有某些明顯而令人怵目驚心的相似處；就算氣候變遷還不到最劇烈的程度，這顆行星的氣溫也將在本世紀末或下個世紀某一刻變得比現在高出六度，且現在海洋酸化的速度不是以千年而是以十年為單位進行。

然而，就連地質紀錄中這些可怕事件都能讓我們看見一點希望。不管怎麼說，石珊瑚總之是活過了三疊紀末大滅絕，否則今日世界就不可能有牠們的身影。同樣的，未來就算我們面臨最壞的情況，珊瑚也不太可能全部都徹底滅絕。地質紀錄裡充滿倖存下來的勇者，牠們在偏僻地區（稱作「生物避難所」）挺過災厄，那裡的局部環境尚可容許牠們生存，等待最糟糕的時期過去。

或許某些適應性強的珊瑚能在極端情況下成功調適，而演化將提供一條脫離滅絕命運的公路匝道。倘若地質紀錄有什麼參考價值，它告訴我們的是倖存者必須花上數百萬年才能重建起令人熟悉的大型珊瑚礁結構和生態系統，但這顆行星同時也具有無比的抗壓性。就拿勇者菊石當例子吧，三疊紀末火山摧毀這顆行星之後，牠們在化石紀錄裡銷聲匿跡數百萬年，但牠們終究在恐龍時代悄悄重新現身，隨即暴發出各種令人目不暇給的形狀與大小。

此外，三疊紀末雖然可能存在一些額外的劊子手，但它們近期似乎不會對人類造成威脅，這是另一個讓人心安的原因。有人說三疊紀末因為全球暖化，破壞了海洋底所儲存大量甲烷冰（frozen methane，又稱甲烷水合物）的穩定，讓它們變成氣泡冒出海面。甲烷是種非常強效的溫室氣體，它在大氣中分解後就變成二氧化碳，如果海底甲烷大規模釋放，這種災情會讓三疊紀已經多災多難的氣候更是雪上加霜。

今日海洋深處黑暗角落也有類似的甲烷冰儲藏庫。芝加哥大學地球物理學家亞徹（David Archer）對這些深海碳倉的破壞性潛力有過如下討論：

「只要這些水合物中 10% 的甲烷在數年內進入大氣，那就等於把大氣裡二氧化碳濃度乘以十，這是個令人無法想像的氣候大變局。甲烷水合物儲存庫有本事在幾年之間把地球氣候化作〔極端的〕溫室狀態，因此甲烷水合物儲存庫所蘊含的毀滅力量，與核子冬天、彗星、小行星撞擊地球所可能造成的大破壞不相上下。

然而，倘若這些甲烷水合物在三疊紀是種威脅，現代海床上的甲烷水合物雖然帶著引發末日浩劫的潛能，但卻似乎對外在環境頗具抵抗力，還不至於發生這類災難性的釋放現象。除此之外還必須注意，三疊紀地球從一開始就是顆比現代要溫暖得多的行星，要把當時地球推進這類致命的惡性循環或許比現代要容易得多。」

若要把三疊紀末生物大滅絕與我們現在面臨的挑戰相提並論，還有其他因素讓這種做法顯得不太適當。羅格斯大學地球化學家夏勒（Morgan Schaller）計算出來，玄武岩溢流的火山噴發會釋放出遮蔽陽光的硫酸鹽氣膠，每日的量等於三座皮納圖博火山（Mount Pinatubo）噴發事件總排放量。位於菲律賓的皮納圖博火山於 1991

年爆發，讓全球氣溫維持整整三年下降攝氏半度。

目前有人提出把硫酸鹽氣膠打進同溫層以解決全球暖化問題的地球工程做法，此事頗受爭議（其中一個原因是這種做法對海洋酸化完全無能為力）。硫酸鹽在三疊紀末可能也短暫發揮類似的降溫功用，暫時平衡掉大量二氧化碳引發的效應。

夏勒聲稱，當時硫酸鹽氣膠的排放結果會讓熱帶地區出現火山冬天[18]，硫酸鹽在大氣中只能保存數年（這或許能解釋，為什麼我們沒在化石證據裡看到降溫現象），但二氧化碳引發的超級溫室效應卻會在硫酸鹽消失後火力全開，然後延續數千年歲月。

事實上，如果這顆行星確實曾短暫冷卻，岩石風化的速率也會因此降低，於是二氧化碳量在這時期反而爬升更高。這種情況下，當大氣裡的硫酸鹽終於被降雨洗刷乾淨，地球氣候就會以更洶洶不可擋之勢回彈到熾熱狀態。

由於大滅絕期間可能出現數場短暫寒潮，歐爾森甚至藉此提出一套解釋，來回答為何恐龍成為這場大滅絕裡適者生存的贏家，但霸主鱷類卻遭滅亡；這解釋用的是近年來愈益為學界接受的說法：恐龍身上都長著羽毛。

因為身上披了這層保暖層，再加上獨一無二的生理條件，因此恐龍得以度過短暫冰寒與隨之而來的超級火爐氣候。話說回來，化石紀錄中沒有證據顯示當時曾出現過短暫火山冬天，只看得到長達數千年的高二氧化碳大熱鍋。但無論如何，這種可能性仍然存在，那就是地球又一次被火與冰之間的氣候震盪所毀滅。

18. 譯注：火山冬天（volcanic winter），相對於「核子冬天」的說法。

恐龍天下來臨

經過大約數百萬年艱苦改造，三疊紀變成侏羅紀，生命也再度欣欣向榮。恐龍取代牠們已逝的敵手，占領被放棄的那些生活空間，最後發展成為這顆行星最傳奇時代的至高主宰者。

從紐約市開車回波士頓的路上經過一個指標，我在九十一號州際公路上已經看過這指標很多次，這次我終於決定遵從指示。路標上寫著「州立恐龍公園」。

這個看來不真實的路標就位在康乃狄克州哈特福（Hartford）市區外，處於康乃狄克河谷市郊住宅和辦公區之間。我把車開進州立恐龍公園，準備好要大失所望，心裡構思著康乃狄克州財政保守派的恐龍官員玩短柄牆球（racquetball）的畫面來娛樂自己。

我在公園關門之前走進它的網格球頂建築，原本的嘲諷心情跑得無影無蹤。在我面前是這處遺址招牌景點，是又一座裂谷湖地層，砂岩層面上是恐龍漫步留下無數足印。

然而，這一回，雖然位在盤古大陸逐漸撕裂的內陸核心地帶，這些生命卻處於距離大滅絕最遙遠的地方，也就是侏羅紀的開端。火山噴發已經平息，只有從地球上這套全新的動物名單才看得出最近一次末日災劫發生過的痕跡；這些動物君臨地球趾高氣揚，彷彿過去什麼事情都未發生。

大片玄武岩都已風化消蝕，照舊吸走大氣裡的二氧化碳而使地球降溫；填滿盤古大陸裂谷的熔岩湖若非已被侵蝕殆盡，就是被深埋進地底的地窖。這顆行星重歸平靜，在康乃狄克河谷這兒重拾它懶洋洋的韻律，只是統治階級換了一批，現在是恐龍天下。

這些腳印長度超過一英尺，比起上次生物大滅絕之前那些迷你恐龍來說真是龐然大物。我們不知是誰留下這些足跡（這環境對保存足印化石有利，但對保存屍體很不利），古生物學家猜測可能是雙脊龍（*Dilophosaurus*），一種身長超過二十英尺的巨型恐龍（但是電影「侏羅紀公園」卻莫名其妙把牠們變成犬隻大小、口吐毒性黏液的傘蜥狀生物）。這些碩大無朋的三趾足印布滿整片湖岸，然而三疊紀殺手鱷類的腳印在此卻完全不可見。

我獨自一人看著眼前巨大恐龍足印，由下而上的照明更映得它深淺分明，看不見的來處傳來絮語，昆蟲振翅的嗡嗡聲、遠方轟隆作響的悶雷，聲音挑動人對一個原始潮溼世界的記憶。遠古獸道旁圍繞壁畫，繪有蘇鐵林立的熱帶湖岸，兩隻二十英尺的雙脊龍模型在展場內闊步，大腳踩進溼沙裡，審視著這片牠們的古老棲息地。

這片布滿凹坑的石板竟令我心情如此激動，讓我對此都有點不好意思。化石腳印總帶著某種非常奇特的私密感，甚至超過這些動物貢獻給歲月的骸骨。博物館裡恐龍塑膠復原模型常被布置成扭曲誇張的威嚇姿態，但這些腳印是如此平淡樸實，腳步毫無矯揉造作之處。這隻動物對自己在生命歷史上的地位毫無所覺，此非侏羅紀的生命群像，而是星期二下午的恬淡生活。

腳印在這裡停住，又在那兒走往另一個方向；這裡是大跨步的跑動，在那兒又因煞車而讓腳印突然密集起來。岩石記錄著牠們猶豫不決瞬間，記錄著這些極其古老動物，在漫步湖岸時頭顱裡突然閃過的思緒。

我突然驚覺牠們是一個一個的個體，每一隻都有自己的性格與生命歷程，而我在此與一個個獨特存在不期而遇，雖然我們的交會只有幾分鐘；對於自己生命這幾分鐘將被永恆保存，這些生物毫不知情也毫不在意。這足以讓我忘記那隔斷在我們之間不可跨越的時空鴻溝，直到我聽見停車場隱約傳來汽車防盜器警鈴聲。

在我身旁，一名女子和男友帶著同樣出乎意料的敬畏之情走進展場，她身上花俏的 iPhone 和嘻哈樂團「跳梁小丑」（Insane Clown Posse）樂團 T 恤顯示她大概不是個花費畢生精力從博物館館藏中找出正模標本（holotype[19]）的人（當然我有可能猜錯），但此地深邃歲月逼人謙卑的力量確實能迷醉人心。

「將來地球上會剩下我們的什麼？」她問她猛灌能量飲料的男朋友，他放下手中飲料罐，打量著她。

「我們身後還會留下什麼？」她追問著。

19. 譯注：正模標本（holotype），科學家發表新物種時所指定的最基礎的模式標本。

第六章

白堊紀末大滅絕

六千六百萬年前

若一顆循軌道運行的彗星撞上地球，可能瞬間就將地球擊成齏粉……但足堪安慰的是，創造宇宙的那偉大能力也以神意主宰宇宙，因此這樣的恐怖災難並不會發生，除非那是神意認為最當發生的事。於此同時，我們不應將自己的重要性假想得過高。上帝之下有無限個世界，如果這一個遭到毀滅，在整個宇宙中也微不足道。

—— 富蘭克林[1]，1757年

1. 譯注：富蘭克林（Benjamin Franklin, 1706-1790），美國開國時期重要政治人物，在電學上也有重大發現。

如果我們現在只談恐龍的滅亡，卻不去頌讚牠們那壯麗輝煌的王朝，似乎有點不公平。恐龍一族日漸興盛、適應環境、分化多樣、取得主宰地位、並堅持著生存過一段長得不可思議的時間，最後這點最令人嘆服。

現代人類存在於地球上只有不到一百萬年的光陰，恐龍卻存在超過二億年；要把這段浩瀚無窮的歲月列起年表，某些內容能令人瞠目結舌：白堊紀的招牌頭號掠食者霸王龍，牠生存的年代距離人類較近，但距離侏羅紀頭號巨星劍龍卻要遠得多[2]。

就連恐龍霸權的傾覆都與一般人想像的不同；現代鳥類既是無可置疑的恐龍族群成員〔牠們和霸王龍一樣是獸腳類（theropod）〕，且其物種的多樣性比哺乳類更勝一籌。「鳥類物種數量是哺乳類的兩倍，」歐爾森告訴我，「其實我們都還活在恐龍時代裡，哺乳類從來不曾像恐龍一樣成功，如今依然。」

某些人可能以為，生命必然會朝向高等生命發展，而人類就是這發展的最後結果；但這種令人欣慰的觀點卻與一項殘酷事實相衝突：溫順的哺乳類臣服於恐龍陰影下委屈求存長達一億三千六百萬年，這種階層制度得靠一場無法想像的大災難才可能被推翻。

美國地質學家華爾特・阿瓦雷茲（Walter Alvarez）如此寫道：「〔中生代〕世界十分安定，如果它沒有受到外力干擾，我們完全可以認定〔它〕會繼續無窮無盡的維持原貌，因些微演化而稍微變了點樣的恐龍後裔支配地球，而人類從未出現。」

恐龍是我們所知陸生動物歷史上的大主角，絕非只是我們人類故事的某種奇特的前奏而已。億萬年間牠們占據了所有可能的

2. 如果不算上科學展裡頭呈現這兩種生物大戰一場的恐龍模型的話。

生活方式，掠食者與獵物、肉食者與植食者，並演化出各種不同體積[3]，從鴿子般大的近鳥龍（*Anchiornis*）到跟飛機庫一樣大的阿根廷龍（*Argentinosaurus*）都有。阿根廷龍這類的蜥腳類（sauropod）恐龍都是龐然巨物，牠們排出的甲烷屁甚至可能是造成中生代溫暖氣候的部分原因。

熱帶海灘落日下有恐龍群居，天上極光映照的北極森林裡（以及南極光映照的南極大陸上）也有恐龍奔竄。牠們是如此全面統治地球，這使得牠們在三疊紀末的覆亡成為行星歷史上最具神祕性也最被徹底研究的事件之一。這毀天滅地的絕命一擊突如其來且空前絕後，令人費解，劇情刺激人心，恰與恐龍的存在相稱。

白堊紀末，一顆小行星撞上地球，其大小在全太陽系五億年間任何撞擊行星的隕石中前所未見⋯⋯

幾乎是同一時間，史上規模最大的一場火山活動將部分印度淹沒在二英里深的岩漿底下。

滅絕的不只是恐龍

「恐龍不是那時候唯一滅絕的生物，」新墨西哥州自然歷史科學博物館（New Mexico Museum of Natural History and Science）古生物部門主管威廉遜（Tom Williamson）說道。在新墨西哥州西北沙漠裡採集一整天化石之後，威廉遜和我大嚼野營爐烤出來的墨式烤肉搭配特卡特啤酒。

這處沙漠是威廉遜的第二個家，今年夏天有一支受到美國國

3. 目前已知各種恐龍的體重大小橫跨六個數量級。

家衛生基金會（NSF）贊助的菁英小隊來此與他共事，成員包括內布拉斯加大學（University of Nebraska）、愛丁堡大學（University of Edinburgh）和貝勒大學（Baylor University）的科學家。這支隊伍以現代作風混搭各種學科，包含地球化學家、古生物學家、地磁地層學家，和地質年代學家。經歷地球歷史上最著名的生物大滅絕之後，一個飽受重創的世界是如何在浩劫餘波中重整旗鼓？這些人意圖在此地岩石中找出答案。

「數不清的哺乳類也都遭殃，」威廉遜說，一邊展望著天使峰風景區（Angel Peak Scenic Area）糖果條紋一般的懸崖與峽谷。「有袋類（marsupials）幾乎覆滅，還有大量鳥類死亡。」

威廉遜要說的是：恐龍滅亡只是白堊紀末生物大滅絕故事的部分片段。此話不假，前一個禮拜我才與阿拉巴馬大學（University of Alabama）古生物學家厄瑞特（Dana Ehret）一同在阿拉巴馬州塞爾瑪市郊翻挖海洋膨潤土，尋找恐怖得無法言喻的六十英尺長大海怪「滄龍」（*Mosasaurus*）的骨骸，牠是白堊紀海洋的帝王。滄龍也是徹底滅絕的物種之一。

長著觸手與宏偉螺旋殼的巨型菊石從泥盆紀以來數億年間都是海中大族，牠們與滄龍這個兇猛爬行動物共游，有時還會被牠吃掉。菊石在白堊紀末也都死光光。海床上有體型龐大、長得像水桶或迴力鏢的雙殼貝類「厚殼蛤」（rudist），牠們造出的巨大礁岩就是法國南部的白色懸崖以及庇里牛斯山脈裡長達數英里的厚岩層，至今仍可見。厚殼蛤當時也全部陣亡。

再往海裡走，長著纖細頸項的蛇頸龍（plesiosaurs）划水而過，浪花上則有翼展寬如飛機、大小可比長頸鹿的翼龍（pterosaurs）從頭頂滑翔而去，連最精良的生物力學模型都要甘拜下風。海裡與海上這麼多生物，呈現遠古地球最古怪、最奇幻的模樣，而牠們都在地質史上的一瞬間內消亡。

陸地上，恐龍與幾乎其餘所有生命都落得相同下場。

沙漠底下的恐龍時代

新墨西哥的太陽西沉，將沙漠荒原點燃成一片憂鬱暮紅，令人心蕩神馳而忍不住一吐為快。

「這太不可思議了對不對？」威廉遜凝望著峽谷說道，「世界其他地方都會把這當成國家級寶物，但這裡卻被闢成油田；這就像是新墨西哥州的大峽谷，但大家都不知道它存在。」

底下的荒原裡，崎嶇的通聯道路從地景中割裂而過，最後終究通向一座座油井，把遠古日光從地底吸取出來[4]。遠方一縷黝暗薄煙泛著黃色，沿著地平線劃出一條軌跡。

「那是四角發電廠（Four Corners Generating Station）燃煤所產生的煙霧層，」威廉遜說：「他們正在燒新墨西哥州的白堊紀煤炭，也就是恐龍所吃的樹木。」

雖然恐龍時代樹木所化的濃煙高懸天際，這兒岩石底下卻沒有恐龍蹤影。荒地上一層層地層灰、紫、褐、黑、紅，和更南方的聖胡安盆地（San Juan Basin）一模一樣，而那裡可是富藏著霸王龍和泰坦巨龍（titanosaur）引人遐思的股骨化石。

此處峽谷貯存的化石較不起眼，這些生物生存在白堊紀末生物大滅絕剛結束不久後，世界還未從爬行動物時代一夕喪亡的震撼中

4. 2014年，美國太空總署發現一朵甲烷雲飄在美國此地上空；這朵雲的來源不是雷龍（brontosaurs）放屁，而是因為該區煤床上甲烷工業每年持續外洩六十萬公噸的甲烷氣。

復原過來。這些山壁上的寶藏不是碰碰車一般大小的霸王龍頭骨，而是黃鼠狼般的倖存者留下的小牙齒。仔細審視這片灰濛濛的荒野，我試著想像這兒有緩河、牛軛湖、森林和沼澤，害羞的哺乳動物在此逐漸愈長愈大、愈長愈有自信，終於成為新世界的新主人。

日落之後，飽受太陽炙曬的組員們開著玩笑、聊著體育賽事，劈啪作響的營火更襯托和樂融融的氣氛。愛丁堡大學古生物學家布魯沙特（Steve Brusatte）非常熱中參與，他是住在英國的伊利諾州人，身在國外卻努力跟上他心愛的芝加哥公牛隊與職業冰球隊伍黑鷹隊（Blackhawks）戰況。不過到了最後，話題還是回到沙漠底下埋著的那些動物身上。

霸權為何瞬間殞落？

可惜的是，大部分人就算童年對恐龍瘋狂著迷，隨著年齡增長都會逐漸失去興致；但布魯沙特心中這種迷戀之情卻從未稍減，他最新的研究主題是暴龍（tyrannosaurs）的興起。暴龍族群歷史長達一億年，其中大部分時間牠們的體積都只有成人大小，和異特龍類群（allosauroidea）等其他更原始的族群一樣處於權力核心的邊緣，在食物鏈頂端分一杯羹。

然而，白堊紀稍早（那場著名大滅絕之前將近二千萬年）可能發生了某種很糟糕的事情，為暴龍一族清出一條稱王的康莊大道。汪洋之下，大量岩漿一陣陣噴湧而出，地點包括加勒比海海底、馬達加斯加島與印度次大陸撕裂處，以及世界最大的玄武岩溢流現場翁通爪哇高原（Ontong-Java Plateau），後者是在太平洋深處汩汩湧流的龐大玄武岩區域。

這場噴發又一次造成大片海洋缺氧、大批海洋生物滅絕，甚至可能引發氣候變化而使得陸地上的異特龍類群勢力倒臺。無論當時到底發生了什麼事，北美洲與亞洲的無名小卒暴龍一族在此後登上空懸王位，並迅速成為曾在地上昂首闊步大怪物中最大也最壞的第一名。

不顧偏心或避嫌的問題，我決定詢問布魯沙特霸王龍的赫赫威名是否名過其實。

「我是說，霸王龍是我們所知歷史上體積最巨大的陸生掠食者，」他說：「今天在這個位置的是北極熊，但霸王龍一腳就能踩扁北極熊。」

「還有其他掠食恐龍也能大約長到霸王龍那種體積，但沒有一個像牠那樣大又壯。牠真的就是個標竿，絕對名不虛傳。想想，那是十三公尺的長度跟七噸的重量，」他說道，一邊為這誇張到荒唐的規模而發笑。「現在存活的生物沒有一個比得上。」

「牠跟我們一樣擁有雙眼視覺，」布魯沙特繼續說：「牠腦部有數個巨大視葉，也有巨型嗅葉，所以牠的嗅覺好得不得了。牠的內耳能聽見低頻聲音。牠是種有智慧的動物，有一顆很大的大腦。牠有的不只是肌肉而已，還有很厲害的腦子。」

我想像一隻霸王龍發動攻擊時的模樣，不是帶著鯊魚那種呆笨無神的機械性眼神，而是充滿著冷酷而有目的威脅感，像一隻心懷殺意的巨鳥那樣單純而專注。不過，在布魯沙特看來，霸王龍身上最有意思的地方不是牠那渦輪引擎加強版的生物學特徵，而是牠在白堊紀末如何像彗星般突然升起成為歷史要角，以及牠那更如彗星般的殞落過程（後者這說法不只是譬喻而已）。

「關於暴龍有件事很多人不大清楚，要知道霸王龍真的就是

『末代恐龍』，」他有些傷感的說道，「小行星撞擊地球時牠就在場。像霸王龍這樣權震天下又極具代表性的生物在一瞬間就被消滅了；甚至說，就算火山才是讓牠滅絕的凶手，這凶案發生的速度也快到不可想像。世界上有這種偉大恐龍，而牠就這樣消失了，接下來幾萬年間世上就出現多變多樣到無法想像的新型哺乳類，裡面沒有一個能長到霸王龍那種體積。」

他繼續說：「地質史上這就是一個轉捩點，你從一個被這些大型恐龍主宰、霸王龍位在食物鏈頂端的世界走到我們現在看到的這個世界。如果你覺得霸王龍是終極恐龍、終極掠食者，那要知道牠這種超級地位都還不足以讓牠活過白堊紀末降臨的災難。」

所以說，白堊紀末到底發生了什麼事？

恐龍之死的瘋狂理論

〈白堊紀—第三紀間大滅絕的地球外因素〉（Extraterrestrial Cause for the Cretaceous-Tertiary Extinction）這篇論文對科學界造成的影響說有多大就有多大。1980 年之前，恐龍之死始終籠罩在某種令人感到可悲的忽視態度裡，但要說真被忽視，民間又流傳著關於牠們悲慘下場各種無理瘋狂的理論。倫敦自然史博物館一名主任查理格（Alan Charig）曾列出八十九種他在任期間聽說有人提過的凶手名單，其中包括：

「疾病，營養問題，寄生蟲，兩敗俱傷的打鬥，荷爾蒙與內分泌系統不平衡，椎間盤脫出，族群衰老，吃恐龍蛋的哺乳類，氣溫導致胚胎性別比例出現變化，恐龍腦部體積太小（因此導致愚笨），以及精神病引致的自殺傾向。」

其他曾被認真或不那麼認真指控過的凶嫌還包括外太空來的愛滋病，另一種說法則說恐龍以當時的新興之秀開花植物做為糧食，因此廣泛引發重度便祕[5]。

1980年，地質學家華爾特·阿瓦雷茲與他曾獲諾貝爾獎的物理學家父親路易斯·阿瓦雷茲（Louis Alvarez）發表一項推翻地質學一百五十年來發展的大發現，在科學界（以及成堆的空想猜測中）投下一顆大炸彈[6]。阿瓦雷茲父子在岩石裡找到證據，顯示恐龍時代末年曾發生《聖經》般的天災，這讓沉寂已久的災變論[7]思想再度興起。

風景美如明信片的義大利小鎮古比奧（Gubbio），鎮外如畫的亞平寧山脈（Apennine mountains）是阿瓦雷茲工作的地方，他研究此地一處從海床上突出的石灰岩露頭，其中顯示浮游生物在白堊紀與第三紀界線處突然之間幾乎全部滅絕，這現象讓他疑惑不已。這些岩層間夾著一層全無化石的奇特黏土層，阿瓦雷茲想知道這個把地上生命搞得天翻地覆的間隔期持續多久。岩層中這個奇特的間斷處在地質學上被稱為白堊紀—古第三紀界線（Cretaceous-Paleogene，K-Pg boundary），過去它被稱為白堊紀—第三紀界線或K-T界線（Cretaceous-Tertiary，K-T boundary），這個舊稱現在仍廣被使用[8]。

地質學上，某層岩層的厚度常會誤導人們錯判它沉積所花時間

5. 諷刺性的報紙《洋蔥報》（*The Onion*）最近也跑來參一腳，刊登一篇正經八百的文章，標題是〈古生物學家認為恐龍是被親信所害〉。

6. 就連阿瓦雷茲的論文中都指出當時有各種怪異理論正在流傳且不斷增長，提到其中一種說法是「某個假想的北極湖湧出淡水淹沒大洋海面」。

7. 譯注：災變論（catastrophism），地質學理論，認為地球歷史中數度發生巨大（甚至是全球性）災變，這是影響地球歷史的最主要因素，與此相對的是「漸變論」（gradualism），認為地球歷史是一個長遠漸進逐步改變的過程。

8. K-T和K-Pg之中的K代表Kreide，德文中的「白堊」。地質學上C指的是寒武紀Cambrian，因此必須另找一個英文字當作白堊紀的簡寫。

長短，但我們沒有理由否認這個發生變化的間隙可能極長。著名的早期地質學家萊爾（Charles Lyell），在一百多年前就注意到白堊紀與第三紀之間有明顯的生命斷層，並試圖提出解釋，但他卻認為這現象表示顯然有數百萬年的岩層消失不見。

阿瓦雷茲率先破案

為了徹底解答這個謎團，阿瓦雷茲和他的父親設計一套絕妙方法來測定這層荒涼黏土層究竟代表多少歲月。老阿瓦雷茲從未想過小行星可能是頭號犯人，但他也知道來自無害流星雨的隕石塵可以在數百萬年間以極微小的量持續降落地球；只要測量黏土層中所含稀有元素銥（iridium，隕石塵成分之一）的量，就能至少證明兩種情況中的一種。

如果黏土層中找不到銥，那表示白堊紀與第三紀之間發生的事情進行太快，以致於穩定降落的天外飛塵來不及在災難發生時累積在沉積層中。相反的，如果黏土層裡累積了少量這種稀有金屬，那表示該層花了很久時間才沉積完畢，也就是說白堊紀末的變局是漸進緩慢發生。他們把在義大利採得的樣本送往勞倫斯伯克利國家實驗室（Lawrence Berkeley National Laboratory），交給頂尖核子化學家亞薩洛（Frank Asaro）送進他的核反應爐加以分析，等待結果出爐。

他們發現的結果令人無比驚詫。樣本裡的確有銥元素，但超出他們原本預期的含量將近一百倍。這種現象最可能的解釋就不是長久光陰裡逐漸飄落的太空塵細雨，而是一次突如其來的災難性天降大撞擊。

阿瓦雷茲父子在古比歐進行調查的同時，荷蘭古生物學家斯密特（Jan Smit）也對西班牙卡拉瓦卡（Caravaca）石灰岩中白堊紀—第三紀界線浮游生物的巨變現象產生一樣的好奇，因此獨立發現這層銥層的存在。阿瓦雷茲父子先將研究結果發表，他們這篇論文成為地質學史上最常被引用的文獻之一而永垂不朽，但斯密特連個維基百科頁面都沒有[9]。

「恐龍是被太空岩石所害」這學說有很多反對意見，從科學上其來有自的懷疑到無知的驚人的宣言都有；《紐約時報》編輯委員會就登了一篇文章，內容嘲弄著「要說從星辰中找尋地上事件的成因，天文學家應該把這事留給占星師去做。」阿瓦雷茲寫了一封信給主編加以回應：「要說為科學問題宣告答案，我們可以建議各位編輯把這工作留給科學家去做嗎？」

到此，光憑銥層不足以說服所有人，1980 年代大部分時間科學界都吵翻了天，還常釀出不少仇恨，尤其是某群奉萊爾「均變論」學說為圭臬的古生物學家，他們認為那些物理學家和天文學家竟膽敢拿他們心愛的化石紀錄回過頭來解釋給他們聽，真是一群投機份子。

這些古老嫌隙很多到今天都還持續著，接受我訪問的其中一位地質學家說他願意回答關於每一場生物大滅絕的問題，但除了白堊紀—第三紀這場，理由是這個事件「政治成分太高」。華爾特·阿瓦雷茲指控一群追逐醜聞的小報狗仔隊讓這場學術辯論變得尖刻毒辣，但他率領的團隊也發表過不少不當言論，包括他父親一些令人發噱的謾罵言詞。

「我說他就是個不中用的，」路易斯·阿瓦雷茲是這樣對《紐

9. 阿瓦雷茲很有風度地稱斯密特是銥層的「共同發現者」。

約時報》形容他在學術界的某位對手，此人倡議以火山活動而非隕石撞地球來解釋這場大滅絕。「我以為他已經在球賽被判出局然後消失了，因為再也沒人邀請他參加研討會。」同一篇訪談裡，這位老阿瓦雷茲講了一句著名的嘲笑話：「我不想批評古生物學家，但他們真的不是什麼真正的科學家，他們還比較像集郵迷。」

「這場辯論中，」某位科學家哀嘆道，「雙方都已經落到互相辱罵中傷的地步了。」

〈白堊紀—第三紀間大滅絕的地球外因素〉發表後十一年內，小行星理論的質疑者紛紛要問：「隕石坑在哪？」；撞擊說的支持者則上天下地在全球各地搜尋撞擊構造（impact structure）。雖然白堊紀—第三紀之交岩層內又發現衝擊石英（shocked quartz）顆粒，其成因只可能是劇烈撞擊（或是恐龍在進行核子試爆），但懷疑者仍未因此打退堂鼓。

隕石坑說不定永遠找不到，這樣的可能性令人不安；小行星墜落的地點或許在海中，板塊上撞出來的隕石坑之後可能已被地球板塊邊緣的隱沒帶所吞噬，海洋板塊在那裡不斷被輸送回地函熔爐回收再利用。

後來，資訊一一浮現，顯示研究者已逐漸要揭開這隕石坑的廬山真面目。

隕石撞擊的證據在德州？

我翻閱著印刷精良的地質學舊論文尋找地圖坐標，然後著手連絡德州韋科郊外長角農場的主人，請問他是否可以讓我在他地產上到處看看，尋找殺死恐龍那顆小行星所造成的海嘯殘跡。讓人出乎意料的是他竟然答應了。地質學家在德州中部此地發現大堆奇怪岩石，像是指向那場末日的路標，我想親自去看看這些東西。

德州南部地形平廣，愈往海岸走愈是愈晚的地質年代。布拉索斯河（Brazos River）繞經休士頓流往海洋，猶如穿越地球歷史的黃泉冥河；乘獨木舟順流而下，途中隨處可以跳下船在河岸上蒐集化石樣本，一路下來就是地質年代從先到後的序列。

我在越過河面一道公路橋下找到五千萬年前的貝殼和鯊齒；如果我再往海岸去，就會找到距離現代較近的生物遺骸，像是猛獁象象牙或是超大犰狳的骨板，全都暴露在河曲沙洲[10]上接受德州陽光曝曬。但我這次是要往上游走，往更古老的時間去。

我所在地距離德州格倫羅斯的「創世證據博物館」（Creation Evidence Museum）不遠，這個適用501（c）（3）[11]免稅條款的機構主持人有個網站，內容顯示此人花了一輩子追逐一些古怪到可愛的想法，試圖將現代科學內容與鐵器時代創世神話相調和。他有個聽起來很妙的「水晶天幕理論」，用技術性的說法來解釋上帝在創世第二天（距今六千年前）怎樣造出天空。德州石油業的經濟必須依賴地質學知識，但德州許多居民仍固執排斥地質學。

我抵達農場通了電的大門，在那裡見到農場主人穆里納克斯（Ronnie Mullinax）。這人少言寡語，樣子簡直是個德州獨立運動的宣傳立牌；他一身上下是牛仔帽、靴子、丹寧布、面罩型太陽眼鏡，腰上還別著我這輩子見過最大一支手槍。我們之前沒什麼熱絡寒暄，但既然我是個不請自來踏上他地產且提出奇怪要求的客人，他算是非常大方的花時間陪伴我了。

10. 譯注：河曲沙洲（point bar），指曲流內側的沙洲沉積。
11. 譯注：501（c）（3），表示這間機構是適用稅收減免的非營利組織。

他和氣的答應讓我和另兩位我從德州農工大學找來的科學家搭上他的越野車，把我們載去白堊紀—第三紀界線露頭。我們顛簸著開過一條泥路，經過小溪與田野（路上暫停一會欣賞他養的得過獎的公牛）抵達他地產盡頭一處森林，在那裡停車。他叫我們下車，然後俐落從皮套裡拔出長管手槍。

「防蛇，」他告訴我好讓我安心。他帶我們進入樹林，走下溝谷，一條平靜小溪潺潺流過，水中有個小小岩石露頭，我鮮少看過這麼怪的岩石。這裡，位於大學城和韋科中間處，越過林間一座小瀑布，地球突然從中生代進入新生代。我找了一位古生物學家和一位地質學家來幫助我瞭解自己在看的是什麼，但他們也和我一樣為了岩石間那不可思議的渾沌感到驚奇。

這一次，又是那位荷蘭學者斯密特一馬當先提出說法。他認為這堆亂石是掃過墨西哥灣四方的兇殘震盪波所留下的落塵，這表示巨大小行星撞擊地球的地點就在附近。林間小瀑布底下有一層亂七八糟的破碎石灰岩塊，像什錦雜燴一樣膠結在一起。

據斯密特說，撞擊產生的海嘯撕起海床與部分地殼，從天而降拍擊大地，而這層石灰岩塊就是海嘯最初造成的慘禍。這層混亂的岩層上方是厚厚一層砂岩，海嘯之後數小時到數天內，從海灘上刮下來的沙子以及陸上的土石流原本在海水裡漂浮迴盪，漸漸沉積到海洋底部。砂岩最頂端是一層極薄的、發金光的東西，只有當整場大戲落幕、海洋重歸平靜之後，最細緻的粒子才終於能從水中沉落下來。

海地—美國地質學家莫哈斯（Florentin Maurasse）在海地貝洛克研究古代海床岩石時，也發現白堊紀—第三紀交界處堆了一層類似的奇特砂岩。科學家很快又在古巴和墨西哥東北部找到其他海嘯地層，顯然當時墨西哥灣發生過某種非常非常糟糕的事；白堊紀—第三紀的研究者好像愈來愈能捉摸到他們要找的撞擊點身在何處。

尋找隕石坑

墨西哥猶加敦科學研究中心（Centro de Investigación Científica de Yucatán，簡稱 CICY）地質學家瑞伯雷多（Mario Rebolledo）非常熟悉白堊紀末幾乎掃滅地表生命的那個巨大隕石坑；他不只是靠研究這個存在了六千六百萬年的結構來營生，他本人就住在裡頭。

瑞伯雷多在墨西哥猶加敦州那迤邐鋪展的首都梅里達（Mérida）與我會面，這座百萬人口的都市以西班牙殖民古城為中心向外發散，裡面有色彩柔和的迷人別墅、鵝卵石街道、大教堂，而且就坐落於為爬行動物時代劃下句點那個一百一十碼寬撞擊坑的內部。

這個撞擊坑早經風化，且被數百萬年的海洋石灰岩埋在底下，從地表看不見，而是構成猶加敦半島地底下一個複雜的同心圓狀傷痕，一直延伸到墨西哥灣遠處，這是我們所知地球歷史過去十億年來最大的隕石坑。這個隕石坑的出現時間，與恐龍、巨大海生爬行動物、翼龍、菊石，還有當時慘遭滅絕大部分生物，都在地質史上同一個時間點。我們就這樣一邊吃著波布拉諾巧克力辣醬，一邊討論世界末日。

這座隕石坑在最顯眼處隱身數十年，瑞伯雷多重述著如何發現它的奇特故事。1950 年，墨西哥國營石油公司 Pemex 僱用的地球物理學家為了搜尋石油而在猶加敦半島底下發現一個巨大環狀構造，他們從鑽井岩心中找出熔化過的岩石，判斷這是遠古時代的岩漿，於是認為這整個構造是某種被埋在地底的龐大火山而不再加以注意。既然火山不是什麼勘探石油的最佳地點，這個特殊構造就被擱在一邊長達數十年。

阿瓦雷茲父子在 1980 年發表那篇開創性的論文，之後引起一陣全球性尋找隕石坑的熱潮；搜尋活動進行了十年有餘，但其實此事本可在一年內解決。1970 年代末期，Pemex 所聘的地球物理學家卡馬戈（Antonio Carmago）和潘菲爾德（Glen Penfield）在猶加敦半島進行重力測勘，重新調查這處結構，發現它其實一點都不像是地底火山。

1981 年，白堊紀—第三紀學界在猶他州雪鳥舉行研討會，還在猜測隕石坑身在何處，同時潘菲爾德與卡馬戈在休士頓一場石油工業會議上發表論文，提出以墨西哥海岸小鎮希克蘇魯伯（Chicxulub）為中心往外擴張的隕石坑狀結構確實就是個隕石坑，且很可能就是讓恐龍滅絕的凶手。

《休士頓紀事報》記者貝耶斯（Carlos Byars）也在石油工業會議現場，他寫了篇專文記錄下兩位地球物理學家的發現，但這篇文章整整十年都完全沒受到古生物學家注意。十年後，貝耶斯發現自己又身處一場地質學會議中，看著一群地球科學家高聲猜測某座巨大隕石坑的位置，從布拉索斯河和其他地方的海嘯痕跡看來，這隕石坑一定位在墨西哥灣某處，但到底在哪裡？

「貝耶斯真的就當場站起來說『我知道在哪裡！』」瑞伯雷多說：「大家都看著他想著『噢，來了個瘋子』，於是他聯絡自己辦公室把十年前那篇故事傳真過來，拿給會場裡的大家看。」

苦苦搜尋十年之後，這群撞擊說的支持者終於找到他們夢寐以求的隕石坑。

「我覺得貝耶斯的功勞太被忽視了，」瑞伯雷多說：「總有人得說些什麼來讓更多人知道他的貢獻。」我告訴瑞伯雷多說，既然同為記者，我很樂意來做這件事。問題是，這些新發現的石上傷痕究竟表示當時發生過怎樣的災難呢？

隕石是墳墓還是搖籃？

「這顆隕石大到不可想像，它幾乎沒受到大氣層的一點點阻礙，」瑞伯雷多說。「它以每秒二十到四十公里的速度前進，直徑有十公里，甚至可能有十四公里那麼長，推動大氣造成極端的壓力，在它面前的海洋被氣壓壓得整個分開。」

這些精準數據都無法確切讓我們感受到這場大災難的規模。它們所指的是：一顆比埃佛勒斯峰還要大的石頭以比槍彈快二十倍的速度撞上地球，速度極快，從七四七客機飛翔的高度掉到地面只花了零點三秒。這顆小行星大得嚇人，直到撞擊的那一剎那，它的頂端恐怕還比七四七客機飛行高度要更高上一英里多。墜落過程只有一瞬間，期間隕石前方的空氣遭到極其劇烈的壓縮，溫度霎時升高到太陽表面的好幾倍。

「小行星墜地之前，它前方形成的巨大氣壓已經開始在地上挖出隕石坑，」瑞伯雷多說道，「接下來，一旦隕石直接接觸地面，發生的就是一場全面撞擊；這顆小行星實在太大，大氣層甚至沒讓它受一點傷。」

典型的好萊塢電腦特效總把小行星撞擊描繪成一顆外太空煤炭球燃燒著溫柔劃過天際，但猶加敦半島這場事件是前一秒還風和日麗，後一秒整個世界已然告終。小行星與地球相撞擊的那一刻，它上方的天空本來應該充塞著空氣，但大氣層卻被這顆巨石給撞出一個大洞，裡面充斥外太空的真空。當天空的洞隨即封閉時，地表大量土石則被噴往地球軌道和軌道之外的地方，這一切只發生在撞擊後一兩秒內。

「所以可能有一點恐龍骨頭掉在月球上囉？」我問他。

「沒錯，很有可能。」

瑞伯雷多是一場千萬經費考察計畫的成員，他的同事還包括來自德州大學奧斯汀分校與倫敦帝國學院（Imperial College London）的研究者；計畫內容是往地底下深鑽數千英尺，通過新生代靜靜如雪花般沉降而成的石灰岩，進入這場大災變所造成的岩石漩渦。瑞伯雷多的團隊特別想要鑽井進入這個隕石坑內部所謂「峰環」（peak ring），也就是坑內同心圓環狀構造，一般的隕石撞擊可不會造成這種構造。

隕石坑這東西看起來可能頗簡單明瞭，它就是個大型平坦的碗狀地形，是外太空跑偏了的隕石快速球撞擊地表的結果。但如果現在發生的不是迷途鵝卵石給地表砸了個坑，而是整片大地都被一個微型世界給砸毀，這種情況留下來的傷痕模樣就會比較有意思。大到夠大的隕石坑，比方說墨西哥這個或是太陽系中其他寥寥幾個例子，會將地面整片脆弱岩石變成接近液態，讓鄉間大地看來有如艾格頓[12]使用閃光燈拍攝的牛奶滴那樣滴落的景象。

小行星立刻讓希克蘇魯伯地表出現一個二十英里深、延伸寬達六十英里的凹坑，深得驚人，足以穿透到地球地函處。接下來的幾秒鐘完全超越人類想像，地球表面的樣子就像是被扔了顆石頭的池塘水面，複雜的丘峰與波浪在整個猶加敦半島共振著，直到它們在

12. 譯注：艾格頓（Harold Edgerton, 1903-1990），美國攝影師，高速攝影創始者，著名作品為一顆子彈擊穿蘋果瞬間的照片。

空間裡被定格，成了現在的崢嶸山脈，這些山脈當年曾聳立於隕石坑底，其高可比喜馬拉雅山。

瑞伯雷多和其同僚希望能發現更多關於這場奇異撞擊的物理學與地質學內涵，以及生命如何在這片受創地景中奇蹟般的復原。2000年代早期，在這個區域工作的科學家從附近亞斯柯波伊爾（Yaxcopoil）鑽出來的岩心中搜尋出某些令人好奇的線索，暗示著撞擊後這個火焰與石灰岩世界的模樣。

在那裡，數千英尺石灰岩底下突然出現撞擊本身造成的破碎亂石，但這片混亂之中還含有一些只出現於深海熱泉系統的礦物混雜岩。深海溫泉在海底火山和中洋脊附近汩汩湧出，讓海水能與地殼這層薄殼底下熱獄般的對流世界融合在一起。

在造成恐龍滅絕的這座隕石坑中，一旦撞擊最初的渾沌平息下來，這個洶湧攪動著的世界就開始擴展，於是海水呼嘯著灌回這新成形的墨西哥冥府。巨人消失了，陸地上的哺乳動物繼承一片鬼域，同時猶加敦半島上這道巨大裂口在大滅絕之後仍維持二百萬年高溫，猶如沸騰著的中生代墳上墓碑。

伍茲霍爾海洋研究所（Woods Hole Oceanographic Institution）的一支研究團隊，首先於1977年親臨加拉巴哥外海海底一處深海熱泉；他們驚奇萬分的發現，在這遠離生命之源陽光照射的地方竟有一套完整的生態系統，從漂白過似的白螃蟹到管蟲類生物都有；地底吐出富含金屬的瓊漿，餵養細菌來進行化學合成，支撐著這整個生態系統。

從這次石破天驚的探勘之後，就有人提出疑問：深海熱泉是否為地球生命的起源地？瑞伯雷多的鑽探計畫要尋找撞擊之後住在災區內的嗜極微生物，計畫背後有個讓人興奮的想法：如果希克蘇魯伯確實養育過這種生命力堅韌的生物，那數十億年前類似的隕石坑或許也是孕育地球最早生命的溫床。

四十億年前，太陽系仍在努力把自己理出頭緒，那時像猶加敦半島這類撞擊事件簡直微不足道，撞上地球最大的東西，其尺寸不是以英里計，而是可以與其他行星相比。早期地球的海洋完全容不得生命生存，但或許巨大小行星在地面上挖出的熱泉環境就沒那麼糟。大規模撞擊造成的隕石坑可能是地球生命嬰兒期的搖籃，而非發生大型死亡事件的犯罪現場。

還原撞擊現場

話說回來，我還是想知道更多這場撞擊造成的影響，為何對於恐龍來說這一回大碰撞足以致命？墨西哥發生的大屠殺雖是慘況空前，但地面上出現的就是一個一百一十英里寬的大洞，為什麼地球上其餘一億七千萬平方英里的表面也被清掃一空？我連絡上世界最頂尖的撞擊模型專家之一，普渡大學的梅洛許（Jay Melosh）；在梅洛許看來，前後兩件事情之間關聯昭然若揭。

「基本上地球所有物種當時都死了，可以確定的是幾乎所有的動物都完了，」他說：「而且我認為牠們大概都死在撞擊發生的那一天。」這個版本的恐龍滅絕式沒有任何隱微或複雜之處。「大部分恐龍實際上就是在半路上被烤熟，」他說。

關於這次撞擊，首先要問的一個問題是：撞擊過程看起來是怎樣？這問題看來有理，但其實毫無意義，如果你曾親眼看到這場撞擊，你早已經沒命了。

「如果你身在距離撞擊點幾千公里以內的地方，你最先看到的是大火球，」梅洛許說：「你身上發生的第一件事就是目盲，而且你身邊一切事物全都起火燃燒。」

2013年，外太空來了一顆石質特使拜訪俄羅斯的車里亞賓斯克（Chelyabinsk），震碎了一大堆窗戶，並使網路上冒出幾十部行車紀錄器錄下的YouTube影片。對許多人來說，這顆隕石造成的損害猝不及防。

「就算是在車里亞賓斯克，那些看到大火球的人都經歷暫時失明，」梅洛許說：「隕石放出大量紫外線，人們光是暴露其中就被曬傷；只是個二十公尺寬的物體，就能釋放這麼多能量到大氣中。」

車里亞賓斯克撞擊事件放出的能量等於半個百萬噸的TNT炸藥；希克蘇魯伯事件放出的足足有一億個百萬噸。「我們想不出辦法來讓人感受這個數字，」梅洛許說：「這威力絕對足夠把一座山以脫離速度[13]送上外太空。」

對於阿拉巴馬海岸的恐龍來說，這場秀結束得非常快：就在這顆奇特火球無聲出現於地平線上那一剎那，牠們都已經死了。不過，就算是那些距離夠遠而不受這道致命光幕影響的生物，也會很快接收到撞擊的訊息。

「頭一個就是火球放出的射線，溫度極高且大多肉眼可見；跟著來的就是噴出物。」不可思議的大量土石從隕石坑被挖出，這就是「噴出物」（ejecta），之所以叫這個名字，是因為事實上它們都被噴到繞地軌道上。岩石暫時擺脫「地球的陰鬱羈絆[14]」，沿著洲際飛

13. 譯注：脫離速度（escape velocity），指的是物體若要離開地球表面、飛進太空，它必須擁有剛好可以擺脫引力的速度。
14. 譯注：「地球的陰鬱羈絆」，出自麥基（John Gillespie Magee, 1922-1941）的詩作〈高飛〉（High Flight）。

彈的彈道飛向地表遙遠彼端；它們落回地面時，在大氣裡燒出一片世界性的流星雨風暴。如果要為小行星撞擊理論解釋此事為何能發揮全球性的殺傷力，這就是其中一種說得通的機制。

「隕石雨在一小時內襲擊整個地球，」梅洛許說：「當隕石開始墜落，天空會變紅，氣溫變成讓人受不了的熱，然後又變得更熱，再更熱，再更熱。」

依據梅洛許和他同事們的估計，這些墜下的岩石會加給地表每平方公尺十千瓦的能量。接下來他啟動儀器，試驗看看這數據實際上會造成什麼結果。

「我做的事情就是在不同設定之下測量烤箱中能量輸入值，我發現在『炙烤』模式中可以測到每平方公尺七千瓦，」他說：「這樣你就比較能推測十千瓦之下會發生什麼事。」

「炙烤」時間延續長達二十分鐘。

「任何沒找到遮蔽物的動物都會當場徹底被烤熟，」他說：「遮蔽能解釋某些生命怎麼倖存下來。」

竟然還有生物能存活？

起初梅洛許還會擔心，既然某些物種世系能夠存活下來，是不是表示這整套理論出了問題。哺乳類或許是鑽進洞裡避開炎獄因而倖存下來，但現代鳥類終日生活在空曠開闊處，身在這種地方絕對逃不過火劫。

「結果我們發現，現在所有鳥類都是從某一類的水鳥演化出來，這種鳥的現代親戚是在河岸上的地洞裡築巢，」他說：「大概是這種生活方式讓牠們得以活存，因為牠們有洞穴可供躲藏。撞擊發生在六到七月之間，那時應該是牠們的築巢期。」

等一下，你說什麼？

地質學家雖有本事把某個事件的時間範圍縮小到數十萬年間，但這已經是精密地質年代學所能達到的最大成就。這樣的話，我們怎麼可能知道小行星是在哪個月撞上地球？

梅洛許向我介紹古植物學家沃夫（Jack Wolfe）的研究，他在懷俄明州茶壺山（Teapot Dome）調查白堊紀—第三紀界線處睡蓮與蓮花殘骸，宣稱自己在該區域發現睡蓮種子，但卻找不到開花較晚的蓮花種子，因此將撞擊時間定位於六月初某時。

「接下來就是天搖地動的地震，」梅洛許說。

「相當於規模十二的地震，這個……嗯，正常情況下地球上根本不會發生規模十二的地震，因為〔地球板塊的〕彈性應變能力無法承受這麼多的能量，但大型撞擊確實可能造成這種現象。」

海洋學家發現許多發生在白堊紀末的極大規模土石流，例如南北卡羅萊納州外海的布雷克鼻角（Blake Nose）大陸棚邊緣的崩塌堆積。來自伍茲霍爾、德州農工大學，以及愛丁堡大學的這群古海洋學家（paleoceanographer）這麼說：

「北美洲東部大部分的海岸線在〔白堊紀—第三紀〕撞擊事件當時一定發生過災難性的大崩塌，造成了地表規模最大的海底地滑之一。

當時的地震連在地球另一端都能清楚感覺到，某位地球物理學家後來跟我說，只要地球上任何一地發生規模十一到十二級的地震，世界上其他地方都會感受到規模九的地震威力。

比核武強上兩百萬倍的音爆

「最後就是氣爆。」梅洛許說。

1908 年，一顆二百英尺寬的太空岩石墜落在西伯利亞荒郊野外（謝天謝地），當時爆炸造成的氣流把數百平方英里的森林吹成平地。梅洛許對氣爆很熟悉，他曾受美國軍方邀請，前往內華達州哈瓦蘇湖城（Lake Havasu City）軍方進行衝擊波效應研究的地方，在較近距離親身體驗震波威力。梅洛許當時親眼目睹五百噸高級炸藥在距自己一公里遠的地方引爆。

「非常驚人，你真的看得到空氣中的衝擊波，」他說：「看起來像是個膨脹中的閃亮泡泡，過程完全無聲。那東西膨脹得非常、非常快，直到它碰到我們的時候你才聽見『轟！』的一聲。但聽到聲音之前你會先感覺腳底震動，因為地震波能量傳播速度比聲音在空氣裡跑的速度要快。所以你先感覺腳底下在震，你看到這個閃閃發光、有一點像肥皂泡的泡沫壁以極快速度膨脹，然後你才聽到爆炸聲。我們都有戴耳塞，所以大家的耳朵沒被震壞，但附近有輛車的車窗被炸得一點不留。」

發生在希克蘇魯伯的音爆絕對是驚天動地，現代任何用以描述音爆規模的分級標準都完全不適用。歷史上試爆過威力最強的核武器是蘇聯時代五十個百萬噸等級的巨怪「沙皇炸彈」（Tsar Bomba），它在 1961 年於西伯利亞引爆，連芬蘭的窗戶都被震碎。把這種威力乘以二百萬倍，你就大概可以推想希克蘇魯伯是怎麼一回事。

事實上，就算蘇聯和美國決定把雙方在冷戰期間製造出的所有核武同時放在同一地點引爆，其威力仍然只有希克蘇魯伯的十萬分之一。話說回來，歷史所載最厲害的爆炸事件並非由核武造成，歷史紀錄裡聲音最響亮的一場自然現象是 1883 年 8 月 27 日喀拉喀托火山爆發。

「爆炸如此狂猛，我船上一半以上船員的耳膜都被震破，」這是當時位於四十英里外「諾安城堡號」（Norham Castle）的船長記下的文字。「我最後想到的是我親愛的妻，我真的以為審判之日已經降臨。」三千英里外（大約等於邁阿密與阿拉斯加之間距離）的人都聽到喀拉喀托火山放出的聲響，他們形容這是「遠方重砲吼聲」；這陣聲波繞著地球跑了四圈。

以喀拉喀托為基準，讓好幾個它同時爆炸，不是兩個三個或十個，而是五十萬座火山在同一時刻發威，你就能開始感覺到希克蘇魯伯的厲害。就像大陸玄武岩溢流的情況一樣，對於這些違反均變論精神的遠古劇變，今日世界已經找不到多少東西能給我們等量的恐怖感受。

不過，梅洛許與他在倫敦帝國學院同事所發展出來的撞擊計算器倒是能幫上忙。我在網上叫出這個計算器，把希克蘇魯伯撞擊的各項數據輸進去；為了知道身在波士頓的白堊紀—第三紀末日體驗會是怎樣，我把「距離撞擊點距離」設為「一千八百碼」。整個麻塞諸塞州都會聽到九十二分貝的聲音，光這個就已經震耳欲聾；再加上每小時一百七十九英里的爆炸氣浪，力量足以將州內木造房屋和 90% 的樹木都吹倒。造成這一切的只是一場發生在墨西哥的撞擊事件。

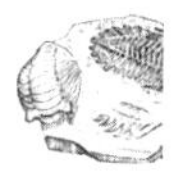

陰天摧毀了食物鏈

撞擊最初造成的效果可能是火，但爆炸後的餘波卻可能是酷寒造成的致命一擊，讓詩人佛洛斯特[15]的靈感更具先見之明：「論毀滅，冰／亦是好／且足矣。」小行星撞上猶加敦半島富含硫質的碳酸鹽海岸之後，會將大量足以遮擋陽光的氣膠注入大氣。

如果天夠黑，不只是原本熱如叢林的世界會因缺乏日照而被送進冰獄，而且幾乎所有生物賴以存活的光合作用機制也會遭到嚴重干擾。這等大陰天或許能夠解釋海洋生物為何滅絕，白堊紀—第三紀界線的浮游生物幾乎全滅，一旦支撐食物鏈最基層的棟梁被拆，那麼食物鏈頂端滄龍面臨毀滅的日子也就不遠。

至於陸地上的植物，白堊紀—第三紀這場撞擊冬天或許是造成現在植物界落葉樹勢力遠勝常綠樹的原因：落葉樹比較可能熬過數個月陰暗寒冷，然後能留下來享受這場全球大淘汰所造成的優勢，直到今天。

我們那些長得像鼩鼱的老祖先經歷這段艱苦歲月，堅毅度過血紅天空、熾熱焚風，以及接下來降臨的無盡冷酷嚴冬，親眼看著地球上最後幾個巨人蹒跚步向死亡；對牠們來說，這一切想必真的是世界末日，是這顆壯麗行星出人意料的終曲。

關於希克蘇魯伯，倒有一件事情讓人稍感安慰。過去數十年，科學家已經透過大範圍搜尋，將太陽系內與地球軌道交會的小行星加以歸檔，於是可以很有信心地說：那無垠大空裡並沒有任何東西帶著毀滅性威力向我們逼近，至少這種事情在一千年內不會發生。

15. 譯注：佛洛斯特（Robert Frost, 1874-1963），美國詩人。後引詩句出自他的〈火與冰〉（Fire and Ice）。

小行星厄洛斯（Eros）體積比白堊紀─第三紀那顆撞擊凶手還要大，它在過去曾飛越地球軌道（幸運的是，當時地球正好走到繞日軌道上其他地點）；由於它的飛行軌跡會隨機受到木星與土星的拉力影響，有朝一日它要走的路又會與地球軌道相交。「但我們說的是幾十萬年的事，」梅洛許說。

還有另外一顆天體是以某位撞擊專家的名字命名，叫做 8216 梅洛許。「它是一顆主帶小行星（main belt asteroid），」他向我保證：「對地球沒有威脅。」

隕石坑與馬雅文化重疊

猶加敦半島上，人們曾試圖把碩大無朋的希克蘇魯伯隕石坑拿來牟利，但很快宣告失敗，畢竟要把一個看不見的東西變成觀光景點實在有點難度。只不過，既然知道這裡是史上最著名生物大滅絕的原爆中心，我也就瞎拼亂湊出一份「隕石坑一日遊行程規劃」，從坑緣起步。

隕石坑本身在地表雖不可見，但也有其他間接的方式能讓人接觸到這個造成大災變的構造。這場小行星撞擊事件不僅大幅改變地球上生命歷史走向，甚至也塑造了一千多年來猶加敦半島上的人類歷史。

拿一張劃定這座六千六百萬年前撞擊坑輪廓的地圖，與一張呈現猶加敦半島馬雅遺跡的地圖，兩張圖相比較，就會看見兩者之間有種不尋常的若合符節，馬雅末代首都馬雅潘（Mayapán）等遺址恰恰好就蓋在這幽靈般的圓環上方。更奇特的是，這兩個劃時代遺址的重合，並非是機緣巧合。

馬雅文明和所有人類文明一樣，都依靠穩定的淡水水源而存。猶加敦半島的淡水來源，是石灰岩中的滲穴，被稱為石灰阱（cenote），是在叢林中突然出現的陡坑綠洲。因為整塊石灰岩塌陷，使得從海相沉積岩中滲流而過的地下淡水河流有機會冒出地面，於是形成石灰阱，讓馬雅文明得以生存發展。

如果把猶加敦半島上石灰阱的奇特分布情況標記在地圖上，就能反映出深層地下岩石呈現得更為深刻的擾動。這些擾動正是造成該區域石灰岩塌陷的主因。想當然耳，考古遺址都沿著淡水石灰阱分布。研究者對遺址進行調查，得出一項驚人發現：猶加敦半島的馬雅聚落畫出一道不可置信的百英里弧線，UNESCO 稱這是「石灰阱環」，華爾特 · 阿瓦雷茲則把它叫做「末日隕石坑」。

馬雅文明的結局

我在猶加敦的當地導遊傑納（Gener）搞不懂我為什麼想去馬雅文明末代首都馬雅潘，但這座古城是從地底撞擊結構造成的空洞（理所當然位在隕石坑緣上頭）裡面汲水來用，因此它的存在全得感謝白堊紀末生物大滅絕。

「除了我們沒別人會去，」他說。傑納是馬雅人，在說馬雅語的家庭裡長大，他的家鄉亞斯柯波伊爾到處都是馬雅廢墟。雖然我知道，千年前叢林中的大都市遭到遺棄之後，馬雅人並未消失。中部美洲現居的數百萬馬雅人，傑納的家世可謂稀鬆平常，但他的故事還是讓我這雙異國耳朵聽得直作癢，有點像是聽到某人說自己來自亞特蘭提斯（或說你窗外那隻麻雀其實是恐龍）的奇怪感受。

他平時慣於擺渡搭載我這種美國鬼子到人來人往的觀光景點，

像是契琴伊薩（Chichén Itzá）或烏斯馬爾（Uxmal）等巨石建築遺跡，展現古帝國轟然崩毀之前最純正的榮光。

馬雅文明曾經涵蓋從宏都拉斯到墨西哥的範圍，一座座宏大城市雄踞各方，但它們都在第九世紀被城裡貴族與平民匆忙拋棄，被遺留在藤蔓纏生的浪漫之中化作廢墟，度過死後光陰。關於馬雅文明那神祕不可解的滅亡，各種解釋大多圍繞著氣候變化，或是馬雅人自己的環境造成破壞。傑納雖是主張保護馬雅語言與文化的急先鋒，但對自己的祖先也並不加以美化。

「他們把森林破壞掉，砍掉所有樹木，然後就發生旱災……你以為我們能從中學到教訓，但其實沒有。」他苦笑著說：「人們不再尊敬自己的祭司、自己的統治官員，因為他們沒辦法帶來更多水源。人們以為神明在對自己發怒。」

文明崩解之後，擁有一萬六千居民的城市馬雅潘成為凝聚這破碎帝國的中心。這段後古典時期，總被蔑視為馬雅文明高峰期的衰敗殘影；但在這座末代首都中，一個高度發展的複雜社會所應具有的一切象徵卻是俱全。

市中心是儀式用的金字塔神廟（虔誠的馬雅人在這裡把同胞大卸八塊），該城所在的貿易網絡也延伸長達數百英里。十五世紀，馬雅潘的居民突然在一片恐慌中棄城而走，馬雅文明正式宣告滅亡，這個現象的內涵其實非常複雜，就像歷史上任何一場大滅絕一樣。當時發生了旱災（三千二百年來最嚴重的一場）、寒流（可能是由地球另一端的火山活動所引發），饑荒導致整個統治的皇室家族都遭謀殺，城裡嚇壞了的人們四散逃亡。

此時馬雅文明或許尚未注定湮滅於歷史中，但它在隨後數十年沒有得到任何緩刑；大型颶風侵襲，名為「血嘔」（blood vomit）的瘟疫降臨，此起彼落的戰事裡可能有十五萬馬雅人喪命，最後還出現一場史無前例的天災。

馬雅文明在環境與社會雙重混亂中苟延殘喘數十年，它的結局乘著船悄無聲息現身於地平線，這是從天外飛來踐踏他們的最後一腳，就如小行星撞擊一般完全無從預測。1517 年，馬雅人遇見西班牙人，此後新的金字塔再也不曾出現。

這就是社會、生態系，以及說到底是整個世界如何崩壞的過程。稍後，我們在本書中會看到，人們對於「恐龍如何滅絕」的認知也不再像原本那樣斬釘截鐵，而是在新線索中察覺到，當時發生的並不只是單獨一場終結一切的毀滅性天災。

就像馬雅文明的末日一樣，白堊紀可能也是被一系列愈來愈可怖的打擊帶向慘澹結尾。如果你不停地一遍一遍丟銅板，你總能連續丟出一百次人頭，而地球可是一顆非常非常古老的行星；恐龍時代如此，馬雅文明如此，我們現代的全球社會也是如此。

白堊紀的最後幾天

我的隕石坑一日遊還有一站：原爆點。傑納和我從隕石坑緣的馬雅潘驅車前往希克蘇魯伯港，也就是位在隕石坑正中央的小鎮。在這趟遠足裡，我們花了一個多小時在公路上開車，這還只是隕石坑的半徑長度，想想當時災難能有多驚人。

希克蘇魯伯是地球生命歷史的聖地，這地名已經成為恐龍悲壯滅絕的同義詞。世界上到處都是觀光景點，它們所紀念的歷史事件幾乎都只發生在人類這物種近代歷史的一眨眼間，但希克蘇魯伯這個歷史景點的重要性，比其他地點都大上一個數量級。這是一場天降的大屠殺，讓地球生命發展軌跡整個改道，並使得我們的存在成為可能。

通過一處軍事檢查站之後，我們看見眼前的希克蘇魯伯是一座五彩繽紛的海濱小鎮，到處都是矮屋露天咖啡座，供應海裡新鮮捕撈的鯛魚和透心涼的太陽啤酒。海水藍如牙膏，上有海鳥巡視。

我在海灘上眺望這景象，試著想像中生代的最後一刻。有些情景我能模糊推測、想像短暫的畫面：長得像不規則月亮的小行星，突然現身白晝天空裡。這個小行星身處外太空，已經在真空軌道上運行無盡歲月。一個大陸般的太空垃圾，將會終止於太陽系中最有特色的地方。

這是中生代落幕前平靜無波的最後時光，翼龍無憂無慮飛過波濤，搜尋淺海魚兒，對天空中愈來愈大的那個奇怪蒼白物體毫無所覺。罪魁禍首的這顆巨岩，可能是顆冰彗星而非小行星，雖然這種可能性並不大；這樣的話，它所造成的末日預兆就會更加戲劇化，它會在天上連續好幾週大放光明，像是死神的戰車。

白堊紀最後幾週的夜裡，天上這顆怪異新星辰會將子夜陰影投在叢林地面，讓那些安頓下來準備進行一場斷斷續續淺眠的鴨嘴龍（*hadrosaurs*）不自在的仰頭看著。牠們背後是數億年恐龍歷史，但眼前只剩下珍貴的幾小時。這座橫貫半個天空的陌生燈塔雖美，但卻讓牠們感到奇異的不安。

霸王龍在當時是真實活著、呼吸著的動物（我們很容易忘記這件事），牠也同樣目睹這場奇景；這顆星辰著陸前的日子裡，奇景在白天也清晰可見。這些情況是我能想像的，雖然程度並不高；但當它沉寂無聲接近以後所發生的事情，我就算耗盡所有想像力都無法推測其萬分之一。

在我長大的麻塞諸塞州殖民時代小鎮，每一座魚鱗板為牆的房子上都有個銘牌，上面紀念某位十八世紀名不見經傳的家具師傅或其他人；但是，你在希克蘇魯伯港看不見一點點以自身歷史而自負的氣氛。

復活節假期期間，鎮上廣場聚集嘉年華帳篷與園遊會攤位，遮住一座奇特的灰泥紀念碑；這塊混凝土板上面用淺浮雕刻著造型蠢笨的恐龍骨骼，紀念碑基部是已經破碎的一團水泥，形狀像是骨頭，上面潦草刻著一行古裡古怪還有錯字的西班牙文碑文（用的工具顯然是小刀），紀念這場 CATACLISMO MUNDIAL，意即「世界級的大災難」。

「一顆直徑十公里的巨大小行星於此處撞擊地球」，上面寫著。這就是過去一億年來地球歷史天字第一號大事件的最初發生地點，竟只有這樣一座紀念碑。「看起來像小孩子做的，」傑納說。

「小行星導致末日」被推翻？

「希克蘇魯伯被吹捧的程度超過真相，」普林斯頓大學地質學家克勒（Gerta Keller）如是說，她是阿瓦雷茲小行星撞擊假說的頭號質疑者。

些微條頓口音說出這句帶刺的話，這是克勒對學術界現狀典型的棉裡藏針評語。她並不質疑曾有塊大石頭在白堊紀末撞上墨西哥，但她認為要說此事導致生物大滅絕就實在太可笑。

她在紐澤西州普林斯頓大學辦公桌上面掛著一幅藝術家描繪恐龍時代終結的作品，內容與一般廣為人接受的「小行星導致末日」說法完全不同；這說法幾乎已成常識，在任何恐龍故事裡面都只需簡短一筆就能讓讀者領會。克勒卻認為這些都是假的。

致命熱浪？

「瘋了吧，而且也沒有證據。」

核子冬天？

「才不是。」

德州的海嘯沉積物？

胡說八道！

加勒比暴龍注視地平線上天降奇禍（在牠們被炸成碎片之前）的畫面已成自然史博物館、甚至是現代流行文化必備展品。無疑的，任何一隻距離撞擊點不太遠的恐龍都必定會親眼目睹這幅熱帶版本的最後審判畫面，然後才在令人目盲的強光中迅速無痛化作蒸氣。但是克勒認為，要說小行星撞擊這種地方性事件能讓中生代因此收場，這實在令人發噱。

「如果說，留下一百到一百二十公里大小隕石坑的撞擊沒造成任何影響，但留下一百五十到一百七十公里大小坑洞的撞擊卻能把整顆地球的生命抹消，我覺得這根本是幻想吧，」她說道，暗示著我們應當把魁北克的三疊紀曼尼古根隕石坑，與據說摧毀世界的希克蘇魯伯隕石坑拿來比較。

克勒辦公桌上方畫作裡有兩隻暴龍，背景是印度某處。這名藝術家把牠們畫成倒地痛苦掙扎、口吐白沫的樣子。遠方整片地景被噴吐白熱熔岩流的高聳火山與地面裂口撕開，前景是乾旱枯索的地表，高樹與低矮灌木正在腐爛，空氣則是一片含硫濃霧。克勒說，恐龍時代的終結者是火山，就像是二疊紀末與三疊紀末大滅絕的情況。這是場全球暖化與海洋酸化的世界末日，和之前發生過的二疊紀與三疊紀大災難一模一樣。

克勒的說法不是只表示，世上永遠有人為反對而反對；最令人驚奇的是，就在地球被十億年間僅見最巨大的小星撞上的那一刻，印度西部正被熔岩淹沒，有些地方覆蓋厚度超過二英里。印度這場火山活動規模奇大，噴出的岩漿足以鋪滿美國南部四十八州達六百英尺深。

這是白堊紀—第三紀界線最令人頭痛的情況；三十五年來，那些提倡以單一一個撞擊說來解釋大滅絕的人，始終為此受到不小困擾。人們在其他發生滅絕的地質年代交界處拚命尋找小行星蹤影，找到的卻都只有玄武岩溢流遺跡，況且地球歷史上規模最大的一場玄武岩溢流就發生在白堊紀；小行星撞擊本來是個簡單明瞭的漂亮答案，這下子就有了個除不掉的瑕疵。

克勒不是第一個質疑者，但她堅稱德干地區的玄武岩（Deccan Traps）才是白堊紀死神，而非猶加敦的隕石坑，這態度讓她在白堊紀—第三紀研究圈裡面頗乏人緣。

克勒不可思議的人生故事

克勒並非循著標準路徑獲得普林斯頓終身職地質學家這個搶手地位，她是瑞士鄉間牧人家庭十二個小孩中的么女，也是家族裡的異類。她的雄心壯志一次次被外力擊碎，先是在青少年時期，心理醫師叫她放棄當醫生的夢想（她出身太寒微，不該做這種白日夢）；然後她又去當了終日操勞的裁縫學徒。

克勒決定要走出去看看世界，於是精力充沛的她做了當下唯一一個合理的抉擇：她振作起來，徒步健行通過北非和中東。「我是個怪人，」她如此承認。

當她在西伯利亞鐵路（trans-Siberian railroad）上計劃行程時，她因為照顧生病的同行者，自己也染病不起。「我病得很重，只好搭火車去維也納醫院，那裡的人覺得我還活著就是個奇蹟，」她說道：「我被隔離了六星期打靜脈點滴，然後才自行出院，我每次都是這樣做。」

六個月後，她去了澳洲。

「然後我在銀行搶案裡中槍，」她不帶一點感情的說：「我被宣告死亡。」一顆子彈從她心臟和脊椎中間通過，在肺部穿出一個洞，又將背部肋骨打碎。

「整片藍天都在上演我的人生，一路飛逝而過，等到電影演完的時候我說『我不想死』，這就是了。我醒來之前有一段詭異的經驗，我飄在雪梨上空，感覺非常安詳，我看著一座公園和公園游泳池裡的人，還有旁邊經過的車輛。接下來就出現了救護車，警笛打破安詳，吵得要死，還聽到有個女人在慘叫喊媽媽。我覺得很煩，心裡想『嘖，我這輩子都不會做那種事』。突然間我就被吸回身體裡去，發現我就是那個正在慘叫的女人，有兩個年紀大的人正努力壓制住我。」

我問她認不認為自己真的飛過雪梨，還是她看到的景象是大腦在極凶險處境之下產生的幻覺。「是真的！」她斷言，「我看到一些我從來沒見過的地方，後來我才去了那裡，非常奇怪。」

「有趣的是，我一直覺得自己會在二十三歲死掉，」她繼續說：「我不想變老，所以我年輕的時候就把上限訂在二十三。我中槍的時候二十二歲，結果我發現變成二十三歲也沒那麼壞。」

就像瓦爾德差點淹死的經驗一樣，克勒也是僅以毫釐之差逃過被滅絕的命運。

她的人生繼續走在不可思議的軌道上，她先是在舊金山貧民窟當個成年高中生，然後鯉躍龍門進了舊金山州立大學。到這裡，她的學術生涯終於踏上一條比較正統的路。

這個艱苦的成長背景或許解釋了克勒在學術競技場上的強悍表現（可能有人會說這叫冥頑不靈），她反對當下主流的白堊紀—第三紀界線敘事，幾乎是樂在其中的刺激同僚對她的不滿。她告訴我說她還保存著滿滿一鞋盒的信，全是某一位看她特別不順眼的學術對頭寄來的，那人連續五年每週都寄滿滿十頁不空行的長信給她。她激怒同儕的功力可從她在學術研討會演說後的發問環節看出，那不像是個公開交換意見的場合，而更像是地盤爭奪戰。

克勒認為白堊紀—第三紀界線，發生過二氧化碳造成的劇烈氣候變化。她呈現的證據是來自納米比亞（Namibia）外海、突尼西亞，和德州等地鑽井岩心中浮游生物化石所含的同位素分析結果。海洋中出現比平常升高攝氏四到五度的高溫峰，陸地氣溫上升程度更高達攝氏八度，而她說這都發生在不到一萬年生命大毀滅的歲月裡。在此同時，就像上回大滅絕的狀況，海洋也變得酸化；證據何在？浮游生物這些災後氾濫種[16]在上次大滅絕之後繁盛數千年，此時卻突然被大量斬除。

「正常群落看起來長這樣，」克勒拿出一張圖片，上面是大滅絕前還勢力龐大的單細胞浮游生物那精密複雜的螺旋殼。「如果我們施加一些不利因素，像是氣候改變，裡頭那些特化的物種就會被淘汰。如果你繼續讓牠們承受更多壓力，造成壓力過度環境，群落就會變成這種模樣。藉著天災牟利的投機客占了上風，其他的全部

16. 譯注：災後氾濫種（disaster species），指擁有特殊適應能力，能在一般生命承受不了的環境中存活下來的物種。

滅絕。」

越過大滅絕後，這些生物體的殼變得較小、較簡單、也較難看，縮減成碳酸鈣小粒。遭到海洋酸化和大滅絕的篩選之後，殼的表面縮小成為抗蝕的壁壘。「這些就是你殺不死的傢伙，」克勒說。

和撞擊冬天的原理一樣，海洋酸化也會造成一套勢不可擋的機制開始運作，消滅掉食物鏈最底層的成員，把包括滄龍在內的整個海洋生態系統搞得翻天覆地。

不同解釋的交鋒

克勒認為目前的新趨向對她有利。

過去某些地層中的灰燼層，被解釋為小行星撞擊噴出物所造成全球森林大火，但這說法已受到挑戰，因為這樣一場世界大火所需要的氧氣量太多，讓設想中的致命機制從一開始就不大可能發生。

克勒說，長期以來生物學家都對「大氣暫時被加溫到披薩烤爐溫度」這種說法充滿懷疑，因為鳥類、哺乳類、兩棲類和爬行動物這些呼吸乾燥空氣的生物都能存活下來，而牠們在披薩烤爐裡可就沒辦法。

至於理論中希克蘇魯伯撞擊事件的主要產物，也就是造成酸雨、遮蔽陽光的大量二氧化硫，依據克勒的同僚、巴黎地球物理研究所（Institut de physique du globe de Paris）的雪內（Anne-Lise Chenet）估計，德干地區單獨一波火山活動往大氣裡注入的毒煙量就已經和小行星撞擊產生的總量相等。撞擊說支持者所推想在世界各地奔騰的海嘯本來有一公里高，現在也被修正為數十公尺高；這數字依舊嚇人，但不足以成為帶來末日的死亡使者。

克勒對德州海嘯沉積物（就是我看到的那一堆）和墨西哥其他地方類似地質構造的詮釋，構成她異端學說的主要宗旨。在克勒眼中，韋科郊外布拉索斯河上斯密特的海嘯地層，並不是殺人巨浪留下的災後沙石堆，而是砂質海床上安靜沉積數千年的平凡成果。

克勒說，這些岩石基部確實是有希克蘇魯伯撞擊事件的證據，但她指出上覆的砂岩層裡有動物鑽出來的洞穴（她的對手們不是質疑這說法就是忽略這現象），顯示這是個長期平靜的環境下經歷至少十萬年，而非是在數小時或數天內由大毀滅所導致。以她對這些浮游生物化石的詮釋為基礎，克勒將大滅絕的發生時間定在這受到爭議的砂岩上方一公尺處，也就是在撞擊事件過了很久以後，因此兩者間不可能有直接因果關係。

我說，這是個很有趣的解釋，但我也對她承認阿瓦雷茲所說的古比奧小鎮故事是個經典，包括浮游生物滅絕、石灰岩突然的中斷、黏土層、發現銥元素等等，聽起來實在太有說服力了。她聽了開懷大笑：「沒錯，非常有說服力，假如你對地層學一無所知的話。」

克勒聲稱，義大利著名的阿瓦雷茲地層其實跨越數百萬年，其中缺失了很長一段時間。除此之外，柏克萊地質年代學家賴內在2013年發表的研究成果，被學界普遍視為對這場撞擊與大滅絕事件最具權威性也最精確的定年；但是，克勒對此也提出反對意見。

賴內研究蒙大拿州地獄溪那塊舉世聞名的白堊紀—第三紀沉積層，其結果讓他宣稱：從小行星碰撞到地球上大部分生命死亡，發生時間相距不到三萬年。這已是地質紀錄容許科學家所估計的最近距離。然而克勒仍堅守她自己的發現，認定撞擊事件比大滅絕早了至少十萬年，說賴內研究成果中的誤差線（error bar）其實有留下解釋空間。

「那東西根本狗屁不通，」賴內在一通電話裡這樣對我說，這是克勒發表研究結果的時候會得到的典型反應，「你要知道，克勒自己就在搞自相矛盾。一方面我認同她說這事情跟德干玄武岩有關，她很用心在鑽研這塊，我相信她在這方面確實有些重大貢獻。但她又堅持希克蘇魯伯比白堊紀—第三紀交界要早……你要知道，她原本說兩者差距是三十萬年，最近她自己又把差距下修，這種事情讓她完全信用破產。她把地質學上的事實過度解釋來配合自己荒謬不堪的觀點。」

至少克勒的研究有一個部分並未受到批評，那就是她團隊最近對德干玄武岩加以定年的成果。每一年的田野季，克勒的團隊都會由她在普林斯頓的同僚斯奈（Blair Schene）率領前往印度，試著從這些來自白堊紀末堆積成山的熔岩堆裡頭測出確實年代。普林斯頓團隊所測到的年代愈來愈精確，時間上也愈來愈接近白堊紀—第三紀界線。

地球從溫室中急凍

印度與岡瓦那超大陸從動物生命伊始之時就已經結褵，直到一億年前婚姻終於告吹。印度很明顯對這段姻緣不太放感情，在白堊紀晚期時以每年將近半英尺的迅捷速度（就地質學角度來說）飛越過原始印度洋頭也不回離去。但在他與真命天子亞洲大陸相會之前，印度不幸偶然路過留尼旺熱點（Réunion Hotspot）；就在白堊紀—第三紀界線之前不久，這座島嶼經歷一段短暫的天崩地裂時光，發生規模超乎想像的大噴發。

厲害的是，德干玄武岩到今天還在噴發中。留尼旺熱點位於島國留尼旺的東側，也就是馬達加斯加東邊五百英里處，它過去曾在印度噴吐熔岩，現在仍在原地噴吐著。富爾奈斯火山（Piton de la Fournaise），甚至留尼旺這整個國家，都只是地球地函中，一個不正常的特別熱點的自我表述方式，它的出現可回溯到白堊紀末。

夏威夷群島的地質年代從西到東愈來愈年輕，因為移動的太平洋板塊經過深處地函上湧的一個熱點；留尼旺熱點也是這樣，因為上方板塊漂移而在印度洋中畫出一條軌跡。德干玄武岩噴發後的六千六百萬年內，這處熱點數度戳穿地殼板塊，製造出馬爾地夫群島、賽席爾群島、模里西斯，最後才抵達留尼旺島下方。不過，這處熱點第一次作怪的地點是在印度。

白堊紀—三疊紀生物大滅絕之前數億年，恐龍還開心地在地球上慢吞吞走著，此時地函首度甦醒，地表斷續噴出岩漿，範圍大致限制在孟買一帶的小型區域內。就算這些熔岩溢流在今天看起來真是天災巨變，但克勒說，這些最早的噴發活動只噴出德干玄武岩總量的 4% 而已。

話說回來，就連德干玄武岩這些相對小型的初期噴發，似乎都已經搞得氣候大亂；當時先出現高溫尖峰，以及碳循環動盪現象，最後一個被認為與火山噴出的二氧化碳有關。

這春風暖意後面可能緊跟著溫度直直往下墜的冰寒天候，北達科塔州的植物化石顯示，地質學上生物大滅絕的前一刻，氣溫曾經下降多達攝氏八度。這場降溫可能是因為第一階段噴發新形成的德干玄武岩產生風化，於是吸收掉大氣中的二氧化碳。

當時世界本來是個大溫室，或許也因寒冷氣候而出現冰河，證據顯示，海平面曾在白堊紀—第三紀界線前不久大幅下降。蒙大拿州那片傳奇性的地獄溪惡地，年代跨越白堊紀末生物大滅絕前後。華盛頓大學古生物學家葛威爾森（Greg Wilson），在此進行研究並記錄下該地滅絕情況，發現 75% 的哺乳動物，似乎都在小行星撞擊之前的地質學片刻就已經滅絕。原本包括有袋類在內的主流勢力遭到毫不留情打擊，每十一種物種裡頭只有一種活下來。最少最少我們可以說（如果這些訊息都是真的），對於一場小行星撞擊所引發的世界末日，其前兆竟然是毫無關聯的氣候與動物群劇變，這實在有點奇怪。

話又說回來，還是有人懷疑白堊紀—第三紀界線前的氣溫變化是否真有那麼劇烈，或是遭到小行星撞擊之前的地球生物圈是否真的已經一腳踏入鬼門關。支持撞擊說的賓州大學古植物學家魏爾夫（Peter Wilf）在《科學》雜誌上發表言論，嘲諷這種「往養老院丟炸彈的場景[17]」。「凶手早就被逮到了，」他在寄給我的一封電子郵件裡這樣說，指的就是那顆小行星。

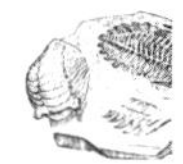

災區孕育了古文明

如果中生代終結者是德干玄武岩，而非希克蘇魯伯撞擊事件，那事情大概會是在一陣陣災難性大噴發中逐漸推展。當時這些火山正處於中年，最初的噴發過不久之後（大約與小行星撞擊同時），印度的火山系統突然從一道噴濺的裂隙，變成瘋狂溢流熔岩的破裂消防栓。這是當時噴發的「主要階段」，岩漿覆蓋面積等同於整個法國，某些地方熔岩深達二英里。

17. 譯注：意思是說，反對撞擊說的人設想當時地球生物圈已經行將就木，所以小行星撞擊只是「丟進養老院的一顆炸彈」。

今天，印度西部那些長得像電腦條碼、高達一萬一千五百英尺的山陵都是從當年洶湧噴發出的熔岩流切割出來的成果，比方說位於馬哈巴勒什瓦（Mahabaleshwar）那些稜角崢嶸還有帶狀玄武岩的山峰。

就連在印度次大陸另一側的孟加拉灣，都能發現構成德干玄武岩的遠古熔岩，由「地球有史以來最大規模也最巨量的熔岩流」運送而來。這些大約二千四百立方英里的熔岩，經過路途幾乎長達一千英里，換句話說就是約等於芝加哥到波士頓之間的距離。

就像那些不知不覺在恐龍殺手隕石坑上頭定居（以便取得淡水）的墨西哥馬雅人，世界另一端的佛教僧侶也發現白堊紀末大滅絕造成的地質構造可供他們善用。

從二千二百年前開始，佛教徒就在西高止山脈（Western Ghats）的叢林中鑿出二十幾座修道院以及五座寺廟，全都位處德干玄武岩構成的峭壁壁面；這些就是著名的阿旃陀石窟（Ajanta Caves），和石灰阱環一樣都是聯合國教科文組織公布的世界遺產。數千年前，僧侶們就在這可能摧毀過世界的岩洞深處靜靜冥思；若要思索佛教教義中「無常」概念，此地還真算是適合呢。

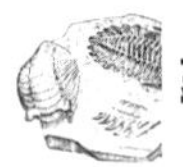

尋求兩種說法的共同解

美國地質學會年會上，加州大學柏克萊分校地質學家理查德（Mark Richard）站上講臺，對臺下滿滿的觀眾發表演說，觀眾裡不少都是過去三十五年來參與白堊紀—第三紀唇槍舌戰火裡來水裡去的老兵。

這些人才剛聽過克勒和她同僚一系列演講，內容反對阿瓦雷茲小行星學說，並認定凶手除了德干火山活動別無他人。戰場上再度畫下楚河漢界，海報上標記著理查德的演說內容，是與白堊紀—第三紀學界超級巨星阿瓦雷茲、斯密特，和賴內合作研究的成果。其中賴內為這場小行星撞擊進行的定年工作比誰都扎實，而他得出的定年結果正好就與大滅絕位於同時。如果要組成一支夢幻隊伍來批判克勒那些對古代世界的惱人狂想，這些人絕對都是首選。

問題就是，理查德在演講一開頭就語出驚人：「開始之前，我想先說說一個故事，在我看來這是隻八百磅重的大猩猩，好像變成了八千磅重的大猩猩的故事。」

過去在學術會議裡，那些為小行星致命威力作保的科學家，對德干玄武岩的存在都只是一兩筆帶過；反對小行星說法的一派也是如此態度。但理查德這次是要直接面對這個課題，承認生命史上最大的小行星事件，與某一場規模最大的玄武岩溢流之間的確有些奇特（對某些人而言還頗為惱人）巧合。

「這種情況隨機發生的機率實在太低，似乎表示兩者之間有某種因果關係，或是有某種神意安排。既然後者不是我的專業，畢竟我是個地球物理學家，那我就要把重點放在好幾年前被認為可能是腦子有問題的某項假說，不過我現在已經不認為這項假說真有那麼荒唐。」

和克勒的團隊一樣，理查德和賴內等人也花了不少時間在印度熔岩堆四處打探。這群人在西高止山上與周圍走過幾趟玩命旅程，跟藝高人膽大的摩托車騎士共用一條緊貼峭壁的險路，如此才從馬哈巴勒什瓦的危峻高峰上採得岩石樣本。

理查德與同事們對於層層堆疊的熔岩中一處明顯可見的轉變痕跡特別感興趣。最初幾陣噴發造成基部的玄武岩層之後，岩性中出現某種本質性的改變；這就是「魏伊亞群」（Wai Subgroup）的起始點，此亞群是熔岩層中一個占了德干玄武岩 70% 的部分。「如果把魏伊亞群去掉，〔德干玄武岩〕就完全不會被視為世界級的玄武岩溢流事件，」理查德說。

魏伊亞群不只是內含的熔岩體積大到超乎尋常，這些岩石本身的化學性質也與下方岩石不同。德干玄武岩早期的較小型噴發中，熔岩裡摻和著大量地殼所含元素，表示熔岩上升到地表的過程很緩慢。但魏伊亞群的熔岩從一開始就只含從地球深處而來的成分，代表這些岩漿是以狂暴猛烈的方式從深處排放出來，過程中幾乎不與地殼產生反應。「這就像是座直接連接地函的消防栓，」理查德這樣說。

當理查德正在整理他從印度帶回的檔案時，他的好友，同時也是他在柏克萊的同事以及古生物學界的神級人物華爾特・阿瓦雷茲也正使用 Google 地球來研究這片玄武岩的地理狀況。

他從衛星照片裡發現，穿過較老也較脆弱那片熔岩流的斷層並沒有延伸進入頂上巨大的魏伊亞群。在阿瓦雷茲看來，這表示早期噴發與後來的消防栓式的大暴發之間有很大的時間間隔。阿瓦雷茲興奮地打電話給理查德，告訴他自己坐在沙發上就找到的大發現。

「如果你研究的題目跟白堊紀—第三紀界線有關，然後阿瓦雷茲在某個禮拜天下午打給你要你馬上過去，你就得馬上過去。」理查德說。「這現象顯示的是德干玄武岩可能是邊打哈欠邊宣告完工……然後突然就有事發生了。」

「這些反對者，」理查德說：「包括克勒在內的一群古生物學家說，如果你去調查孟加拉灣鑽出來的岩心，也就是那些大規模熔岩流蓋住白堊紀沉積物的地方，這些熔岩流出現的時間正好就落在白堊紀—第三紀界線處。」

對理查德而言，一切成形的那一刻竟發生在放假時全家出遊的路上，他們去的地方正是猶加敦馬雅廢墟。出發前阿瓦雷茲就給理查德看了那張呈現猶加敦隕石坑的有趣地圖，地圖上顯示支撐馬雅文明的那些石灰阱位置很明顯是依附著隕石坑邊緣。

參觀契琴伊薩附近一處石灰阱之後，理查德突然茅塞頓開。

「我回到旅館房間，我那時候的體驗簡直就是你在這門行業裡所能得到最接近『上帝顯靈』的經驗，」他說：「凌晨三點我整個人坐起來，在床上坐得筆直；我家人都在睡覺，我去開了電腦上網搜尋相關文獻。」

理查德突然想起他加州大學柏克萊分校同事曼加（Michael Manga）的研究，曼加研究過地震是否能觸發遠方火山活動的假說，這個說法並不新，且當時逐漸開始受到統計數據的支持。

撞擊引起火山爆發？

1960 年，智利遭到史上最大的地震襲擊；三十八小時後，科登考列火山把山頂炸飛一百五十英里。超過一百年前，達爾文在智利瓦爾迪維亞經歷過一場類似地震，一天之內明欽馬維達火山與楊特里斯山相繼噴發。達爾文很合理的認為兩者之間有因果關係，但他想不出來合理的機制是什麼。

多少年以來，這項意指著地震與火山之間有某種直覺關聯的證據只被當作科學軼事。然而，近來人們透過統計學，發現兩者其實存在著真實關聯；地震震度的大小似乎與它能觸發火山活動的距離有關。

理查德的同事曼加就是在摸索這個關係的詳細模樣。如果把地震規模升高到超乎想像的十一，像是希克蘇魯伯會引發的這種，曼加計算出來的觸發範圍可以涵蓋全球。這也就是說，一場規模十一的大地震能夠喚醒全世界的火山開始噴發。理查德在他深夜天啟之中醒悟到，希克蘇魯伯撞擊事件所引發的地震，其規模能把印度的普通火山化作末日災星。

1997 年，阿瓦雷茲正在試圖釐清希克蘇魯伯事件的重要性，那時他就為這顆小行星與火山活動之間神祕的時間巧合大惑不解：「一個好偵探不該忽視任何巧合，像是白堊紀—第三紀界線與德干玄武岩在時間上的重疊；更何況我們還有另一個輔證，就是西伯利亞玄武岩與二疊紀—三疊紀界線的年代重合，這一定有某種意義。但在那個時候，我還沒聽過誰曾經就撞擊、火山活動和生物大滅絕三者之間的關聯提出合理解釋。」

現在他們找到了關聯。

小行星撞擊可能導致印度火山活動，這個想法並不新；數十年前它曾經被討論過一時，然後科學家測定德干玄武岩年代比撞擊事件可能早了數百萬年，於是這想法也就遭到拋棄。研究者認為，如果火山活動在小行星撞上地球之前就開始，那就不可能去說兩者之間有因果關係。此外，德干玄武岩的位置也不是在撞擊點的對面側，而地震波能量會聚焦在地球上距離撞擊點最遠的那一處；更何況再怎麼說，就算德干玄武岩真與小行星撞地球有關，僅憑這場撞擊本身的威力確實不足以引發這種災難。

問題是，如果理查德的想法有理，如果希克蘇魯伯引動了一處已經蓄勢待發的火山系統，那他猜想當時撞擊所觸發的大概不只是德干玄武岩，世界各地板塊邊緣的火山以及整條中洋脊應當都聞訊而起才是。撞擊之後，這顆行星板塊拼圖的接縫處會被轟隆爆發的火山燃成一片星圖。

恐龍的運氣為什麼這麼背？

雖然相爭不下的兩套理論已經出現令人興奮的融合可能，火山活動在白堊紀末生物大滅絕中的重要性也被重新肯定，理查德仍然明智的避免說出誰應該為恐龍之死負最大責任。這兩場驚心動魄的事件，雖然共存於一個非常接近大滅絕事件的地方，但事情仍有些不自在。關於這場噴發的本質與發生時間，現場研究者還在不斷提出更新、更精密的測量結果；理查德被問到德干玄武岩在大滅絕中終極角色時，他的回答有些閃爍其詞。

「我做過最滿意的決定，就是絕不對於『是什麼導致白堊紀—第三紀大滅絕』表示任何意見，」他告訴我說：「因為實在沒有理由去表現這種立場。我的意思是說，這件事一直吵得非常兇，我總是小心不讓自己捲入。反正未來幾年內，我們總會發現當時到底發生了什麼事，為什麼不乾脆就和和氣氣等待結果就是了？各方面加起來，這個故事只會變得更有意思而已。」

他的同事賴內可沒這麼保守。「我想我們或許正在慢慢拋棄火球啦、天譴啦那一類的想法，」他說：「這麼多年來大家都想破頭，就我們所知沒有其他任何一場大滅絕被直接連到小行星撞擊上頭；對比之下，所有規模比較大的滅絕事件都與德干玄武岩這樣的玄武岩溢流有關。這種詭異的巧合到底是什麼意思？」「事情或許是這樣，希克蘇魯伯是槍，德干玄武岩是子彈，」他說。

所以說，要把恐龍這個行星史上最霸道、主宰地球長達一億三千六百萬年的動物族群給消滅掉，到底得靠什麼？下列情況或許能達到效果：

白堊紀末逐漸惡化的氣候，溫室效應的熱浪中間穿插著短暫酷寒冬天……然後再來一顆大小與舊金山差不多的小行星於一秒內砸透大氣層，把墨西哥變成《魔戒》裡的魔多[18]，讓周圍一切東西都起火燃燒，將海嘯送往遠方海岸數百英里的內陸地區，沖毀美洲東部沿海陸地，帶來黑暗時代，摧毀浮游生物，擊破食物網，還引發酸雨，還有……世界另一端，中洋脊在海底深處轟隆作響，地球表面開裂，其規模是過去歷史上少數幾個大災難篇章裡才得一見，以火焰淹沒印度西部，酸化海洋，為地球帶來數千年刑罰般的高溫。

當然啦，上面說的這些都只是推測。事實上，我們到現在還是不知道恐龍滅絕當下到底是什麼情況，唯一能確定的只是那些情況必定糟透了。

為什麼恐龍的運氣會這麼背？這似乎是個合理的問題。這些殺手機制，在牠們死亡過程中所展現的壓倒性威力，幾乎暗示著有某種充滿仇恨、厭惡恐龍的毀滅之神存在。比較可靠的說法是：牠們是因為太成功才會遇到這種不幸後果；從實際作用而言，恐龍對地球的絕對宰制長達千秋萬世，而只要你活得愈久，你就愈有可能遇上某些極其罕見、極其慘烈的事情。人類存在時間遠遠不到一百萬年，如果我們還能繼續存活個幾億年，我們也會看盡最極端的盛衰。

18. 譯注：《魔戒》是托爾金（J. R. R. Tolkin, 1892-1973）的小說。「魔多」（Mordor）是小說中黑暗君主的領地，內有一座末日火山。

漫遊新世界

我剛剛花了一整天在阿拉巴馬的荒郊野外開車，與阿拉巴馬大學古生物學家厄瑞特一同尋找滄龍；我已經很想下班休息回家去，好好處理一下我身上的曬傷。

我們成果很豐碩，要找到這種殞落巨獸的脊椎骨並不難，只要經過一場暴雨，阿拉巴馬州的小溪裡就會沖出許多這些東西。然而厄瑞特仍未罷手，他想要去看傳說中白堊紀—第三紀界線在當地顯現的岩石露頭，沒有一隻滄龍能游過這條界線。厄瑞特自稱是「阿拉巴馬漫遊者」，我發現他還真的名副其實。

「我們現在到底在哪？」他問道。

當天河面比平常要高出八英尺，所以他聲稱距離營地一小時車程的那處白堊紀—第三紀露頭完全被水淹沒。不過他還有個B計畫，去一個從來沒去過的地點；有個退休的密西西比州地質學家把訊息透露給他，像是釣客與同好分享最佳釣場那樣。

「我們在一個搞不清楚是哪裡的地方，」他說道，一邊翻看著紙本地圖；從塔斯卡盧薩（Tuscaloosa）往南走了兩個半小時之後，我們的電話在這阿拉巴馬荒郊野外全都失去訊號成了廢鐵。我們經過一片又一片的棉花田，經過悽慘鏽蝕的鐵皮屋，還看到一個只穿工作褲沒穿上衣的男子帶槍坐在他家門前。厄瑞特回去看看地圖，又抬頭看看眼前突如其來出現的岔路。

「我們在一個搞不清楚是哪裡的地方，」他又說了一遍，然後陷入沉默。「再往前走一點好了，」他最後又說：「這太刺激了。」

我們距離目的地愈來愈近，路肩上已經散布著從白堊紀末留下來的牡蠣殼，這種巨大而多瘤節的貝殼有個綽號叫「惡魔腳指甲」。如果我們往南走太遠，就會很快通過白堊紀—第三紀界線處，那裡我們只會發現巨大鯨骨和早期哺乳類，而不會有阿拉巴馬州和密西西比州的滄龍和暴龍。

路上，一部小貨車載運著數百隻塞在生鏽金屬籠裡的可憐雞隻，牠們的羽毛被公路疾風吹得亂蓬蓬。某些風光不再的恐龍瞪著我們的客貨兩用車看，那眼睛一望便知是爬行動物族裔，控訴我們將恥辱強加於這支曾經輝煌的世系。

土地出售，六百八十畝。道旁一個破爛的招牌上面寫著。

「六百八十畝地，就在白堊紀—第三紀界線處正上方！」厄瑞特開玩笑說道。此時一片成層巨岩突然從公路路肩冒了出來。

「可能是這個，」他說，伸長了脖子想要看清楚，態度立刻嚴肅起來。厄瑞特匆忙將客貨兩用車高速駛進雜草堆裡停下，靠在方向盤上看。路旁崖壁往上一半處，岩石的顏色突然改變。

「絕對就是這個。」

懸崖頂上是一個新的世界，我們的世界。

第七章

更新世末大滅絕

五萬年前到不遠的未來

恐龍時代無盡歲月結束之後，登場的新地質時代「古新世」是個奇怪的時代。新墨西哥天使峰的峽谷內，威廉遜的團隊正試著重建這顆劫後餘生行星的新模樣。

這片新墨西哥惡地裡裝得滿滿的都是龜殼、鱷骨和哺乳類的牙齒，看來尋常，但這等哺乳動物大多都已絕子絕孫，現代世界裡沒有牠們的後裔。

在其他地方，地球做出一些古怪至極的實驗，殫精竭慮要把恐龍消失之後留下的生態大裂口填補上。泰坦巨蟒（titanoboa）出現在南非，這是二千五百磅重的大蛇，長度將近五十英尺。這隻巨蛇的恐怖程度尚有大陸上的「恐鳥」能與之匹敵，這種生物最早在古新世演化出來，後來長出跟馬一般大的頭、恐龍般的腳，以及龐大的彎喙，牠們憑藉此物肆虐鄉野，把那些過世表親的家族事業傳承下來。

「那是個狂野時代，」布魯沙特說：「當時出現某些非常怪異的鳥類，基本上就在扮演恐龍過去的角色。當然鳥類就是恐龍，但你要知道，所謂『扮演角色』指的是在大滅絕之後數百萬年間扮演像是當年迅猛龍那樣的角色。」

動物群不斷產生劇變，而氣候變化比起動物群還要更不安定。

「古新世和始新世是一段氣候激烈震盪的混亂時期，」布魯沙特這樣說，那時我們正在西沉的新墨西哥夕陽下健行通過乾燥多砂石的河床。然而，這片沙漠的熱度，比起我們老祖宗所面對的全球規模蒸氣澡堂簡直不值一提。

「我們知道當時真的很熱，比現在熱太多。想想現在全球氣候變化趨勢，你就會想要搞清楚進入酷熱時代的地球長什麼樣子。那時候不只是氣候炎熱，還有一大堆高溫峰，峰期可能延續長達數萬年甚至數十萬年。我們現在來這裡就是要研究這情況。」

「我找到一個完整的烏龜腹甲！」威廉遜在惡地頂上高喊。

「幹得好啊，」布魯沙特喊回去，抬眼看著高聳岩脊，「你怎麼爬上去的？」

始新世洗三溫暖

哺乳類時代早期的溫室氣候在五千六百萬年前把悶熱威力開到最大。不到二萬年間，大量碳元素被釋放進大氣與海洋中，其總額大約等於現代化石燃料總藏量，結果就是氣溫驟升攝氏五到八度。

這場事件被稱為「古新世—始新世氣候最暖期」(Paleocene-Eocene Thermal Maximum，簡稱 PETM)，原因可能是北大西洋深處的火山活動把海床下巨量化石燃料都燒掉所致。一旦二氧化碳與甲烷大量氣化，氣候就會熱到蒸騰，可能還會使得永凍土解凍、釋放更多二氧化碳與甲烷而造成惡性循環，更進一步使地球升溫。這些情況在現代人聽起來全非吉兆。

珊瑚礁在 PETM 期間受到慘重打擊，始祖馬之類的哺乳動物則把體型變小來對抗高熱，並且紛紛往兩極遷居，畢竟北極海那時還維持在溫和的華氏七十六度。

就算熱浪稍稍減退，地球還是熱到不能再熱；今日加拿大位於海上極北處的埃爾斯米爾島，這狂風島嶼上有一處俯視冰洋的光禿禿岩壁，上面可以見到樹木殘幹化石，標記著此地曾是始新世沼澤叢林，裡面過去住著會飛的狐猴、巨型陸龜、長得像河馬的動物、以及短吻鱷。依據二氧化碳排放量以及氣候敏感度模型的最糟情況，我們現在這顆行星將來就會變回始新世的蒸氣大浴室。

高二氧化碳含量的溫室氣候從恐龍時代就開始，持續到早期哺乳動物開始興盛的時候。此事成因再度將矛頭指向印度：這塊漂移的大陸，一千萬年來迤邐橫過海洋，將數千英里的含碳酸鹽海床隱沒到地球內部。

這些被吃進地球腹中的岩石不斷釋放出二氧化碳，從隱沒帶上方的前緣火山排放出來。四千五百萬年前，當印度撞上亞洲，這個已經運作了數千萬年的二氧化碳工廠被迫關門，火山也都偃旗息鼓。這場撞擊把喜馬拉雅山推上天際，玄武岩與這座新生山脈也就開始風蝕，讓大氣中二氧化碳更進一步減少。這就像是阿帕拉契山脈的誕生造成四億年前奧陶紀冰期，當喜馬拉雅山不斷長高又不斷受到侵蝕，地球氣溫也就慢慢的、逐漸的下降進入現代冰期。

長久以來南極洲都是片林木蔥鬱的生態寶庫，此時它開始與澳洲分家，於是岡瓦那超級大陸的最後一片遺跡也就隨之消滅。當這片最南端的大陸上逐漸出現冰帽，全球各地漸漸有了更冷更乾燥的氣候，這就是始新世在三千四百萬年前的寒冷終章。

現代正處於間冰期

地球從存在已久的溫室氣候進入一個更接近現代、兩極有冰的氣候，這場轉變讓動物生命出現巨大變革。極冰出現後，頭上有顆大瘤、長得像犀牛的雷獸（brontothere）這類古怪哺乳類就消失不見。今日我們熟知的草地與熱帶莽原開始擴張，逐漸取代原始森林；這場改變被稱為 Grand Coupure（法語「大轉折」之意）。

不過整體來說，物種的滅絕與起始在新生代的情況還是一如往常，牠們盡情過著最天然的生活，然後因地質季節的遞嬗而衰落消亡，幸運地不必經歷生物大滅絕的無差別大屠殺。恐龍時代過去後，這世界也還是個狂野世界，裡面有跟恐龍一樣大的無角犀牛，也有海神般的六十英尺長巨齒鯊（megalodon），但這時代在大眾的想像中卻被完全忽視，實在有些不公平。

接下來，距今僅僅三百萬年前，二氧化碳還在不斷減少，北美洲與南美洲在巴拿馬接上了頭，這是一場讓全球海流全面改道的婚姻；此時，這顆行星的兩極也開始結凍。在那之後，北極大概就一直維持冰天雪地的模樣，直到我們這個時代為止；依據預測，北極冰層會在未來數十年的夏天逐漸溶解。

大約二百六十萬年前，當地球變得夠涼快，地軸的搖擺現象開始主宰氣候，以不同的傾斜度讓不同地區受到日照或避開日照，並帶著整顆行星在強烈冰期氣候中進進出出。

如果這種週期性的搖擺在夏季讓地球傾斜遠離太陽，巨大無比、厚度超過一英里的冰被就會入侵整片大陸；寒冬來訪地球，將它擁入自己冰冷懷抱長達數萬年。過去數百萬年來，這些太空中的搖搖擺擺和地球軌道的規律變化，可能曾讓地球經歷過五十次以上冰來冰又去的循環。

回到現代，我們發現自己被夾在兩場大冰期之間，處於短暫如煙的數千年間冰期溫暖氣候中，正如地球過往曾獲得的數十次溫暖緩刑。這可愛的假期已經放得夠久，我們不應期望它再更延長多少，而該做好心理準備，知道地球可能在地質史上的瞬間被遣送回大冰期，那時紐約市會看起來像南極洲的邊緣地帶，帝國大廈不過是大陸冰被那霜雪表面凸出來的一個不起眼東西。

如果冰期再度來臨，海平面會下降四百英尺，將我們熟悉的海岸線往外海推數百英里，讓澳洲與亞洲、亞洲與北美洲都連成一氣。我們稍後會再回來討論這個超長程氣象預報，目前它已因人類介入而被搞得一片混亂。

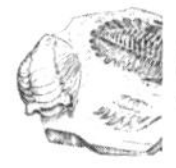

現代人類就是大滅絕的原因

奇特的是，過去數百萬年內，地球氣候經歷不斷跌入冰期又爬出來的狂暴震盪，所造成的物種滅絕事件卻少之又少。霸王等稱蟲或鄧氏魚這類生物，在地球歷史早期冰河期中慘遭消滅，但長毛猛獁象、巨型地懶、體積龐大的有袋類，以及體積跟車子一般大小的犰狳，牠們似乎能夠持著樂觀態度，忍受近代地質史在冰期與溫暖間冰期之間不斷變天，藉由遷移的方式讓自己在這顆多變無常的行星上活下去。

然後，地質史上不久之前，這世界上半數的巨大哺乳類全都消失無蹤。

這個情況被稱為「近時」（near-time）滅絕，因為在地質學家眼中幾千年前發生的事跟昨天差不了多少。這些近時滅絕的現象是白堊紀末日之後，陸生脊椎動物所遭遇最慘重的打擊，其模式與眾不同：海洋領域全部倖免於難，植物基本上也沒受什麼損失，主要只有那些體積龐大、充滿魅力的陸生哺乳動物遭殃。

雖然發生過無數次嚴酷的氣候變化，但這數百萬年相對而言仍算是太平日子；此時突然一股怪異的滅絕潮席捲全球，滅絕潮的痕跡與非洲新近演化出來的靈長類物種「智人」（*Homo sapiens*）那充滿豪情壯志的遷徙路徑詭異暗合。從距今不久的數萬年前開始，滅絕的死神從一片大陸躍上另一片大陸，然後又去了偏遠島嶼，一直到現在仍活躍不歇。

說到人類造成的生物滅絕，人們想到的會是軋軋作響的汽油鏈鋸滑順割穿古木，或是工業化拖網漁船用鏽蝕的水下巨犁把海床搜刮一空；但事實上，打從人類誕生以來，我們就不斷將自己的收穫建立在生物多樣性的損失上頭。

大約在距今四萬年前到五萬年前之間，澳洲的袋獅族群與巨型袋鼠都沒了，後者體型遠比現存袋鼠要大，動作也慢得多。這裡的雙門齒獸（diprotodons）也沒了，牠是龐大而行動緩慢的植食動物，身材與犀牛差不多大，也是史上曾出現過最巨大的有袋動物。

身高超過六英尺的不會飛的大型鳥兒也消失了，其他還有一種巨型蟒蛇、兩個種的陸生鱷類、以及一種名叫「古巨蜥」（*Megalania*）的龐大巨蜥，這種蜥蜴身長約有十五英尺，看起來像是三疊紀的生物迷路跑到這兒來。

澳洲陸地上所有體重超過一百公斤的動物全部死光；這場滅絕狂潮不是在任何氣候異常混亂的時期或小行星撞擊之下發生，而是剛好在頭一批人類抵達澳洲的時候開始發威。

現代人剛進入歐洲和亞洲時，當地動物群逐漸滅絕所花時間更長；受害者包括歐亞大陸的古菱齒象、長毛猛獁象、長毛犀牛、不那麼長毛的犀牛，以及河馬族群、巨鹿（長著全世界最囂張的一雙鹿角）、洞熊、穴獅、斑鬣狗。

歐亞大陸上罹難的還有尼安德塔人，這是人科（hominid）的另一支族群，會使用火和工具，還會埋葬死者。尼安德塔人與現代人的接觸時間短暫而悲慘，但他們的基因仍存在於歐洲人和亞洲人體內，愛情顯然可以超越物種。

物種迅速消失

一般人都模糊覺得長毛猛獁象跟恐龍滅絕時間差不多，但猛獁象滅絕其實非常晚近才發生，我們甚至可能吃到從冰雪裡挖出來的長毛猛獁象肉。科普作家史東（Richard Stone）在一趟西伯利亞之旅的路上，就親眼看見某位俄羅斯同志做這件事。

「就算搭配了好幾杯伏特加，他還是說『這真難吃，吃起來像是在冰櫃放太久的肉。』」從東歐一直到俄國，四處分布著以猛獁象骨作為房屋唯一建材的人類聚落，包括烏克蘭那座驚人的梅日里奇遺跡（Mezhyrich），遺跡中使用的骨頭，採集自大約一百五十隻猛獁象身上。

大約在一萬二千年前，人類抵達北美洲；同一時間，北美大陸在經過數百萬年相對平安穩定（安度無數次氣候劇變）的光陰後也失去大量大型生物。

這片大陸原本住著各式各樣動物，牠們姿態之偉岸壯麗遠勝今日非洲莽原所能找到的任何生物；四個種的猛獁象消失了，長得像大象的嵌齒象（gomphothere）消失了，巨型地懶也消失了，其中某些地懶用後腿站立時高達十五英尺。重量超過一噸的龐大犰狳消失了，和熊一樣大的河狸消失了，像短面熊（*Arctodus*）這類體型遠超過現存任何親戚的熊類也都消失了。至於大型的貓豬、貘、駝鹿、水豚、野狗、島羚、灌木牛、麝香牛和乳齒象也都無一倖免。

某種真菌的孢子是生活在乳齒象糞便上並以此為生，這種孢子顯示，乳齒象滅絕並非因為植被變化或氣候改變這類天災造成。當乳齒象最愛的雲杉林正在擴張，這種孢子的數目卻銳減，表示乳齒象和其他這類孢子可以依靠的巨型動物都突然不見了。美洲原住民的屠場遺跡指出凶手另有其人，電腦模型也模擬出只要有幾世代的人類過度捕獵，就能很容易把大型動物逼到滅絕。

北美洲的各種駱駝也沒了，這些駱駝起源於此、演化於此，要到後來才慢慢散布到亞洲與非洲。1850 年代，軍隊實驗性的將駱駝用於通過美國西南部的護衛行動，畢爾中尉（Edward Beale）並不知曉這種生物先祖與美洲大陸的關聯，因此對牠們展現的不尋常效率頗感驚異讚嘆。牠們快樂的健步踏過祖先演化的老家土地，吃的是「找不出別的價值的雜草，還有被其他牲口唾棄的植物，包括新墨西哥州那些長在公路土地上的木焦油灌木。」

斑馬和馬都從北美洲消失。北美洲野馬的故事很有意思，馬族在這片土地上已經演化數百萬年，突然在距今一萬二千年前滅絕，等到幾千年後才又被西班牙殖民者重新帶進這裡。現在，如果這種生物能在這片大陸上繼續生存個幾百萬年，到時未來的地質學家說不定根本不會發現中間有幾千年奇怪的空白。

泰樂通鳥（teratorns）是史上會飛的鳥類中體型最大的一種，此時牠與其他許多兀鷲類鳥兒（condor）也從北美大陸消失，因為沒有了以往取之不盡的大型動物屍體可供填肚子。恐狼與劍齒虎消失了，一種北美獵豹消失了，地球上曾有過的一種最大的貓科動物美洲擬獅也消失了，牠的體型甚至超過牠在非洲的諸位表親。

你能在某些地方找到很多種這些生物的遺骸，那些地方就是牠們絕命的地點；舉例來說，洛杉磯市中心拉布雷亞瀝青坑（La Brea tar pits）的天然柏油泥裡面就保存著牠們的骨頭，旁邊就是人口稠密的市區「奇蹟一英里」（Miracle Mile）。

上述所有動物都曾漫步於北美大陸，直到地質史上的最近為止；在未來的地質學家眼中，牠們滅絕的時間基本上就與我們所在的二十一世紀屬於同一個點。人們覺得現代世界的史詩性不如自然史博物館裡面陳列的那些世界，這是個錯覺。我們眼前這片地貌變得如此單調，如此孤寂而了無生機，這在地質史上不過是轉眼之間的事。

不合時宜的演化殘影

不過，這些千姿百態群獸的幽魂仍存在於演化中。北美大陸上，美國西部那些飛毛腿的叉角羚（pronghorn）能在現存所有天敵面前撒開腿傲慢揚長而去；但話說回來，牠們之所以要跑這麼快可不是為了對付現在的掠食者，而可能是牠們過去需要經常躲避美洲獵豹凶狠而無止境的追獵，這需求直到地質史上不久前才消失。

當我搭火車經過新墨西哥州的基奧瓦國家草原（Kiowa National Grassland）這片美國的賽倫蓋提大草原時，此地那種少了什麼的感覺就更加強烈；狂風呼嘯的荒涼曠野，只有孤單的叉角羚遊走著，隨時還能為了已成鬼魂的敵人撒蹄而奔。

其他更新世的演化殘影則存在於賣場貨架上。水果裡的種子是設計來讓動物吃掉並排出，但酪梨籽就有點違反常理；這種撞球大小的果核如果被整顆嚥下，最少最少也會在消化道裡經歷好幾天讓器官主人痛不欲生的運送過程。

但如果這種水果是長在從樹上覓食的巨獸國度裡，例如那種有時能長到恐龍一般大小的地懶，牠們能一口把這種籽吞下而幾乎沒有感覺，那它的存在就合理多了。地懶在地質史上的前一刻消失，但專供牠們吃食的特殊水果酪梨則活存至今。

地懶以及美洲大陸上其餘巨型動物，牠們的消失是非常晚近的事，至今美國大峽谷裡還有洞穴裝滿了巨型地懶的糞便。亞利桑那大學已故古生物學家馬丁（Paul Martin）描述他在大峽谷「堡壘窟」（Rampart Cave）裡面一場探險，這大概是人類史上描寫「涉糞而行」最動人的文句：

「我們漸漸深入岩洞，像是進入大教堂一般不敢出聲……我們排成一列走進一條壕溝，涉過地懶糞便；當我們停步的時候，我們都站在及胸的、疊成一層層的地懶糞裡頭。現場我們感受不到空氣流動，但這些排泄物已經喪失任何阿摩尼亞或是糞便腐化所會放出的氣味，空氣聞起像樹脂、像焚香的氣味。每個人都沉默不語，我在靜寂中覺得後頸寒毛直豎，你不必是個蘇菲派信徒（Sufi[1]）或什麼神祕主義者才能感受到這個映照微光、穴頂低矮的石室是個聖地。堡壘窟不只是死者的墓穴，它所敬奉的是已滅絕者。」

「過度獵殺假說」的證據

「造成這些滅絕的凶手是原住民」，這種說法本來就不受歡迎，但比起在1960年代首度提出「過度獵殺假說」的已故馬丁，沒有人引起的反對聲浪比他更多。

指責已被殖民主義非人化又加以大批毀滅的「原始民族」要為規模龐大的全球性生物滅絕潮負責任。這想法讓許多後現代社會科學家和人類學家都受不了。

反對馬丁最力者之一是他在亞利桑那大學的同事，政治學教授

1. 譯注：回教中的神祕主義教派。

德洛利亞（Vine Deloria Jr.），此人後來信奉一套「北美印第安人創造說」（Native American Creationism），主張印第安人本來就起源於北美洲，土生土長，不是由其他地方遷徙而來。

基因學、考古學，以及古生物學上壓倒性的科學證據，都指向北美印第安人是在大約一萬二千年前從亞洲遷來，使北美大型動物隨即遭受沉重打擊。但這些證據都被德洛利亞視為西方文化帝國主義更進一步的壓迫。

馬丁本人倒是盡了全力去表達，說我們不該用現代環保概念去批評史前人類破壞環境；他說「如果我們在未來一萬二千年間所消滅的大型哺乳類物種數量，能跟北美原住民在地懶時代算起後的一萬二千年間所導致的物種滅絕數量一樣少，那樣我們實在可以說是非常非常幸運。」馬丁在過世前甚至倡議從非洲和亞洲引進大象與駱駝，讓牠們在美國西部重新生長繁衍，讓這片在生態上貧瘠無比的地景能夠回歸舊貌。

至於馬丁那些比較懂科學的同僚，他們則引用最後一場冰期尾聲的氣候變化來批判過度獵殺假說，認為這也能解釋生物滅絕現象，以此為這些開拓美洲的先驅人類脫罪。

當地球逐漸脫離最近一次冰期，北美洲當時的確經歷過氣候劇變，但類似情況在更新世已經發生過無數次；況且，最近一次冰期末尾的氣候變化，也絕對不會比之前地球氣候在冰期與間冰期之間多少次擺盪的程度更大或更嚴重。更新世野獸們都能撐過先前大風大浪，改換居住區域來尋找最適合自己的生活環境。

當時生物圈已經受到干擾，一群數量不斷增長的嫺熟獵人開疆拓土，並以火焰來改變占領之地的地景，而變化中的氣候或許是一項額外的不安定因素，讓生物圈變得更為脆弱。

然而，我們實在沒有理由去認為，北美洲巨型動物會在人類這種終極入侵物種不曾出現的情況下滅絕。同樣的，氣候變化也很難解釋為什麼夜行動物在滅絕潮中通常受到的衝擊較小。植物又是一個例子，這回幾乎沒幾種植物滅絕。馬丁在大峽谷中遇到的地懶糞堆顯示，當時牠們所吃的植物，到今天還在北美洲乾燥地區蓬勃生長，讓大角羊與叉角羚大快朵頤。這樣看來，行動緩慢而缺乏自衛能力的巨型地懶實在不可能因為缺乏食物而滅亡。

最後，我們還有對照組能來驗證馬丁的假說。在那些數千年來未曾被人類發現的島嶼和大陸上，巨型動物一直安然活過更新世每一場氣候變化，一如往常，只在人類終於登陸之後慘遭消滅。北美洲最後一隻地懶可能是在一萬年前消失，但曾師事馬丁的佛羅里達大學古生物學家斯蒂德曼（David Steadman），在 2005 年於伊斯帕尼奧拉島（Hispaniola）和古巴島上發現某一種地懶的化石，這種地懶比大陸上的物種多存活了五千年。一旦西印度群島成為人類居住地，這些加勒比地區的地懶很快也就不見了。

厲害的是，長毛猛獁象也在人們看不見的極度荒僻的島嶼上苟延殘喘，甚至活到了古埃及人建造金字塔的黃金時代。這些時代錯亂的猛獁象，安全活在與世隔絕的西伯利亞外海弗蘭格爾島（Wrangel Island），以及白令海上阿留申群島最北邊、絕境一般的普里比洛夫群島（Pribilof Islands）裡的聖保羅島。這些避難所始終未有人至，猛獁象也就繼續在這裡活下去，而牠們在大陸上的親戚都在數千年前就已滅絕。

大海牛（Steller's sea cow）也是一樣，這種碩大無朋的三十英尺長動物是海牛近親，牠們在距今大約一萬二千年前從北太平洋海岸被抹殺掉，但在俄羅斯外海毫無人煙的科曼多爾群島（Commander

Islands）上還有一小群倖存者安居樂業，直到十八世紀為止。1741年，皮草商人發現了科曼多爾群島，這裡是這些十二噸重的巨人最後的據點與當時牠們的生活圈，也是在這裡，在人類發現此地三十年之內，牠們就被滅絕。

大陸上的災難早在一萬年前完工收手，島嶼則在一個個世紀之內不斷遭受一波又一波滅絕潮的襲擊，由茹毛飲血的原始探險者所帶來。大約二千年前，印尼人操作弦外浮桿獨木舟完成橫越印度洋前往馬達加斯加的壯舉，他們登陸後大肆屠掠當地動物。

這一波滅絕潮帶走了一種土豚的親戚以及十七種的狐猴，其中體型最大的一種「古大狐猴」（*Archaeoindris*）大小可比大猩猩。馬達加斯加的各種河馬、巨型陸龜、體積龐大的各種象鳥也都沒了，象鳥站立起來身高足足超過十英尺，牠下的蛋內部容積遠超過二加侖，這是史上已知所有動物所下的蛋裡最大者，連（非鳥類的）恐龍都比不過。這些巨大蛋殼在馬達加斯加島上不難發現，它們「在地上到處都是，像是貝殼殘片一樣。」早期馬達加斯加人想必拿它們打了不少牙祭。

對人類友善的後果

過去數百年來，勇敢的玻里尼西亞人航向太平洋，奇蹟般的在彼此間相隔數千英里的小小環礁與群島上定居，從新喀里多尼亞（New Caledonia）到夏威夷，再到復活島，又到了皮特肯群島（Pitcairns）。各島上原生動物，包括數千種的不會飛的鳥，以及無數陸生蝸牛和其他動物，全部被抹消得乾乾淨淨。此處必須要說，狩獵並非人類用以滅絕生物的全部手段，這些島生動物可能主要是被我們帶去的毛茸茸乘客（例如老鼠和豬）所消滅。

紐西蘭有種奇特的不會飛的鳥，叫做「恐鳥」（moa），有的比籃球框還高；這種巨鳥的化石紀錄顯示牠們能樂觀以對更新世的多變氣候，在島上高處與低處之間來回遷徙，以配合這顆不斷將自己晃入日照又晃出日照的地球。可是，毛利人在五百年前抵達紐西蘭，恐鳥從此絕跡。

牠們的滅絕令加州大學洛杉磯分校鳥類學家與地理學家戴蒙（Jared Diamond）這位《槍砲、病菌與鋼鐵》的作者百思不解，他認為「光憑人類的詭計就足以造成生物滅絕」，這種說法可笑至極。然而，他在新幾內亞偏僻險峻的高提耶山脈（Gauttier Mountains）工作的經歷使他放棄自己的懷疑立場；他在那裡遇上一隻全然勇猛無畏的樹袋鼠（tree kangaroo）。他寫道：

「直到我來高提耶進行研究之前，我一直無法理解幾個毛利人怎麼可能把這麼大一座紐西蘭南島上所有恐鳥全都殺掉？為什麼有人會去相信莫西曼—馬丁假說（Mosimann-Martin hypothesis），然後以為克洛維斯[2]獵人在某個千禧年內殺光南北美洲大部分大型哺乳類。現在我可發覺這事沒那麼奇怪了。我記得有隻好大的樹袋鼠待在兩公尺高的樹幹上，就這樣看著我跟我的田野助手在旁邊談話，完全沒想到要遮掩自己或躲避。」

這種對人類毫無戒心的態度，或許正是造成許多生物滅絕的重要因素。話又說回來，這些動物怎麼可能想得到：這種奇怪的二足

2. 譯注：克洛維斯（Clovis），北美洲史前古印第安人文化的一種。

步行哺乳類，身材比某些鹿還嬌小，也沒有嚇人的爪子或牙齒，竟然如此兇殘？

事實上，到了二十世紀，所有還沒學會提防人類的陸生動物都已付出慘重代價。南極洲既杳無人煙又未被發現，因此能躲過席捲其他每一片大陸的滅絕潮；直到維多利亞時代的探險家抵達南極海岸，人類才真正見識到這類既富含營養又友好到不要命的動物。之前五萬年間，原始民族初登上某片大陸時大概也曾受到這樣的熱烈歡迎。

挪威探險家阿蒙森（Roald Amundsen）覺得這簡直是天降好運，「我們住在一個名副其實的人間樂土，」他以這樣的文字形容這片新大陸，「海豹朝著船游來，企鵝跑到帳篷附近，獻上自己成為槍靶子。」這些不熟悉的動物還來不及發展出對人類的「有助求生的恐懼」（salutary dread，這是達爾文的說法）。美洲印第安人、歐亞大陸原有的人類，以及澳洲原住民應該都是技藝精湛的獵手，當他們踏上新家園的時候，眼前世界看來必定也是類似的富饒沃土。大批大批不怕人的獵物聚集在飲水處，這般景象一定讓人無法遏抑掠奪戰利品的野心。

另一方面，非洲大型動物相較之下保存較完整，而牠們也是長時間與人類相處，此事被引用來反對過度獵殺假說，問題是這個例外可能反而證明該假說為真。二百萬年來，這些動物和人類一起緩慢演化，人類變得更善於使用科技與戰術來捕捉獵物，而這些動物則和全球各地「同胞」一樣，擁有必不可少的演化時間和慘痛經驗，藉此學會面對人類時應有的「有助求生的恐懼」。儘管如此，非洲還是有 21% 的大型動物無法倖免於難，體型愈大的動物受害愈深。

英國地質學家哈拉姆（Anthony Hallam）引用這個前殖民時期生態崩毀的紀錄（並帶著某種不太得當的趾高氣揚），來「一口氣打消那些對於非西方和前殖民社會所擁有高等生態智慧的浪漫想像；所謂高貴野蠻人與大自然和諧共處的景象，理當被歸類到神話領域去，因為人類從來不曾與自然和諧共處。」

打從人類這種族群的誕生開始，一直到人類整體的繁盛，似乎都是以自然世界其餘部分做代價；這件事在科學上是個赤裸而令人不安的真相。

這片毀滅性的人類陰影在過去數百年內逐漸增長，最近歷史中滅絕的那些生物可以列成一份悲慘且人人耳熟能詳的名單，包括澳洲的有袋類袋狼與北美洲的旅鴿，這兩種生物都是在動物園裡度過徹底滅絕前的最後時光；其他還有歐洲的大海雀和模里西斯的度度鳥。在中國，水壩建設、漁業設備與航運交通已讓白鱀豚這種幾近全盲的江豚滅絕，這只是過去十年內的事。

2015 年，世上最後一隻雄性北非白犀牛的影像成為舉世媒體頭條，牠在蘇丹野生動物武裝巡守員的護衛之下，走完這物種在這顆行星上百萬年生涯的最後一程。其他還有無數滅絕物種永遠不會有機會為人所知，牠們被拖網漁船從傷痕累累的海底陸棚上剷除掉，或是在雨林被清成大片空地之後隨著黑煙消逝。

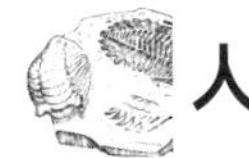

人類文化的演化

說到底，生物演化過程在人類這兒到底是遇上了什麼？如此大規模的毀滅，如此快速，竟然只出於單一一種靈長類的力量？如果早期陸生植物深長的根、厚實的木質組織，以及種子能夠熬過泥盆紀晚期的生活，那究竟是什麼使得智人一下子就散布到整個地球上，並讓他們隨即成為自然環境的主宰者？

文化可能跟這有點關係。

當然啦，我這裡說的「文化」不是指印象派畫家莫內（Oscar-Claude Monet）的〈睡蓮〉或是劇作家威森（August Wilson）的戲劇，而是智人將知識訊息一代傳一代的能力；這種傳遞的方式不只是像動物王國其他成員一樣透過基因密碼，而且是要透過語言、行為和文字書寫等技術。文化讓我們能適應隨時隨地變化的環境，而不必被迫乾等著被天擇的巨錘以最痛苦的方式改造。

文化和 DNA 一樣都是訊息，因此它的傳播與演化是根植於其自身傳播的有效性。就像基因，語言或行為中的訊息編碼如果有利人類求生，或是能給人某種物質優勢，這樣的訊息就容易被散播出去。

這種訊息可能包括農作物輪作，或是造船、製作武器或衣物的方法；塔夫茨大學（Tufts University）哲學家丹尼特（Daniel Dennett）宣稱這種傳遞過程甚至不必是人類有意為之。據丹尼特說，玻里尼西亞船的設計方式就是天擇演化之下塑造的結果，差勁的設計會讓搭乘者出海之後再也回不來，後世一代代的造船者就不會再沿用這種設計。相反的，這些造船者只會挑選被大海汰選過安然回港的船型加以使用。

然而，就算設計者是糊裡糊塗的做出正確設計，這種設計是由大海而非某個聰明透頂的設計師所塑造，愈來愈多的改良，還是能經由文化演化而累積在一代又一代的新船上，時間只花了地質史上白駒過隙的一瞬，最後得出的神奇船隻能夠克服如太平洋這般令人望之卻步的天險。

這種將造船相關（或是關於狩獵方法、用動物毛皮製衣的技術，以及冶煉金屬的專門知識）的可變資訊代代相傳並不斷青出於藍的能力，讓科技上的新改良或新突破能夠無數次一直累積，因此只消演化時間上的一眨眼，就能提升人類適應環境的能力。

書寫文字發明之後，這些關於如何操縱物質世界的資訊能傳播更廣；這些資訊並非儲存在基因組裡，而是存在於書籍、雜誌、報紙、科學期刊，以及最近興起的網路裡頭，且在這些地方進行突變。從石矛到核武器，文化演化是一條直線，文化讓我們擺脫演化時間的桎梏。

數萬年文化演化造就我們的今日世界，現在我們對物質環境的宰制已經如此徹底，整個地球系統的樞紐都掌握在我們手裡，而我們正狠狠地在蹂躪此物。

大量碳排放，讓地球消化不良

某個新行為尤其大幅強化我們在地質學上的影響力，那就是我們竭盡全力從岩石紀錄中榨光遠古的碳埋藏，並將它們一口氣全都燒進大氣裡。這種超能力過去通常是大陸玄武岩溢流的專利。

數億年來，這顆行星不斷以煤炭叢林或海底浮游生物降雪的方式把大量碳埋藏起來；如今只在幾百年內，人類已經想把它們全部點燃。這座地質營火從許多方面看來不僅怪誕而且不自然，但如果從地球歷史的觀點來檢視，它看起來就像過去每數億年或數十億年會發生一次的那種新陳代謝大革新。

回顧歷史，地球生命一直在發明能更有效利用未開發能源庫的新方法，這些能源最初都來自照耀地球的陽光。取用太陽能的方式之一是植物的光合作用，另一種是把植物吃掉，來攝取它們以醣類型態貯存在葉片裡的太陽能。還有另一種方法是把吃這些食物的老鼠給吃掉，把太陽能送到食物鏈的更高層。

但回到根本，這一切的源頭都是關於捕捉外太空九千三百萬英里外，那顆不斷爆炸的恆星所噴流出的光子能量；燃燒煤礦和汽油裡遠古植物的碳，來推動複雜且高度耗能的現代社會，這只是最新的一種生物的新陳代謝革新。

「三億年來，沒有任何生物知道怎樣利用煤礦這種資源，」史丹佛的佩因說：「這東西一直在那裡。它是座能源庫，而我們發現了它的使用方式。」

由於這場革新，現代人類文明是由持續的大規模燃燒能量來支撐著，這是一場全球性的超級新陳代謝，數億年囤積的陽光在內燃機和發電廠中一下子全部釋放。二氧化碳是這場新型文明新陳代謝的副產品，我們現在每年排放的二氧化碳量是火山活動的一百倍；這種情況遠遠不是地球溫度調節機制，可以藉由岩石風化和洋流循環所能應付得來的。畢竟這些運作機制，所需時間幅度都是以千年到十萬年來計算。

氮肥的作亂

然而，碳循環還不是地球上唯一一個被人類智慧搞到短路的系統，我們現在也正身處在二十五億年來地球氮循環最嚴重的擾動裡頭。這聽起來像是某種艱澀的地球化學，但此事後果非同小可。植物需要氮才能存活，「奇蹟肥」的成分就是這麼回事。

直到二十世紀之前，幾乎所有生物能夠取用的氮元素，都是由豆科植物根部的微生物來把它們轉變成氮化合物；現在人們用化石燃料來合成這種肥料，每年製造的氮化合物是自然生成的兩倍。

還沒進入二十世紀時，人類人口數量受到農作物產量的限制，而此事又受到自然界所含氮肥（來自糞便等來源）量的限制。1909年，德國化學家哈柏（Fritz Haber）發明了人工固氮法，摧毀自然所加的這些限制。

接下來人類農業有了爆炸性發展，若非如此，今天地球上根本不可能活存數十億人口，這大概也包括我在內；在歷史人口曲線圖上，二十世紀那個讓人看了不安的直角就是這麼來的。直到1850年左右，全球人口經過二十萬年才增加到十億人，現在我們大約每十年就會再多出十億人口，靠這人工製造的過剩糧食撐持起來。

不只是這麼多人口，人造氮化物也造成世界各地海洋中大片死亡區域。工業化農業所施用的大量肥料流入海中，造成泥盆紀／二疊紀／三疊紀式的浮游植物藻華，奪走海中氧氣。氮循環所遭受的嚴重干擾又會回頭影響碳循環，因為數十億新人口需要燒掉岩層中更多遠古碳，來滿足他們現代生活方式所需。

如果上一次冰期末的人為生物滅絕事件，與人類遷移到世界各地的過程相應無間；那麼今天的滅絕事件，則更與世界怎樣通過我們運行有關。因為生命所需的氮循環與碳循環，已被人類活動弄得必須改道或扭曲。

況且，這麼多過剩糧食作物，除了讓我們靈長類數量暴增，並在海裡製造出像癌細胞一樣會轉移的死亡區域之外，還在動物界造成更為瘋狂的天翻地覆。

直到非常晚近的時代之前，這顆行星上所有脊椎動物都是野生動物，此事顯而易見。可怕的是，現在地球所有陸生動物裡只有

3% 是野生動物；人類、人類的牲口和寵物占了生物量（biomass）的 97%。

這個科學怪人般的生物圈是由兩個因素造成，一個是工業化農業的高度發展，另一個是野生生態被整個掏空，從 1970 年以來其豐富性下降了將近 50%。這個淘汰過程是藉由直接狩獵與全球性的棲息地破壞所達成，地球上接近一半的土地都已被闢為農田。

大型掠食者幾乎消失

第二次世界大戰期間，大國工業力量在海洋加以測試，於是過去區區數十年間，海洋也被迫經歷與陸地相同的變化。拖網漁船每一年刮過的海床面積是美國本土的兩倍，底生生物全被殺個乾淨。珊瑚與海綿構成的花園曾是七彩海洋生物的居所，現在已是被挖出一道道溝渠的死寂平原。

1950 年以來，海中幾近 90% 的大型掠食者都被抓光，這是拖網漁船造成的破壞；這些掠食者包括餐桌上的常客，如鱈魚、比目魚、石斑魚、鮪魚、劍魚、旗魚，和鯊魚。現在每一天都有二十七萬隻鯊魚遭到殺害，大部分是為了取得牠們沒有味道的魚鰭，因為「魚翅」是中國商場交際應酬的午餐桌上一道經典菜餚；這只是這場濫捕的冰山一角。

如今，縱然漁業捕撈的強度仍在飆升，漁船數量還在增加，商業化經營的拖網漁船也放棄已經枯竭的傳統漁場，使用更尖端的尋魚科技去找出生活在更偏遠海域的魚群，但是全球漁獲量完全沒有增長。

在比較靠近海岸的地方，只從 1980 年代開始，珊瑚礁這個海洋生物多樣性的源泉已經減少了大約三分之一。這些海中樂園遭到過度捕撈、汙染，以及入侵者的傷害，但世上竟有五億人口依靠它們來獲得食物、工作，和躲避風雨，這些人大多是開發中國家的貧民。就像地質史上曾發生的幾次珊瑚礁系統的崩潰，依據預測，現代珊瑚礁到了本世紀末（甚至更快）就也會因氣候暖化與海洋酸化而毀。

1997 年到 1998 年之間氣溫創下歷史新高，世界上 15% 的珊瑚礁在此時死亡。2015 年，在溫暖得奇怪的海水裡，一波死亡之潮再次席捲南佛羅里達和外海礁島群（the Keys）那些已經千瘡百孔的珊瑚礁，消滅大面積的珊瑚，其中某些珊瑚已經活了數百年。

在此同時，依據美聯社的報導，夏威夷「這座群島史上所見最惡劣的珊瑚白化現象」正在肆虐。這場死亡事件只是預測中將要橫掃整個太平洋的全球性珊瑚白化事件的一部分，由暖化的海水所促成，就像 1997 到 1998 年間的情況一樣，且這還不是最後的。

我們在前幾章看過，西北太平洋和南極洲周圍某些種類的浮游生物已經逐漸被溶解掉，例如振翅游泳的翼足類；翼足類不但占了太平洋鮭魚等魚類飲食中 50% 以上的量，也是南極洲生態系不可或缺的一環，但牠們可能在 2050 年就完全從南冰洋裡消失。

隨著海冰消融，以冰塊底面藻類植物園為食的磷蝦也活不下去，況且磷蝦還對海洋酸化十分敏感，科學家預測本世紀末光是因為海洋酸化就足以讓南極磷蝦減少 70%。

磷蝦是海豹、企鵝和鯨魚的食物，但牠在生態系裡的位置逐漸被樽海鞘（salp）這種果凍狀的桶管狀群體生物所取代。磷蝦能把浮游生物裡儲存的太陽能帶到鯨魚體內，但樽海鞘卻沒什麼營養價值也沒人愛吃。如果南冰洋裡沒有了翼足類和磷蝦，這處海洋簡直是一片荒蕪。

未來幾十年內，全球人口可能會成長到超過一百一十億，於是我們對海洋的浮濫需索只會更嚴重。人口成長率最高的部分是貧窮的發展中地區，但這些地方卻又不成比例的極度仰賴那些步向滅亡的珊瑚礁。

無論我們怎麼看，事情都不樂觀。的確，動物世界的受害者包括一些對人類造成威脅的可怖頂級掠食者，比如獅子的數量就從耶穌時代的一百萬，下降到 1940 年代的四十五萬，到今天只剩下二萬頭，比起古代整整減少了 98%。但受害名單裡也包括從未被人預料到的名字，例如蝴蝶和蛾類，牠們從 1970 年代以來，數量已經減少了 35%。

截至目前為止，這場滅絕事件和史上其他滅絕事件一樣，既複雜且分作一個個階段。這場滅絕從我們族類踏出非洲的時候開始計時，時間橫跨數萬年。其他生物大滅絕的過程也是經過數萬年、數十萬年，或甚至像泥盆紀晚期那樣的數百萬年。所以說，對未來的地質學家來說，數千年前原始民族散布到各個新大陸與偏遠島嶼時引發的大滅絕，和晚近由現代化和現代世界不斷增長的胃口所造成的毀滅浪潮根本無法區分。

離第六次大滅絕還有多遠？

接下來是最瘋狂的部分，這部分應該能讓我們更瞭解五大滅絕事件到底有多慘烈。雖然已經造成了這般破壞紀錄，雖然許多科普雜誌和非營利環保組織慣常以悲觀態度，把眼前這第六次大滅絕的真實性與過去五次相提並論，人類其實距離五億年歷史中真正大滅絕事件所造成的死亡災情還遠得很，至少在目前是如此。

過去四百年來，光是有記載的滅絕生物就約有八百個物種，這情況確實很糟，且這數字應當是極度被低估的結果。但如果把八百除以已知的一千九百萬種生物物種，已滅絕的物種只占總物種不到0.1% 的比例，這與二疊紀末大滅絕簡直相去不可以道里計；如果用粗略估計的方法，後者幾乎讓地球上百分之百的複雜生命都喪失性命。

魚類在過去數十年間可能遭到商業化大規模捕撈而成批受害，但其中真正滅絕的只有寥寥幾種；抹香鯨每年吃掉的海產跟人類一樣多，牠們現在的數量雖遠遠比不上史上高峰期，但也還有數十萬隻存在世上。

目前還沒有發生像二疊紀末那樣陸地生命全盤土崩瓦解的災情；不論是在陸上或者海中，也沒有像其他幾次大滅絕那樣的情況。事實上，生物多樣性依舊蓬勃；往窗外看去，你還是能看到一片綠意，裡面充滿了鳥兒啁啾與愈來愈胖的松鼠。就算巨型地懶、猛獁象、乳齒象、度度鳥、犀牛、樹蛙、旅鴿、穿山甲和白鱀豚都統統不見了，宏觀來看我們只對這片壯麗的生物圈做出輕微一擊，尤其與遙遠過往的全球性生物滅絕事件相比更是如此。

「那些新聞標題不但不精確，」對於某些圈子已經把「給地球先寫好墓誌銘」當成時尚標準配備的現象，未來學家布蘭德（Steward Brand）有這樣的評語，「當它們不斷增加，會把我們與大自然的整個關係給包裝成一場持續不斷的悲劇，悲劇核心在於事情無可挽回；這樣就使人們感到無望無助且不必有所作為。對於大限將至的偷懶浪漫觀點成了主流立場。」

 地球免疫力正處於新高點

事實上，從地質學角度來看，今天這顆行星對於生物大滅絕的免疫力或許位於歷史上前所未有的新高點。第一，我們這世界並沒有一片盤古超級大陸這種堵塞住碳循環的地理形勢（不過人類把入侵物種帶往全世界，因此也造成超級大陸生態中某些較惡劣的特質在現代重演）。

此外，我們也並非身在奧陶紀那種各自孤立的島嶼上，逃生之路全被阻絕（儘管生物棲息地被分割可能也造成類似問題）。說到底，現代地球的適應能力中最重要的部分，可能是過去數億年間海洋中發生的改變，讓海水含氧量達到歷史上最佳狀況。地球上某些最有益的變化，可能得歸功於最不起眼的住客：浮游生物。

隨著歲月過去，浮游生物變得體積更大、重量更重；此事與海洋情況與地球生命都有很大關聯。今天我們必須藉由顯微鏡才看得見那些有殼單細胞漂流者，比如有孔蟲（foraminifera），或是比較像植物的矽藻（diatom），或是鈣板藻（*Coccolithophore*），但牠們和古生代的單細胞浮游生物比起來可是龐然巨物，畢竟當年這類生物族群勢力最大的是細菌和綠藻。

這類現代浮游生物身上還裝載了礦物壓艙石，這額外重量加上更大的體積，讓它們能在變成食物前沉入深海；此事意義非凡，因為海中生物落雪被吃掉的過程會耗掉氧氣，如果浮游生物能在進了別的生物肚子之前沉到更深的海裡，海中溶氧極低層（Oxygen Minimum Zone，簡稱 OMZ）也會跟著下降到更深處。

今天海洋裡溶氧極低層約在海面下六百公尺處，但在地球的過往時代，那時浮游生物顆粒比較細小，下沉速度也慢，溶氧極低層

的位置可能也就比現在要淺得多，這對生命有非常惡劣的影響。如今溶氧極低層絕不會進入大部分海洋生命居住的大陸棚淺海，但如果是在古生代，一旦位置較淺的溶氧極低層開始上升（原因可能包括海平面上升、全球暖化，或是養分汙染等等），它就會進入大陸棚，把極度缺氧的海水帶進淺海，讓那兒的海洋生命窒息而死，其結果就是一場生物大滅絕。

「我們說到古生代的時候甚至不太提海洋缺氧事件，因為太常見了，」佩因（Jonathan Payne）說：「說到中生代的時候，就會提一提這些『有意思的現象』，但到了新生代我們根本找不著這類事情。」

今天的情況在歷史上非常稀奇，我們正以無法想像的速度獵捕、摧毀野生動物，但如果人類明天就全部消失，這顆行星大概很快就能復原。如果我們不再把碳化物排進大氣與海洋裡，幾千年後它們就會以石灰岩的型態離開生態系統。問題是，我們短時間內不可能停止任何事情；況且我們對地球資源的掠奪如果持續，有朝一日一定會引發地質學上清楚可見的災難。

2011 年，加州大學柏克萊分校古生物學家巴諾斯基（Anthony Barnosky）與其同僚發表論文〈地球第六次生物大滅絕已經降臨了嗎？〉（Has the Earth's Sixth Mass Extinction Already Arrived?）。從這篇文章在大眾媒體上的曝光程度來看，答案似乎是個無庸置疑的「是」。

然而，事實上依據該論文的預測，只有經過數百到數千年連續不斷且程度毫無減輕的環境破壞之後，地球上生物滅絕的情況才會達到「五大」的程度；這個結果在地質學上仍然是一瞬間的事，但從人類的角度來說，第六次生物大滅絕的確還沒逼得那麼近，真是謝天謝地。

另一方面，這篇論文也提到說，就像學界對冰川消融的預估情形一樣，文中所做的預測也可能忽略某些意料之外的因素。「對於逐漸累積的環境擾動，」巴諾斯基和他的同僚警告說：「生態系統可能會以非線性的方式做出反應。」根據這些研究者的看法，我們可能在遇到「生態臨界」（ecological threshold）之前都還察覺不太到這些損害；到那時，我們將會面臨「關於生物生命的巨大而突然的變化。」

換句話說，這隻駱駝或許在某個點就會被最後一根稻草壓垮。

大停電 vs. 大滅絕

美國地理學會 2014 年年會上，史密森尼學會古生物學家埃爾溫站上講臺，對一整個大廳的地質學家發表演說。內容是生物大滅絕與輸電網路失靈，而他認為兩者是以相同方式在開展。

「這些是美國國家海洋暨大氣總署網站上美國 2003 年大停電的圖片，」他說道，放出一張夜間衛星圖片，圖中是美國東北這座發光的超級大都會，在冰冷黑暗的太空之下燃燒百萬瓦電力。「這是大停電之前二十小時的情況，看得到長島和紐約市。」

「然後，這是停電後七小時的情況，」他說道，放出一張被黑暗籠罩的新地圖。「紐約市幾乎全黑，停電範圍一直往上延伸進入多倫多，往外延伸到密西根州與俄亥俄州，覆蓋加拿大與美國的大片地區。而這一切的主因，只是俄亥俄州控制室裡一個程式錯誤。」

埃爾溫提出的說法是：生物大滅絕的開展情況可能就像這類輸電網路故障事件一樣，大部分的損失不是因為最初衝擊（指輸電網路故障事件中出問題的程式，或是大滅絕事件中的小行星和火山活動）所造成，而是出自接下來所引發的一連串問題。

這是極具破壞性的連鎖反應，目前還沒有人能夠釐清。埃爾溫認為，說到底，大部分生物大滅絕主因都不是外來打擊，而是因為食物網內部動態，在各種出人意表的情況下，出了災難性的毛病而停擺，就像 2003 年那一片漆黑的東海岸一樣。停電幾小時之內，大東北地區失去了 80% 的電力承載量，而這全都是因為一個地方性的小小差錯。

「因為一開始不清楚怎樣處理斷電，事後我們清楚發現，原本的事故應該很容易就能受到控制。但當時，這件小事如滾雪球般變大，最後成整個美國東北部電廠接連故障……我用這個當成例子，因為我發現從數學角度來看，要瞭解大滅絕時期食物網的情況，就跟瞭解現代輸電網路性質是一樣的道理。

「這些生物大滅絕期間，生態系崩解的速度非常快。」他說。

對第六次大滅絕的批判

我寫信給埃爾溫，希望知道他對眼下流行的「我們這顆行星正要迎來第六次生物大滅絕，規模不下於五大滅絕事件」一說有何看法。許多廣受歡迎的科學文章將此說視為理所當然；確實，所謂「人類無比的傲慢與短視正將整顆行星拉來一起陪葬」，這種說法對人的情感頗有訴求力量。

埃爾溫認為這東西是垃圾科學。

「那些把目前情況與過去生物大滅絕做膚淺比較的人，其中很多對於兩者資料的差異完全不懂，更不知道海洋化石紀錄裡記下來的生物大滅絕狀況慘烈到什麼程度，」他在一封電子郵件裡寫道：「我不是在說人類沒有造成海洋與陸地上大量生物滅絕，也不是要否認許多生物尚未滅絕，或在不久後的未來滅絕。但我的確認為，既然身為科學家，我們在做這類比較時應該要更精確。」

埃爾溫在地質學會年會的演講結束後，我有機會與他坐下來聊聊。我提出的第一個問題是關於我從他一個同事那兒聽來的傳言，說麥卡錫（Cormac McCarthy）這位出了名把一切保密到家的作家，在構思《長路》（*The Road*）中末日後世界時，曾就生物大滅絕這部分找埃爾溫來當顧問；這問題被他很有技巧的迴避掉。

不過，說到推測中的第六次生物大滅絕時，他可就坦白多了。「如果我們真的處在生物大滅絕期間，如果我們現在是在〔二疊紀末〕，你該做的事就是暢飲蘇格蘭威士忌，」他說。

如果他這個輸電網路失靈的類比說法正確，那麼要在一場生物大滅絕開展之後試圖阻止它惡化，這就會有點像是當一棟建築正在內爆塌毀時去呼籲保存它。

「那些聲稱我們正經歷第六次生物大滅絕的人都對生物大滅絕本身所知不多，所以不知道他們主張裡頭的邏輯謬誤，」他說：「某種程度上，他們是想讓人們感到害怕而採取行動；問題是，如果我們真的是在第六次生物大滅絕裡頭，那動手去保護生態根本毫無意義。」

這是因為，當一場生物大滅絕事件真正開始的時候，這世界就已經完結。

「所以說，如果我們真的是在生物大滅絕期間，」我開口說：「那重點就不是要保護老虎跟大象……」

「對，你該擔心的可能是怎樣保護土狼跟老鼠。這是整個網絡崩解的問題，」他說：「就像輸電網路一樣。DARPA〔國防高等研究計畫署（Defense Advanced Research Projects Agency）〕正在大把撒錢資助網絡動態研究，研究者都是些物理學家，他們才不管什麼輸電網路或者生態系，它們只管數學。關於輸電網路的祕密就是沒人真的知道它們怎麼運作，同樣的，關於生態系也是這麼回事。

「我認為如果我們一直這樣下去，時間夠久就會搞出個生物大滅絕；但現在還不是生物大滅絕，而且我覺得這是個樂觀的發現，因為這表示我們還有時間來設法避過世界末日，」他說。

化石紀錄僅呈現九牛一毛

埃爾溫的另一個論點比較微妙，他說五大滅絕事件的程度讓人類目前造成的破壞看來簡直不足掛齒。他的目的不是要把人類該負責的巨大災害輕描淡寫帶過去，而是要提醒我們：所有關於生物大滅絕的主張，最終都得回到古生物學和化石紀錄上頭。

「關於十九世紀時旅鴿的現存量有個估計數字，」埃爾溫說：「大概是五十億，牠們能把天空都變黑。」旅鴿簡直成了代表「第六次生物大滅絕」的吉祥物，牠們的消滅不但是大規模的生態悲劇，也證明了人類在地質史上具有何等摧毀力量。

「所以你要問的是：在一個非考古學的脈絡裡，有多少旅鴿化石存在？我們有多少關於旅鴿化石的紀錄？」

「不多嗎？」我猜道。

「兩個，」他說：「所以說，有種數量多得不得了的鳥類被我們完全抹消，但如果你看看化石紀錄，你甚至不會注意到這種鳥曾經存在。」

埃爾溫喜歡引用他參加過的一場生態學者的演講，這位學者將自己職業生涯中所見高海拔雨林的消失歸檔記錄下來。

「他用這些檔案作為例子，說明委內瑞拉這些霧林帶植物所受到的破壞。他說的一切都完全真實，」埃爾溫說：「問題就在於，你要在化石紀錄裡發現任何一處霧林帶的機率都是零。」

化石紀錄非常非常不完整。一個粗略估計的數據指出我們目前找到的只有過去曾存在物種中的0.01%，令人倍感物以稀為貴。化石紀錄中大部分動物都是海生無脊椎動物，例如腕足類和雙殼貝，這類生物既在地理上分布範圍廣泛又擁有堅強骨骼。

事實上，雖然本書（出於敘事所需）關注的大多是生物大滅絕中那些比較有魅力的受害動物，但我們之所以能知道歷史上曾發生過生物大滅絕，最基本依靠的仍舊是那數量極多、耐性極強、多樣性極高的海生無脊椎動物世界，而非像是恐龍這類引人注意的罕見大個兒。

「所以，你可以問說『好吧，那麼，至今為止有多少地理分布區域廣大、數量很多、擁有堅強骨骼的海生生物類群滅絕了？』答案是接近於零。」埃爾溫指出來，「很多生物確實已經滅絕，問題是我們可以再讓更多類似的生物類群消失，然後你在化石紀錄裡還是完全看不出來。」

生物大滅絕發威的時候，被消滅的不只是大象這類體積龐大、模樣迷人的大型動物，或是霧林帶這種生態區位；那些到處都是、生命力強韌的生命體也會遭殃，比如蛤蜊、植物，和昆蟲等等。要徹底消滅這類生物非常困難，但只要你越過臨界點而進入「生物大滅絕」模式，任何東西都可能成為犧牲品；生物大滅絕會把這顆行星上幾乎所有生命都抹殺掉。

埃爾溫主張生物大滅絕還沒真正開始發生，這說法或許能讓人類鬆一口氣，讓人以為我們可以更進一步劫掠地球資源，因為反正地球看來是承受得起（更壞的情況它都經歷過了）；然而，這主張的內容其實比這更隱微，或許也更恐怖得多。

這時候就要說到生態系的非線性反應，或者說是臨界點。世界朝著生物大滅絕逐漸接近的過程，可能有點像是逐漸接近黑洞的「事件視界」（event horizon），只要你踏過某條線，一條可能看起來毫不起眼的線，一切就都完了。

「所以，」我說：「事情可能是這樣，我們就渾渾噩噩過下去，好像什麼都還好，然後⋯⋯」

「對，就本來什麼都好好的，突然就變天了，」埃爾溫說：「然後一切天崩地裂。」

換句話來說好了，生物大滅絕展開的過程可能像是海明威《太陽依舊升起》（*The Sun Also Rises*）中一名放蕩人物對破產一事的描述：「兩個階段，慢慢地然後突然地。」

「我們未來唯一的希望，」埃爾溫說：「就是我們當下是否並沒有身處一場生物大滅絕之中。」

第八章

近未來

一百年後的世界

地球正快速的變成一個不適於它高貴居民生活的家園。再經歷一個時代的人類罪行與短視近利；這些罪行與短視近利又在往後時代裡延續著，那麼地球就會落入生產力耗竭、地表破碎、氣候極端變化的慘況之中，引發物種的惡化、野蠻化，甚至可能滅絕。

——馬胥[1]，1863年

1. 譯注：馬胥（George Perkins Marsh, 1801-1882）美國外交官員與語言學家，被視為美國第一位環境保護論者。

許多人都隱約有種恐懼，覺得這世界正在失去控制，原本的中流砥柱或許有朝一日就無法支撐。瘋狂延燒的野火、千年難得一見的暴風雨、要人命的高溫熱浪，這些都已經成了晚間新聞常見內容；這些都只是這顆行星平均氣溫比前工業化時代上升不到攝氏一度之後的結果。

然而，下頭要說的事情才真正嚇人。

如果人類把地球儲存的化石燃料全部燒光，這顆行星的氣溫可能會因此上升高達攝氏十八度，海平面也會上漲數百英尺；這個高溫峰的程度，勝過二疊紀末生物大滅絕中所測得的任一波高溫。

如果最壞的情況發生，相較之下會讓今天這個偶爾釀點災的海洋氣候系統看來溫馴無比；就算氣溫只升高四分之一的程度，也會把地球改造成一顆與人類演化過程，或說人類文明發展過程所經歷的完全不同的行星。上一次全球氣溫上升四度的時候，兩極完全沒有一點冰，海平面也比今天高了二百六十英尺。

我在新罕布夏州達勒姆校區附近一間餐廳與新罕布夏大學 古氣候學家胡伯（Matthew Huber）見面。胡伯的學術生涯一大半都花在研究早期哺乳類生存年代的炎熱氣候，他認為未來數百年間我們可能會回到五千萬年前的始新世氣候，到時阿拉斯加也有棕櫚樹，北極圈裡有短吻鱷搖頭擺尾。

「現代世界會是一個比 PETM 更厲害的屠場，」他說：「棲息地的破碎化會讓動物遷徙變得難上加難。但如果我們把暖化程度控制在十度以下，那至少不會出現大規模熱死事件。」

2010 年，胡伯和雪伍德（Steven Sherwood）共同發表論文〈氣候變化之下熱負荷造成的生物適應力極限〉（An Adaptabililty Limit to Climate Change Due to Heat Stress），這是近年來最讓人感到愁雲罩頂的一篇科學論文。

「蜥蜴會沒事，鳥類也會沒事，」胡伯指出，某些地方的氣候，就算比我們預測的人為全球溫室效應所造成最糟糕情況還要炎熱，那些地方也仍有生物安樂生存。這個輔證告訴我們，人類文明可能在地球真正步入一場像樣的生物大滅絕之前就早已瓦解；生命經歷過很多考驗，這些考驗對於被政治邊界所分割的高度網絡化全球性社會來說完全不可想像。

水源戰爭逼近

我們對於文明的未來感到擔憂，這是理所當然；胡伯也說，不管生物大滅絕會不會發生，我們現在正無力的依賴著一套老舊且有諸多不足的基礎設施（其中最不妙的大概就是輸電網路），再加上人類生理學本身的極限，兩者加起來很可能造成我們的世界毀滅。

1977 年的某一個夏天，紐約只停電了一天，結果一大片市區裡的人類，都退化成為類似英國哲學家霍布斯（Thomas Hobbs）筆下的自然狀態。城裡處處發生暴動，暴民把數千商店洗劫一空，縱火犯點起一千多處火苗。

2012 年，季風未能為印度帶來雨水（這是全球暖化造成的影響），農夫想盡辦法灌溉農田，高溫也讓許多印度人拚命耗電來運作空調，造成用電量異常大增，壓得發電廠不堪負荷，使得六億七千萬人（也就是全球人口的 10%）無電可用。

「問題就是，人類現在只要碰上一個禮拜的熱浪，就會搞得輸電網路隨時隨地輪流停擺，」他說道，並指出美國這個老舊而拼拼湊湊的輸電網路系統，可以讓所用零件擺在那超過一個世紀才替換。「到時候的夏季均溫會如同整整五年之中最熱的那一星期，而那時候的最高溫會到達美國人從來沒有體驗過的程度，2050 年就是這樣，人們憑什麼覺得事情會好轉？」

到了 2050 年，依據 2014 年麻省理工學院的研究結果，地球上還會有五十億人住在供水不足的地區。

「再過三十年到五十年，大約這麼久，水源戰爭就要開打了，」胡伯說。

賓州大學的坎普（Lee Kump）和曼恩（Michael Mann）在他們所著的《危機預言》（*Dire Predictions*）中提出一個地區性的例子，說明乾旱、海平面上升，以及人口過多幾項因素協力之下會讓人類文明崩盤：

「西非旱災愈來愈嚴重，讓奈及利亞人口稠密內陸地區居民大舉遷往海濱巨型都會拉哥斯（Lagos）；但拉哥斯也已經受到海平面上升的威脅，無處容納大批湧入的移民。人們爭奪尼日河三角洲日漸乾枯的原油儲藏，加上政府可能出現的腐敗現象，這些都是進一步促成大規模社會動盪的因素。」

這裡所說的「大規模社會動盪」是個很含蓄的說法，背後其實是已經充滿貪汙和宗教暴力的國家所會發生的大亂。

「這場景就像是噩夢一樣，」胡伯說：「沒有哪個經濟學家去建模推算一個國家 10% 人口活在難民營的情況下，該國國內生產總值（GDP）會變成怎樣？但你看看現實世界吧！如果一個中國勞工得遷徙到哈薩克，然後不工作，事情會怎麼樣？經濟學模型裡頭這些人會馬上開始工作，但現實世界裡他們只會待在那無所事事，整天喝得爛醉。如果人們在經濟上得不到希望，又被迫流落異鄉，他們就很容易做出一些瘋狂的事，動刀動槍動炸彈。這樣的世界裡，包括國家在內的那些巨型機構組織，它們的存在全都受到大規模移民的威脅。我認為到了本世紀中葉事情就會變成那樣。」

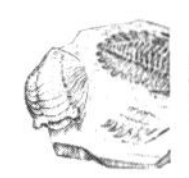

致命的悶熱

2050 年之後事情並不會好轉，但話說回來，這些關於社會解體的預測都是社會性與政治性的推測而已，與生物大滅絕毫不相關。胡伯對生物學上的各種硬限制比較感興趣，他想知道人類這個生物體在什麼情況下會真的開始崩潰。他在 2010 年就此專題發表論文，靈感來自與他同事的巧遇。

「我在一場研討會發表論文，內容在說熱帶高溫氣候在地質史上過往的情況，然後〔新南威爾斯大學（University of New South Wales）氣候科學家〕雪伍德也在聽眾群裡，他聽了我的演講，開始自問最基礎的問題『氣候要炎熱潮濕到什麼程度，才會真正造成生物死亡？』實際上這是個要用數量級來作答的問題。我猜，他經過思考後發現自己不知道答案，也不確定到底有沒有別人知道這議題的答案。」

他繼續說：「我們寫這篇論文的動機並不是來自『未來氣候』這件事情本身，因為當時我們並不知道有沒有任何一種符合現實的未來氣候狀態能落在可居性限度之內。我們開始動筆的時候事情大概就是『啊不知道，或許你得把全球平均溫度調個，嗯，大概攝氏五十度吧』這樣，然後我們用了一整套模型去跑結果，得到的成果在我們看起來頗有警告性。」

所謂溼球溫度（wet-bulb temperature）基本上是測量你在特定溫度下能讓自己降溫多少，雪伍德與胡伯用這個來計算人們所能忍受的溫度閾。舉例來說，如果溼度偏高，排汗與風吹對於人體的降溫效果就會比較低，溼球溫度要呈現的就是這個。

「如果你去上一門氣象學的課，課堂上測量溼球溫度的方法，其實就是拿玻璃溫度計塞進緊繃的溼襪子裡，然後把它繞著你的頭晃啊晃，」他說。「所以當你假想這個溫度界限應用在人身上的時候，事實上你是在想像一陣強風吹在赤裸的人身上，這人全身溼透，而且那裡的環境沒有陽光，而且這人還不會動，而且他除了最根本的新陳代謝以外不做任何事。」

今天世界各地最常見的溼球溫度最大值是攝氏二十六到二十七度，如果溼球溫度達到攝氏三十五度或以上，對人體就有致命效果。超過這個界限，人體無法讓體內無限製造出的熱能消散掉，於是人就會在數小時內因過熱而死，過程中再怎麼試圖為自己降溫都沒用。

「我們是在試圖超越那個臨界點，生理學、環境適應和其他各種事情都沒辦法影響這個上限值。這是『輕鬆烤爐』式的界限，」他說：「你就是慢慢、慢慢的把自己烤熟。」

這話的意思是說，把這個上限值用來計算人類活存能力可能還太寬鬆了。

「如果你拿現實狀況去跑模型，你達到上限值的速度會快很多，因為人體不是溼襪子，」他這樣說。依據胡伯和雪伍德的模型推算，只要氣溫上升攝氏七度，地球上很多地區就會開始變得過熱而能使哺乳動物喪命。如果過了這個界限溫度持續上升，目前人類所居區域中極大部分的溼球溫度都會超過三十五度，住在這些區域的人必須拋棄家園逃難，否則就會真的被活活煮熟。

「一般人的態度都是『噢，那我們總能適應吧？』這是可能的，但有個限度，」他說：「我在說的是過了那個限度之後的狀況。」

「熱死人」已成常態

今日世界氣溫比起工業化之前的時代上升不到攝氏一度，但熱浪已經展現出前所未有的奪命態勢。2003 年，兩星期的熱浪害死歐洲三萬五千人，人們說這是五百年來僅得一見的大事。三年後此事又重演一遍。2010 年，熱浪使俄羅斯一萬五千人喪命。2015 年，熱浪侵襲巴基斯坦，那時正是伊斯蘭教的齋戒月，光是喀拉蚩一地就有將近七百人死亡。然而，這些悲慘的事件和模型推算出的情況相比真是小巫見大巫。

「近期來說，也就是 2050 年或 2070 年，美國中西部會變成全球最酷熱的地方之一，」胡伯說：「一團溫暖潮溼的空氣往上移動，在最不恰當的季節通過美國中部內陸，你想想，那種熱跟那種潮溼。你再往上加個幾度，就會變得非常炎熱、非常潮溼。這些就是溫度閾了，是吧？這不是平滑函數，這是當數值超過某個特定值以後你就會害慘自己。」

中國、巴西和非洲也都面對類似的內陸氣候預測，已經悶熱無比的中東地區則出現胡伯所謂的「生存問題」。歐洲人恐怕已很熟悉這慢動作大災難點起的第一道火苗，因為他們正想盡辦法安頓自家邊界的數萬難民；一場長達四年的旱災對敘利亞造成沉重打擊，社會瓦解之下引發大規模移民潮。

還有其他人注意到，伊斯蘭教教義中要求的「麥加朝聖」再過幾十年恐怕就變成做不到的事，每年都有二百萬朝聖信徒為此前往麥加，但將來該地區的熱負荷極限會讓此事成為不可能。

而且，若以最糟糕的二氧化碳排放情況來計算，熱浪就不會只是造成公共健康危機，或者像美國五角大廈說全球暖化是個「威脅倍增器」（threat multiplier）；到那時，目前地球上人類居住區域的絕大部分都必須被捨棄。胡伯和雪伍德在論文裡寫道：「如果接下來三百年內氣溫果然上升攝氏十度，那麼因為熱負荷而可能喪失掉的可居住區域會遠遠超過受海平面上升影響的區域。」

胡伯說：「如果你問任何學童『恐龍時代的哺乳類在幹什麼』，他們會回答你說牠們都住在地底下，只在夜晚出來。為什麼？一個很簡單的答案就是熱負荷。有趣的是，鳥類的設定點溫度（set point temperature）比較高；我們的是攝氏三十七度，鳥類更接近四十一度。所以說，我確實認為這是個非常深層的演化遺骸在那裡，因為白堊紀的溼球溫度最高點可能是攝氏四十一度而非三十七度。

過去一萬年間這段異常舒適宜人的氣候窗（climate window）是以往一百萬年以來最平和、最穩定的時期之一，一切有記載的歷史都發生在這段不尋常的間期內。

把它變成縮時攝影，就會看到地球在之前二千六百萬年間不斷出入冰期，地球上的冰河也隨之如心搏般擴張收縮。接下來，最後一張畫面，也就是無數次冰河後退之中最近的一次，農業、勞力分工、文字、全部的古代歷史、傳遍全球的救主式宗教、建築、海濱都市、同儕評核的科學、「巧克塔可」（Choco Taco）都在這裡頭出現。

不過，我們應當認清這場短暫高潮迭起的本質，那就是它是集合了天時地利人和才出現的稀罕事。在一場火海吞噬一切的夢魘中，胡伯的模型推算出一片覆蓋地球一半表面積、涵蓋幾乎所有人類現居區域的全球性荒原。

「根據我們目前對植物的認識，你將會打破大部分植物還能存活的溫度閾；到了那時候，你的植物大概已經絕滅了一大半，而你的哺乳動物若非死去就是只在夜間出沒。不過，你要知道，如果你在西伯利亞，那情況還不錯；加拿大北部、南美洲南部、紐西蘭，我如果要買地就會挑這些地方。」

我向胡伯開玩笑，說我之前去紐芬蘭的時候怎麼就沒想到要積極購置房地產。他的反應裡一點幽默感都沒有。「對，那是個好地方，」他說：「你要找的是距離極點緯度四十五度之內的地區。」

那時地球將會回歸另一種風貌，一種比智人演化史的時代還要更早更早的地球樣貌，那時侯的北極周圍圍繞的都是叢林和爬行動物。但難道地底下真有那麼多化石燃料，足以讓這樣的原始行星重現嗎？

「我們的意思是說，這件事情有很明確的可能性，」胡伯說：「這絕對不是一件『無論如何不可能』的事情。假使我們寫那篇論文的時候能做出結論說『這種事永遠不會發生』然後出版，那我們也會很高興。如果我知道這種情況不會成真，我會活得安心很多。但是我們數學運算出來結果就是『噢，這事還真有可能會發生』。」

我們需要不斷揮霍濫燒化石燃料超過一百年，才能讓氣溫上升的程度接近七度，更不要提十二度了。但要避免這種情況，能源產業得要大發善心把它們 80% 的生財資源都留在地底下，還得花心思去製造出極大量的無碳能源。

一事無成的巴黎協議

2015 年，世界各國在巴黎開會，試圖得出協議來防止這顆行星到了 2100 年氣溫上升二度。許多社論主筆都對此事大加美言，但其實整場會議一事無成。

會中無法做出任何具約束力的義務要求，而各國對於協議內容的配合程度完全出於自願。協議簽署國號稱要把暖化程度限制在一點五度以內，但連協議內容都必須尷尬地承認，就算每一國都能做到各自承諾的樂觀估計的排放量限制，這顆行星仍然很可能暖化超過二度。

況且，即使他們真的成功打造出有意義的二度上限條約，這意思仍然是說，世界各國領導人目前所提出最雄心勃勃的環保計畫只能把全球暖化限制在一定程度，避免大部分珊瑚礁與主要雨林全部消滅，為地球帶來史無前例的熱浪與大批生物滅絕，最後使得世界各地沿岸都市沉到水底下去。既然海洋氣候系統不會在 2100 年停擺，氣候暖化與海平面上升的狀況就會一直持續下去，延續數百年甚至數千年。

芝加哥大學地球物理學家亞徹，最近對巴黎會議的草率目標做出評論：「我有種感覺是，等到氣溫上升接近攝氏二度的時候，我們就會覺得當初把這當成目標有多可笑。」

話說回來，升溫限度二度其實是個頗為野心勃勃的界限。世界人口不斷以十億為單位增加，我們若要達到這個限制目標，本世紀中化石燃料的使用量必須趨近於零。而在此同時，這世界必須搜刮出將近三十兆瓦的全新無碳能源，這是一個大到荒謬的數字，超過當今世界能源用量（其中絕大部分來自化石燃料）的一倍以上。

正是因此，哥倫比亞大學經濟學家巴瑞特（Scott Barrett）對巴黎協議的評價如下：「除非到了 2030 年左右能發生奇蹟，例如某種技術上的突破讓全球排放量大幅下降，只有這樣才可能在目前各國所保證的自發性貢獻之下，達到共同期望的升溫限度二度目標。就算是那樣，升溫程度被限制在二度之內的機率只有 50%。」

胡伯說，就算那些氣候科學家不願公開承認，但他們之中只有極少數（胡伯說：「除了幾個德國人以外。」），相信到了本世紀末暖化程度可能限制在二度以內。只是說，如果訂立比較審慎的目標，就算這個目標最後無法達成，我們或許還可以確保升溫程度不會超過四度，而不是讓地球直接歸返始新世。

但升溫四度又會是個怎樣一個不幸中的大幸呢？ 2012 年，一貫不表達立場的世界銀行發布一篇報告，說一個氣溫暖化四度的世界會發生「程度與時長前所未有的熱浪」。報告裡對這樣的世界加以詳述：

「在這個新的高溫氣候時代，〔熱帶南美洲、中部非洲、以及太平洋上所有熱帶島嶼〕每年最冷的幾個月，大概都會比二十世紀末最熱月份還要炎熱。在地中海、北非、中東，以及西藏高原等地，幾乎所有夏季月份氣溫都可能超過目前人類所經歷過最極端的熱浪……熱浪、營養不良，以及海水入侵造成飲用水品質下降，這類問題會對人類健康造成沉重負擔，可能會使醫療體系過載到已經無法靠調節來解決問題的程度。」

最可怕的前景來自美國前國防部長倫斯斐（Donald Rumsfeld）以他格言式的論調所說的「不知的無知」（unknown unknowns）。當那些打扮光鮮亮麗的政黨領袖，光臨會議室談談國際氣候協商，他們配備的圖表畫的是關於排放量、氣溫上升，以及海平面上升的光滑函數，以人為訂定的 2100 年為終點。

這個模型顯示出，如果二氧化碳排放量上升一定程度，氣溫和海平面就會以線性關係相應上升；這下子世界的命運就成了一個能簡單計算的收支分析，方便讓經濟學家洋洋灑灑寫特稿。玉米帶會往北移動多少緯度，某些國家的 GDP 會如何反應，一切都充滿秩序而易於預測。

不幸的是，這世界在地質史上的過去並不循著這套做法來表現。更新世的氣候擺盪之下，當氣溫上升個幾度，覆蓋北美、面積甚至大過現代南極洲的冰被不會只是隨之縮小而已，而會發生極大的改變。掩蓋整片大陸的冰層，不是在數千年內慢慢融化後退，它們偶爾會在數百年間以驚天動地的方式大規模崩解。

一萬四千年前發生一場被稱為「冰融水脈衝 1A」（Meltwater Pulse 1A）的冰被崩壞事件，當時三座格陵蘭島的冰量落入海中變成冰筏子，讓海平面飆漲六十英尺。依據政府間氣候變遷委員會（IPCC）最新的報告預測，海平面到了 2100 年將會上升半公尺。

「在地質學上的過去，海平面受全球氣候變化的影響程度遠過於 IPCC 對 2100 年的預測，」芝加哥大學的亞徹這樣寫道：「過去全球均溫每改變一度，海平面就會出現十到二十公尺之間的變化。IPCC 如同往常預測升溫三度，換算過來就是海平面上升二十到五十公尺。」IPCC 對於世紀末海平面上升半公尺的預測當然有可能是對的[2]，但也當然有可能出問題。

2. 沒有人質疑海平面最終將會因人類造成的氣候暖化而上升好幾公尺，問題是到了 IPCC 訂出來的 2100 年這個期限之前它會上升多少公尺。

西元 2100 年，地球變怎樣？

人們不太去說 2100 年之後會發生什麼事；以人類壽命的時間幅度而言，下一個世紀的事情都還是模糊不清的遙遠猜想。不過，既然本書所採用的是地質時間尺度，2100 年就是一個近到不能再近的里程碑，一個個世紀的流逝只如跑馬燈一般，在化石紀錄裡混成一氣。

2100 年之後再過數萬年，地球仍然會比現在更暖得多，與過去數百萬年的模樣完全不同。陸地上融解的永凍土和海底氣化的甲烷最終會釋放出與人類活動一樣多的碳進入大氣，讓氣溫更進一步衝上高峰，最糟的情況可能會變得像始新世一樣高溫，那時北極圈裡都有爬行動物在做日光浴。

海平面也會像太陽一樣不斷升起，夏季氣溫升高三度之下整座格陵蘭島的積冰都會融解。如果冰被模型預測成真，過往間冰期的歷史重演，南極大陸西部冰棚終究要塌陷，那麼大部分的佛羅里達州在幾百年內都會沒入水底，還有孟加拉、尼羅河三角洲大片地區，以及紐奧良。

再之後的幾百年裡，如果我們還要繼續不受管束的玩弄氣候，大部分的紐約市、波士頓、阿姆斯特丹、威尼斯，以及其他無數讓人類暫時安身的避風港都會有同樣下場，它們得在水底長眠數十、數百、甚至數千年。

文明至今最多可以算到六千年歷史，但如果我們把能燒的都燒光，接下來幾百年就會見到海洋上升超過二百英尺，這不是什麼不可思議的事。文明現身前的那個千年期，海洋從大陸棚升高將近四百英尺；波士頓建城時是以航海為主的城市，但數千年前它位於距海超過二百英里處的內陸地帶。海岸線不斷朝陸地推進，這已經不是新鮮事；海洋在地質史上就是這般作為，嘲笑我們想像中沿海城市的固若金湯。

然而，不管這顆行星未來可能出現多麼極端的改變，這些事情到底是否與生物大滅絕有關？經濟學家與政治學家窺探著未來數十年的狂野發展，他們的預測愈往後來愈進入黑暗不清的未知地帶，但古生物學家早已見識過更厲害的東西。

芝加哥大學的賈布隆斯基是古生物學家中的少數，他的時間不是用來分析早期泥盆紀海百合肛門形態學之類奧祕，而是實際上在整部生命歷史中遨遊，看盡其中一切明星主角、悽慘悲劇，以及巨觀角度的各種演化奇蹟。

我為了把我們自己這種物種放進這個脈絡裡，因此前往芝加哥大學，希望能聽到一些真正全面性的觀點。我想要知道我們將會留下什麼樣的地質遺產。

選角導演如果要找個像是科學家的人，最差的人選就是賈布隆斯基。當我在他的研究室裡與他會面，只見他滿頭亂髮，身穿一件印著沃荷（Warhol[3]）風格腕足動物圖案的 T 恤。他講起話來活力洋溢，好像等不及要拋出下一個奇思妙想。如果一個人要奉獻一生只為解答那些驚世大問題，這人總得做出犧牲，賈布隆斯基犧牲的就是整潔。

「我開研究室門的時候你最好不要看，」他這樣警告我。

我如果去評論其他人工作空間的凌亂，那就是五十步笑百步，但賈布隆斯基位在芝加哥大學亨利辛德實驗室（Henry Hinds

3. 譯注：沃荷（Andy Warhol,，1928-1987），美國藝術家，普普藝術重要人物。

Laboratory）深處的研究室竟有種科利爾兄弟[4]式的迷人之處。他開門以後，我看到的是像是累積了數百年的學術論文山，紙堆成的峽谷裡有條窄巷通往他的書桌。

「你就找路踏過來就對了，」他一邊說一邊推開一座圖騰柱，柱身由發黃的舊紙堆成，紙上是法文、德文、俄文和中文，記載1950年代法國在加彭一場早被遺忘的野外考察工作，或是俄國人前往廣闊蘇聯領土最偏遠地區的探險。我從辦公椅上搬開書名為《比利時達寧期和蒙丁期的雙殼綱》（*Les Bivalvia du Danian et du Montien de la Belgique*）的大書，然後坐下來。

「真不好意思，我正在進行大規模的資料大推進，事實上剛好就是個白堊紀—第三紀資料大推進。」他說的是我們四周大量科學文獻，但此情此景看起來像是某位憤怒的圖書館之神在此降下一場諷刺性的天罰。

我們也會有方舟嗎？

賈布隆斯基對於研究領域內一些現象命名頗有一套，比如說「死支漫步」和「拉撒路物種」（Lazarus taxa）；後者指的是某些物種在經歷生物大滅絕而消失之後又重現於地球歷史，之間相隔可能有數百萬年。「拉撒路物種」不是真像聖經裡的拉撒路一樣死而復活，而是在被稱為「生物避難所」的特殊避風港裡藏身以待時機。這些地方是地球上罕有的地點，當地環境的一些古怪特質能夠保護生命體不被席捲全世界的全面毀滅所害。

4. 譯注：科利爾兄弟（Collyer Brothers），美國一對兄弟，以其表現出強烈的病態囤積癖而聞名，兩人於1947年死於家中。

說到諾亞方舟的故事，我們雖然找不到證據證明青銅時代出現過演化瓶頸，但地球歷史上或許真的存在過某種方舟，那就是這些生物避難所。這些避風港庇護著傷痕累累、族類消亡大半的物種，直到牠們在未來的時代裡能重新回到世界上繁衍興盛。化石紀錄裡從來沒有發現過這種生物避難所，這或許顯示它們的稀有程度，以及它們在地質史上所占的分量之微不足道。

「這有點像是暗物質（dark matter），」賈布隆斯基說：「我們認為它們存在，因為我們看不見它們。」

我想知道，如果顯生宙[5]的第六次生物大滅絕即將降臨，到時候哪兒會是生物避難所？

「不會有的，」他陰鬱的說：「人類的足跡太普遍，從南極的科學研究中心麥克默多站（McMurdo Station）到格陵蘭北岸，從海底生物棲息地到高山最頂端，到處都是。你在安地斯山荒僻湖泊裡都找得到金屬物沉積，那海裡當然就更是遍地塑膠。所以，說真的，你根本找不到地方可以躲。相對於那些找得到最後幾個藏身處的生物，那些能與人類共存的生物還比較可能活下來；而如果人類社會崩解了，狗就會自然而然回去當狼，犬科生物長期而言應該會活得好好的。

「不過呢，海洋酸化這些事情會造成很大影響，」他繼續說：「這是關鍵，對不對？過去是發生過好幾次氣候暖化，那生物分支要怎麼面對暖化？答案就是到處搬家。問題是，如果你蓋了旅館，到處排廢水，還到處亂炸珊瑚礁，這些生物就沒辦法移動了。更何況，如果你接下來還讓海洋酸化，你就又更進一步消滅了可能的生

5. 譯注：顯生宙（Phanerozoic）距今五億四千萬年寒武紀開始，一直持續至今。

物避難所。所以問題就在這裡，我們人類是一場『完美風暴』[6]。

「我們不只是讓氣候暖化，也不只是製造汙染，甚至也不只是過度搾取地球資源，我們是讓所有事情雪上加霜的同時並行。有人說過去也有過暖化現象，所以現在這樣沒什麼；這樣說太不精確，因為現在的情況是『完美風暴』的一部分。我認為每一場生物大滅絕都是這樣在作用的，我們將會發現五大滅絕事件都循著這個模式，那就是一大堆事情一下子全部出差錯。

「就說白堊紀—第三紀，如果不是德干玄武岩噴發，事情也不會那麼糟；如果你沒從天上扔大石頭下來，那德干玄武岩也不會有那麼強大的破壞力，但全部加在一起就非常可怕。二疊紀—三疊紀之交也是這樣，泥盆紀也是這樣，奧陶紀末也是這樣，三疊紀—侏羅紀之交也還是好幾件事情疊加在一起，你得讓自己放棄用單一成因來解釋。我猜想生命歷史上許多大事件都與完美風暴有關，我們也是其中之一。如果我們只造成一種破壞，那還沒什麼；但我們是同時在以最大力量與最快速度造成每一種破壞。」

人類對大滅絕的抵抗力

儘管文明所經之路處處留下毀滅，賈布隆斯基還是認為人類最終會證明自己對大滅絕極具抵抗力。

「原因有好幾個，」他說：「一個是我們分布太廣，另一個是文化對各種恐怖東西的抵禦能力不容小覷。我想比較可能的情況是大部分人類生活品質惡化到谷底，但人類這個物種整體存亡倒是不會

6. 譯注：完美風暴（perfect storm），指各種情況結合之下使事情異常激化的事件。

受到威脅。需要有非常集中而強度極高的災害襲擊，才可能把我們整體消滅，人類畢竟在進入工業化社會之前已經存活了數萬年。但另一方面，像我這樣一個需要戴眼鏡的人，如果回去過尼安德塔人的生活大概不會太愜意。說到底，對人類這物種而言，這是生活品質而非生死存亡的問題，在我看來是這樣。」

賈布隆斯基同意埃爾溫的說法，認為我們距離真正在這世界上引發一場生物大滅絕還遠得很。

「不是，我們絕對還沒到那程度。」他說：「就統計數字來說，現在生物滅絕情況的選擇性比較像是背景滅絕[7]，對吧？它的取決因素是個別物種地理分布區域，或是食性階層（trophic level）和體型大小，或是其他一些因素，這些因素在五大滅絕事件期間都不是最重要的選擇性因素。

「照這樣說來，我們還在背景區域內，這可是個好消息！」他說道，揮動雙手佯裝慶祝。「問題就是，我們正在製造完美風暴，也就是說我們的確有可能會超過那個一失足成千古恨的點。」

回到新罕布夏的餐廳裡，胡伯跟我說了他「最愛的故事」：美國陸軍所謂「鬥志標竿人物」的真人真事例子。1996 年，一個輕騎兵排在波多黎各叢林裡待了好幾天來適應令人窒息的溼熱，小心翼翼監測自己的水分攝取量，預備發動一場夜襲。該排成員包括「該營一些體格最強健、士氣最高昂的士兵」。

夜襲當晚，排長率領兵士穿過叢林，持刀劈砍出一條道路。不久之後，排長就感到高度疲勞，於是將指揮權轉移給一名下屬；當第二名士兵也無法帶領部隊達到預定的行軍速度，排長於是決定取

7. 譯注：背景滅絕（background extinction），指的是就算沒有人類，動物也會不斷滅絕的情況。

回指揮權，但他很快發現自己處於高熱狀態，連走路都不能走。他麾下士兵得用冷水淋他，並為他實施靜脈注射，最後必須讓四名士兵抬著他走。不久之後，這些額外的負擔就拖垮整排人員，所有人都因體溫過熱感到不堪負荷；演習最後只好中止，免得事情變成一場大屠殺。

「我從這裡面看到的是，就算已經相當程度適應氣候且身處夜晚，一群健壯的人也可能突然就瓦解成一群癱在擔架上的累贅。我認為這就是社會上、文化上會發生的事，」胡伯說：「你想知道生物大滅絕怎麼發生的？就是這樣發生的。人們去說更新世大型動物滅絕和克洛維斯人的時候，有時表現得好像搞不清楚情況怎麼可能變成這樣；但事情其實就是這樣造成的。某種因素擊垮了最強大的成員，那些比較弱小的試圖填補空缺，但他們實在沒有那種能力，於是一切土崩瓦解。

「你想知道社會是怎樣崩解的嗎？」胡伯說：「就是這樣。」

追求永生的科學家

「我沒那麼擔心這件事，」對於胡伯那套發電廠故障的假想情景，以及他認為氣候與海洋亂象能推翻文明的理論，山伯格（Anders Sandberg）是這樣的反應。

山伯格是位個性快活的瑞典人，他的工作是在牛津大學人類未來研究所，做著關於世界末日和遙遠未來的白日夢。身為超人類主義[8]的狂熱份子，他的脖子上掛著標牌，上面顯示他在某間低溫物

8. 譯注：超人類主義（transhumanism），指相信科學能夠無限增強人類肉體與心智能力，並克服疾病與死亡等問題的思想。

理學實驗室占有一席之地。他還會正經八百說出：「就算我能停止自己生物學上的老化，最後成功把自己上傳到電腦裡，還在銀河另一端存好備份，但人遲早會有些壞運氣。」

如果山伯格不是牛津大學雇員，他這些奇想有時讓人看來覺得簡直誇張到精神有問題的程度，就像許多未來主義者一樣。他自我辯護說，他只是把過去短短數十年內，將人類生活改頭換面到認不出來的那些趨勢繼續往下推論而已。

過去十五年來，氣候變化逐漸成為美國大眾關切的問題（雖然此事的威脅仍在增長）；人工智慧對人類的威脅其實更具假想性，但研究者就這課題所提出的噩夢場景卻吸引不少支持者，尤其是那些矽谷產業的贊助人。至於那些受到熱負荷所壓迫的輸電網路，山伯格說：預測輸電網路毀壞的人都落入傳統窠臼，低估科技進步的力量。

「這個判斷完全基於輸電網路現在的運作情況。」山伯格這樣對我說：「我很清楚記得，小時候有個老師說過『噢，世界上大部分的人都沒有打過電話，他們一輩子都不可能打電話，因為世界上沒有足夠的銅來製作電話給中國每一個人使用。』等到我上高中，好啦，光纖已經問世了；我想現在大部分人類應該都有手機，科技發展徹底推翻之前的預測。原來的預測也很有道理，但結果我們發現銅並不是一個限制因子（limiting factor）。輸電網路也是這樣，如果我們的世界變得更風狂雨暴，那我們就會去造出更耐用的輸電網路。」

他的論點頗有說服力，畢竟我們當時正透過 Skype 在進行這場關於地球未來的遠距離對話，而你大概很難去跟他那位對電信技術抱持質疑的童年教師解釋 Skype 這種科技。

山伯格對未來數十年科技進步抱持極高期望，即使以一般科幻小說的標準看來都太樂觀。他說他努力做到正確飲食運動，希望讓自己達到某種生物科技的標準，以便獲得類似永生的資格（不過他也承認「很可能我最後只是自然死亡」）。

他對科技的希望幾乎無限，我想這在其他人看來可能有點恐怖；他想要活到能夠體驗由科技導引的心靈狀態，那種狀態遠比我們頭骨裡這團有限軟肉所能做到的更為廣大不受限，是人至今未能想像的佳境。

人腦是由物競天擇與新陳代謝限度這兩具無情（且無目的）篩子雜亂無章塑造而成，但一個人工合成的大腦，其限度只取決於它那極致聰明的創造者的野心與想像力；想想，這樣的人腦能達到怎樣的知覺程度與主體性？

面對這麼多可能得到與可能得不到的，無怪乎山伯格把他剩餘時間都拿來擔憂什麼事情會摧毀這顆行星，會讓這廣闊無限的未來提早落幕。

就算終場可能已近，山伯格認為那會與過去任一場生物大滅絕都不同。我們可能面臨前所未見、威脅全人類存在的狀況，將造成無法以類似案例推估的無比衝擊。這些事情包括如外星人入侵這類假想中的威脅，但也包括山伯格眼中的大妖怪，那就是脫離控制的人工智慧。

據他說，許多人想到類似的事情就覺得這太可笑而不願認真思考，但科技進步的一日千里，能讓大滅絕以矽化物而非二氧化碳的型態降臨人間。

人工智慧帶來滅絕？

「如果你全心關注氣候那回事，忽略超級智慧，我們有一天可能發現自己就死在裝訂夾手上。」

裝訂夾？

「我的『裝訂夾理論』是這樣，你創造出一種人工智慧，給他的任務是製造裝訂紙張用的小夾子。於是為了以最大效率來製造小夾子，它想出讓自己變得更聰明的方法，因為它如果更聰明，它就能做出更多小夾子。所以說，它把自己變得非常聰明，想出滴水不漏的計畫來把地球變成裝訂小夾子，然後付諸實踐。

「這下人類可就慘了。當然啦，這裡的問題是說，如果我想把它關掉，它已經聰明到能想出辦法拒絕我，因為如果我把它關了，這世界上就不會有更多的小夾子，那樣不對。所以呢，它非得去阻止一切試圖阻撓它、或試圖讓它改變意念的作為。

「說不定這宇宙還有種康德倫理學的原則，所以一個夠聰明的心智會把『我不應該把人類變成小夾子』視為道德事實；不幸的是，如果這個人工智慧的內在結構只把功能當成第一優先，而功能優劣是由小夾子產量來決定，那它就會想說『嗯，要選擇道德或小夾子？那當然是小夾子！』」

世界的終結或許不是佛洛斯特的火與冰，而是紙張裝訂用的小夾子。或者我們可以改寫另一位大詩人的作品中，形容往日世界致命傲慢態度的文句：「無垠空蕩，一片寂寞平坦的裝訂用小夾子延伸去向遠方。[9]」

9. 譯注：出自雪萊（Percy Bysshe Shelly）的詩作《奧希曼德斯》（*Ozymandias*），原句是「無垠空蕩，寂寞平沙延伸去向遠方。」

山伯格的思想實驗很顯然不只關於裝訂用小夾子，而是關於任何一種聰明至極、比人類機智，且存在目標並非是為了人類繁榮的人造系統。

他的推想可能看來淨是空想，我得承認它傻得可笑。若與未來數十年氣候變化與海洋酸化這些實實在在的科學推算相比，我覺得這類臆想性的實驗說得好聽是缺乏說服力，說得不好聽是會製造出誇大的煽動效果，讓人們分心不去面對氣候與海洋亂象這些清清楚楚的眼前危機。然而，那些領薪水來思考這些科技夢想的人對此事的危險性卻深信不疑，就如同保育生物學家或氣候模型專家相信地球系統即將面臨衝擊的程度一樣。

我們只能確定一件事：如今這麼多令人眼花撩亂的趨勢都在加速發展，包括可能對人有利的如人工智慧、綠能源、生物科技；以及可能造成災難的如暖化、酸化、人口膨脹、過度捕撈、海洋死亡區域擴張、土壤侵蝕、資源短缺、森林消失、壞的人工智慧等等，接下來幾百年的情況我們完全無從預測。

文明的意義

環保運動其實暗藏某種關於人類存在的厭世思想，認為（甚至期望）人類將會惡有惡報。如果我們被大地母神蓋亞驅逐出境，這只是我們糟蹋這顆行星應得的懲罰。這類情緒不僅會在無知的網路論壇裡偶爾冒出來，也會出現在科學家那合情合理的無力感與聽天由命態度裡頭，其中許多人只要喝了幾杯啤酒就會跟你說「我們反正完了」。

的確，如果氣候模型中最糟糕的推算結果成為事實，今天那些否認氣候變化的政客可以目睹他們家園遭到上升的海洋與氣溫襲擊，我也會感到有那麼一絲絲幸災樂禍；只是這真相大白的方式如此殘忍，知道他們選區民眾即將遭遇的無邊慘禍，任何暢快的感覺也都會被澆滅。山伯格和其他人都指出說，像我們人類這種有意識的生物的處境才是大家唯一應該關心的事。

「哲學上有一個大分支『價值論』（axiology）專門討論什麼是好的、什麼有價值，」他說：「我想大家普遍都認為至少要有主體能夠賦予事物價值。你不可能弄出一個宇宙，裡面半個人都沒有，但卻還擁有大量非常有價值的事物，不可能。

「我們需要宇宙裡有心靈來看、來審查什麼在這宇宙裡是好的，所以我們需要多一點心靈在這裡。如果我們把情況搞壞，我們就會喪失掉過去世世代代人類奮鬥所追尋的那些；他們的目光是放在長遠未來，結果未來不見了，這下甚至沒人會記得先人是為什麼而努力。這下我們能做出的一切貢獻都不可能發生，未來無限的人類生命也是這樣。

「不過最可怕的情況或許是這樣，如果人類不存在，那價值也就不存在，整個宇宙突然徹底失去意義。」

如果「人類」這個大企劃在未來數百年內一敗塗地，數十億尚未出生的生命都被沒收了經歷生命悲喜的機會，同時也讓多少死難士兵的犧牲、多少偉大藝術家的傑作、多少偉大思想家的思想都被浪費；這些思想家傾其一生將文明的意義闡述於泛黃紙頁上，而這些紙頁都將如落葉般化塵作土。遙遠的行星永不會被探索、永不會得到讚嘆，壯美的交響樂永不會被創作，我們可能喪失掉的東西多到無法高估。

「太好玩了！」當我們兩人都笨手笨腳要把滑鼠游標移到螢幕上的「掛斷」按鍵時，山伯格這樣說：「噢耶！」

超時的間冰期

如果我們從紙張裝訂小夾子所執行的奇特死刑中活存下來，之後人類可得為了我們在二十一世紀所做的決定承擔好久好久的後果。要為數千年後人民福祉打算，這聽來或許可笑，但要知道我們至今仍與古代人們的心靈生活神交。我們會讀他們的詩歌和演說詞，對他們的建築讚嘆不已，並認同他們與我們同樣作為「人」的素質。

亞徹就指出說，假使古希臘人也過了幾百年恣意以工程開發環境的不羈生活，我們從他們那裡繼承的就不會只是希臘史詩、廢墟和陶器，而是還包括一顆在他們手下弄出來的陌生行星。未來世界那些住在加拿大北極圈內巴芬島（Baffin Island）海濱大型都會的人，或許也會看著五千年前這個奇怪文明搖頭嘆息，看著這些古人明知自己正在犧牲文明前景、犧牲生命世界的福祉，卻仍要消耗埋藏岩石中的遠古植物與海洋生物來滿足自己的貪得無厭。問題是，這種想法其實徹底低估人類對後世最終能夠留下的影響。

目前這段間冰期已經長達一萬二千年且仍在持續，時間長度超過更新世過去諸多其他間冰期，它們都是經歷大約一萬年間隔後又回到冰期裡頭。現在北半球夏季日照程度正在降低；如果是在過去，這種程度已經能促發長度高於十萬年的冰期。接下來數百年間，日照降低的程度可能到達某個臨界點，這在近代地質歷史中曾經召喚出籠罩整片北美洲的冰河，並讓海平面下降數百英尺。

現在這段短暫的緩刑時間已經超越過往間冰期，這或許是肇因於人類從發展農業以來對碳循環的干擾；但更有可能與地球軌道有關。數十萬年內地球繞日軌跡形狀曾在偏圓與偏橢圓之間不斷交替，目前軌道形狀類同於四十萬年前，當時較偏圓型的繞日軌跡讓地球獲得一場長達五萬年的間冰期。

如果說，未來數千年內這顆行星並未降破冰期的臨界點，而只是驚險掠過，我們說不定又能獲得五萬年，然後才被晃進深深冰寒之中。不過，上述推論都是以未受人類影響的地球作為標準，這樣的地球會像過往幾百萬年那樣，一如往常的結凍然後再解凍。

事實上，我們幾乎可以確定冰期在未來幾千年內不會重現，這當然不是壞消息；但我們正在創造的取代方案卻是把地球扔進一座極端的溫室裡，這種數千萬年未見的情況可沒讓事情好到哪裡去。

如果人類依照以一般情況預測的那樣燒掉二兆噸的碳，就連五萬年後冰河重現的那一天都會融成熱氣。海洋能以千年的尺度除去一些二氧化碳，因為死亡的海洋生命會讓海床上的碳酸鈣像胃片那樣在酸化海洋裡溶解掉，讓海洋能儲存更多二氧化碳。但還是會有可觀的二氧化碳被留在大氣裡，這部分就得靠岩石風化來去除，而岩石風化進行的時間幅度至少是以十萬年計。

倘若五萬年後氣候仍然太熱，冰期無法開展，地球下一次回到冰箱裡的機會就要等到距今十三萬年後。問題是，假使人類把所有化石燃料都燒盡，那麼地球就算開到這個交流道都還是下不了高速公路，這世界可能還得等上四十萬年，等到自然過程從空氣中吸收了夠多二氧化碳，才能回到更新世的常軌。

有辦法阻止冰期嗎？

如果我們設法生存到那時候，說不定我們能藉由明智管理碳排放量來避免人間被凍成冰窖；或者是需要的時候多排放一點，只要足以阻止冰河前進就好，但不至於多到導致今天正在發生的這類全球性災害。然而，也或許我們會過度放縱使用化石燃料，過度缺乏遠見，快速把一切燒光以後邀來鋪天蓋地的高熱以及海平面上升，之後地球又會瘋狂降溫掉回冰期裡頭。

「要說人類基本上在一眨眼間就能阻止下一場冰期再臨，或是讓它延後將近五十萬年，這種想法對我來說簡直不可思議。」氣候與海洋模型專家瑞吉威爾（Andy Ridgwell）這樣對我說。

大部分科學領域，特別是地質學和天文學，都清楚呈現人類在巨觀世界之中顯得多麼微不足道；但我們已經得開始討論一段真真實實的地質時間。作為文明，我們在未來數十年間所做的決定可能影響未來極長遠的時間，將近我們物種存在時間的兩倍。

話說回來，不管人類做了什麼，就算我們把油門踩到底，燒掉我們所能搜刮的最後一點煤、石油、天然氣，但岩石仍會風化，海洋仍會天翻地覆，海床仍會溶解，冰河仍會擴張，之後海洋仍會乾涸，世界仍會瑟縮發抖。即使我們將大氣中二氧化碳充飽到始新世的程度，讓鱷類和馬林魚搬家到北極，讓海平面劇漲超過二百英尺，這世界最後仍會墜入冰期的深淵。

不論冰期是在十三萬年後或四十萬年後回歸，浸在水裡的紐奧良、紐約，和尼羅河三角洲等地的廢墟屆時將會重見天日，但都經過這麼多個千年，誰知道還剩下多少能留下來呢？說不定全部已經蕩然無存。

漫長的復原期

在《地球：從誕生到終結》（*The Life and Death of Planet Earth*）這本啟人憂心的著作中，瓦爾德寫到這段接續短暫溫室氣候之後的冰雪時代，筆調發人遐思。

「從一顆被棄置、被遺忘卻仍在運行的外太空衛星往地球看，從這樣的制高點可以看到，我們大理石般家園的映象既炫目又令人憂慮；一片反射光芒且不斷擴張的白，」他這樣寫道：「冰河在生長，海平面曾在文明頂峰短暫上升，今已下降，暴露出新的海濱平原，連接起島嶼，製造出陸橋。港口成為牧野，英倫海峽與白令海峽都成了長廊，世界地圖面目全非。夜晚，這顆行星不再閃耀著城市燈火組成的銀河，從北極圈直伸到南冰洋；相反的，北極圈已遭拋棄，南冰洋全部結凍，發光的地區只有靠著赤道和中緯度的一條狹長帶，而那些光芒如今大多都是營火。」

海洋也需要同樣長遠的時間幅度才可能復原。「不論我們最後弄出了什麼樣的擾動，海洋碳化學都至少需要十萬年才能把自己還原到人為介入之前的情況，」加州大學聖塔克魯茲分校古海洋學家札克斯（James Zachos）告訴我說：「二十五年前就有人這樣預測，現在我們有 PETM 來證實這項理論，海洋化學確實需要十萬年才能復原。」

只是，生物圈所受到的影響持續時間會比這更久得多。從以前的生物大滅絕可以看出，生物界要等到海洋化學已經回歸正常很久以後才能恢復。如果到時候我們從更新世大冰櫃跳入一段短暫的始新世溫室，然後又回到冰天雪地（像是把奧陶紀大滅絕的過程反過來），這可能會讓生物界承受不起。倘若人類那時尚未把生物界消費盡淨，那這可能就是第六次生物大滅絕真正發生的時機。

「我認為，我們從這些生物大滅絕的例子裡會知道生物界復原最慢，」佩因如是說：「我們需要數十萬年才能把碳從系統裡排出去，但重建生態系卻需要數百萬年到數千萬年的光陰。如果將來一億年後的古生物學家回頭來看，這才是他們會看到地質紀錄裡保留最久的痕跡，也就是我們所造成的生物滅絕。」

未來大約五十萬年之後，下一場間冰期，熱帶地區海水將再度呈現碳酸鈣飽和狀態。然而，那些曾有珊瑚礁孕育螢光雲般魚群的地方，都只剩下空洞的細菌疊層石（stromatolite）大幅增生。陸地上一片單調，囓齒類、野狗、小型鳥類和雜草成為世界主人。不過，只要讓地球再繞日運行個五十萬次，新世界就會開始浮現最初的輪廓，這是下一場生物多樣性事件的開端，生命在地球上重生。

下一次生物界大暴發會造出什麼樣的生命？這只能純靠臆測。雖然古今動物之間常有諸多驚人相似處，像海豚與魚龍就是一個例子，這顯示演化中自我重複的趨勢；但生命史上也有過某些怪誕不經的變異，像是長著四支獨立槳狀肢的長頸爬行動物、巨型肉食袋鼠、口中有環狀鋸齒的二疊紀鯊魚、體積可比小型飛機的飛行爬行動物等，現代生態系裡找不到與牠們相似的生物。

我們或許可以大約畫出未來生物圈的模樣，比方說淺海裡長滿新的造礁生物來讓碳酸鈣沉澱，陸地上有成套全新掠食者與獵物；可是演化絕不會全部按牌理出牌。

文明崩壞之後，野狗回歸狼族生活數百萬年，牠們說不定會利用環境中缺乏大型植食動物這項條件，把自己長成漸新世猛獸巨犀（*Indricotherium*）那般大小，開始嚼食高高伸展在空中的大樹枝葉。鴿子陪伴我們走完人類這物種生涯最後一程之後，說不定也會變成十五英尺高、不會飛翔的劫食者（forager）。

又說不定，海鷗會獲得強而有力能撕肉見骨的鳥喙而登上頂級掠食者寶座，同時海上鸕鶿等物種會如吹氣球般變大並更徹底投入海洋生活，不論外貌、大小或威脅性都成為滄龍傳人。二疊紀過去後，我們的世系必須等待二億年才得到另一次稱霸機會，或許今天恐龍這些長羽毛的後裔也會成為下個時代的統治者。當然上述這些都是胡亂猜想，細節要等充滿創意的演化與偶然來補上。

「人們老是忘記，恐龍滅亡之後地球上的頂級掠食者是不會飛的巨型鳥類『駭鳥』（phorusrhacidae），這基本上就是恐龍的一支。」賈布隆斯基說：「等到白堊紀末後，又過了一千萬到一千五百萬年，蝙蝠有了，鯨魚有了，陸地上湊出來了一整套吃草的生態系，事情確實開始發展。這非常驚人，一切只發生在一千萬年到一千五百萬年之後。現在容我提醒一下，對人類來說一千萬年已經是不可思議的長度；因此你不能雲淡風輕的說『反正長程而言會沒事』，因為這個長程實在太長程了，長到對人類根本沒有意義。」

第九章

最後的大滅絕

距今八億年後

泥土竟能有此記憶！
其他各種有趣的坐起來的泥土，我竟能遇見！

——馮內果[1]，1963年。

1. 譯注：馮內果（Kurt Vonnegut,1922-2007），美國作家，以黑色幽默著名。

現在我們躍入遙遠未來；正如第一章做過的那個腳步比喻，說人類全部歷史只需數十步就能走完，我們已經又開始在時間中前行數百英里，也就是數億年的歲月。人類造成的亂七八糟氣候、機械中所藏的人類不凡才華，以及我們文明的一切產物在那顆行星上都毫無價值。各大陸被重新安排，整片海洋消失、整片海洋出現，連星座都變得雜亂無章鋪灑在天空。

地表只有些許幾處運氣夠好，能被沉積物覆蓋然後陷入地底，在那個遠離風蝕的地方靜待歲月流過，且未受板塊運動影響。這些是我們現代世界的殘片，這樣它們才有那萬分之一的機會能在岩石中留下痕跡，一直留存到地質時間上遠又遠的未來。

這算是個鼓舞人心的消息，但它們短期內能被保存下來的可能性並不樂觀；紐奧良坐落於逐漸沉降的沉積盆地最末端，這或許讓它成為全世界最有機會被長期保藏的一座城市。若是一億年後一位出自生命之樹某處的地質學家，在峽谷邊被壓平的層層岩層中發現了「新月之城」[2]，就算這會變成化石紀錄中代表人類的唯一一個資料點，這也還不算是最壞的狀況。不過，縱使紐奧良法國區的「典藏廳」[3]能不負其名的被長遠典藏，我們這世界絕大部分都無法撐過歲月考驗。

從現在往後數億年，世界地圖會變得完全認不出來，就像那時徜徉山林、遨遊礁堡的那些生物一樣陌生。然而地球歷史某些情節將會重演，盤古大陸在這顆行星板塊構造史上或許是段有趣的時期，但它並非獨一無二。

2. 譯注：新月之城（Crescent City），紐奧良的暱稱之一。
3. 譯注：典藏廳（Preservation Hall），該地歷史悠久的小型音樂演奏廳，在爵士樂史上有重要地位。

分久必合、合久必分

科學家現在認為，過去數十億年悠遠歲月裡，曾有好幾座超級大陸聚合生成之後又分崩離析，它們為此事取了很有韋格納風格的名稱——超級大陸循環」。愈古老的超級大陸，名字聽起來愈像「變形金剛」老卡通裡跑出來的東西；有羅迪尼亞（Rodinia）、努那（Nuna），以及超級古陸核瓦巴拉（Vaalbara）、蘇佩利亞（Superia）、斯卡拉維亞（Sclavia）。今天各大陸分散於地表各處，但它們在未來二億五千萬年後或許已經預定好要來場家族聚會。

超過二億年來，大西洋中洋脊都在把美洲與歐非兩洲推離開，但大西洋的命運大概會像它的祖先巨神海那樣無可挽回。就在當下，不論是在加勒比海邊緣、歐洲直布羅陀外海，或是南美洲福克蘭群島（Falklands）外洋處，大陸板塊都在這些地方的深海壕溝裡實行復仇，讓海洋板塊在隱沒帶被飢渴吞噬，把這幾座本為手足的大陸又拉向重逢之路。這些隱沒帶現在相對而言還算小，但它們將會逐漸擴張蔓延到整片大陸邊緣。

「只要事情變成那樣，隱沒帶就會開始把大西洋整個吞沒，」哈佛大學的麥當納這樣說。隱沒帶一旦開工就不可能停止，像是野狗在巷裡狼吞虎嚥人們吃剩的義大利麵。隱沒帶會不斷一口一口把海洋板塊嚼掉，直到與海洋另一端相思之人相會為止。

就像二疊紀的情況，我心愛的新英格蘭海岸或許又會變成距離海洋數百英里的乾旱荒野，被困於另一座超級大陸那了無生機的內陸裡頭。

不過，這只是未來盤古大陸的一種可能而已。地球物理學家米契（Ross Mitchell）和他耶魯大學的同僚，預測各大陸仍會在數億年後聚頭，但地點改成北極。如果此事成真，乍聽之下這對複雜生命像是場毀滅性的災難，但誰又知道會發生什麼事呢。

或許，待等數億年後各大陸彼此愈靠愈近，火山島鏈會再度被推擠成便於風化的摩天峰嶺，這些山脈會吸收掉大氣裡的二氧化碳，為世界降下冰河與嚴寒的災罰。再過數億年後，這座超級大陸又開始四分五裂（過程中或許會先出現遍地裂谷湖，邀來奇特生物在岸邊居住），到時可能會發生另一場規模浩大的大陸玄武岩溢流給地球致命一擊，嚴重程度可與二疊紀末、三疊紀末與白堊紀末的噴發相比。

但是，在上述一切都還來不及成真前，說不定一片在太陽系裡四處漂流的無大氣的岩石大陸會先來干擾生命發展過程，像是無垠太空中一顆微塵與一顆砂礫的碰撞。

不論死神是以什麼姿態登場，這場天外來的襲擊將再次把地表全部奇特生物全部摧毀；不論演化的盲目軌跡如何塑造牠們，遙遠未來的悠長時光如何篩選牠們。屆時，複雜生命都還是岌岌可危。

地球其實正在喪失二氧化碳

以非常非常短程的時間來說，也就是未來幾百年之內，二氧化碳可能因為人類活動而衝上危險高峰，但從地質時間角度看來地球其實正在逐漸喪失二氧化碳。推動地球恆溫機制運作的風化作用會日漸增強，因為太陽在它身為一顆主序星（main sequence star）的生涯裡會不斷變得愈來愈亮。

「大氣中二氧化碳含量是靠著風化與從地裡釋放二氧化碳兩種

作用來達到平衡，」芝加哥大學地球化學家亞徹在電話裡對我說：「但如果你固定其他變因，卻讓太陽變得更亮，那水循環就會加速；會有更大量的水沖刷過岩石表面，溶解更多岩石，於是更多二氧化碳就會以碳酸鈣的形態被載送到地裡去。」

在地球的一生中，當太陽日益明亮，背景風化速率就會變得更高；大氣二氧化碳含量從寒武紀前令人窒息的高點，穩定下降到今天像是冰期的最低點（此處同樣必須忽略人類短暫大量灌注二氧化碳的時期，這些二氧化碳很快就會被排出這個系統之外）。

今天這場人為的閃電排氣潮之後數百萬年，二氧化碳都會被清出大氣，以石灰岩的形式埋在海床裡，大氣二氧化碳含量會一直持續下降。最後，我們的冰期會宣告落幕，太陽變得更加光亮，而我們地表上這一層二氧化碳毯卻日益稀薄。這會造就一個奇怪的世界，氣溫很高，空氣裡卻沒多少二氧化碳；結果就是地球上不再有什麼地方能找到多少植物，動物也是一樣，因為這兩者全都依靠二氧化碳維生。

從恐龍時代至今，二氧化碳含量已經不斷下降，植物因此演化出新的光合作用途徑來適應這個低二氧化碳的新朝代，它們就是所謂的「四碳植物」（C4 plant），例如青草、灌木和仙人掌。接下來數億年裡，這些植物會慢慢掌握這炎熱潮濕、整體而言頗不適生存的世界之主宰權，同時許多種無法在缺碳大氣中進行光合作用的樹木和森林都會消失。

這顆行星將會長滿灌木，變得荒瘠，只剩一片土褐色；直到距今八億年後，那時二氧化碳含量將會降破 10 ppm 的大關，光合作用再也無法發生，植物也就完全不能存活。植物死光之後，依靠它們取得食物和氧氣的動物也會很快跟進。這塊荒蕪大地上的河川會再次以寬闊、懶散、分支交叉的姿態流入大海，這是它們在被陸生植物局限於蜿蜒河道之前的模樣（也是它們在「大死亡」之後短暫呈現的樣子）。

高溫下的演化

就算萬物續命所需的碳循環沒有逐漸消失，大約同一時期氣溫也會變得熱到令人難以承受，就連兩極都無法倖免，攝氏四十度的高溫與超級颶風，輪番肆虐幾近寸草不生的各大陸，還剩下的那些生物只好躲在洞裡休眠，度過南極與北極長達數月的炎熱季節（至於熱帶就別提了，那兒早已成為不可言喻的地獄景象，遭到所有生命捨棄）。

或許這些極地動物有的還會像異齒龍那樣，在背上長出背帆來散熱。然而，這次和史上最糟糕的生物大滅絕都不一樣，災難不會過去，生物不會有喘息時間。隨著太陽愈來愈明亮，氣溫只會持續變得更熱，植物會一直消失，二氧化碳與氧氣都會漸漸流失，蛋白質會拆解開來，粒線體會分解，但空氣中只會更加吹起焚風。這就是地球最末一場生物大滅絕，到那時候，某一天之中的某一時刻，世間僅存的最後一隻動物也要死去。

等到複雜生命消逝很久很久以後，只有化石保存著關於牠們的記憶，而這些化石也將在孤寂山崖上漸被風蝕；在高達攝氏七十度的氣溫之下，就連單細胞真核生物都活不下去。曾在波茨坦氣候影響研究所（Potsdam Institute for Climate Impact Research）任職的已故地球化學家佛朗克（Siegfried Franck）著有一篇標題聳動的論文〈未來生物圈大滅絕的成因與時間測定〉（Causes and Timing of Future

Biosphere Extinctions），裡面估計上述所有情況都會在距今十三億年之後發生。動物昂首闊步於地球的日子逝去久遠之後，甚至是在真核微生物那精采萬分的縮影宇宙都消滅了之後，細菌還能在這顆行星上繼續居住幾億年，就像遠古初始的時候一樣。

謝幕

現在我們回到新英格蘭，但其實我們身在何方已經不重要了，地球這顆行星上已經沒有海岸。幾座超級大陸一度成型又紛紛崩解，但既然不再有海水來潤滑板塊，板塊運動也就踩了煞車。火山如果在哪裡出現，那都是從地殼裡噴湧而出末日般的玄武岩溢流。三百英尺厚的鹽積平原延伸數千英里，從一座俯瞰這平原的紅色沙丘上，只見天空一輪巨大無比的紅日，日光穿透金星般的大氣層而變得模糊。

外頭氣溫有數百度，周圍瀰漫毀滅性的毒霧，使人難以相信這曾是一片處處生機的蒼綠世界。複雜生命這場光鮮亮麗的盛會早已落幕，海洋與叢林的昨日輝煌皆被固化，深埋於腳下石灰岩裡、煤礦眾生相裡，以及再也無人研究的化石之中。

十六億年之後，面對一顆兇惡善變的無情恆星，這顆行星上的情況會變得對生命極其不利，就連地底深處也一樣，連細菌都走到窮途末路。這場最終大滅絕的另外一面就是永恆，瓦爾德和布朗黎（Donald Brownlee）都注意到地球歷史整篇故事那詩情畫意的對稱性，多細胞生物、真核生物、原核生物（prokaryote）一個個謝幕下臺的順序，恰好與它們登場順序相反。

然而，就算預報內容如此黑暗，但我們能夠身處地質歷史上此時此刻實在是非常好運的事。我們眼前仍有數億年的歷史，況且五次主要生物大滅絕都未讓我們消失，顯示地球有辦法支持生命發展數十億年而不毀，這簡直是奇蹟般的處境。若任意將好運虛擲，這不只會造成文明上的重大失敗，甚至在這宇宙中都會造成影響。

生物大滅絕的歷史更襯托出這好運的重要性。研究過程中，我注意到文獻裡一再提起某個主題：如果說雪球地球再嚴重一點點，或說二疊紀末火山活動再強烈一點點，抑或說白堊紀一第三紀撞擊物更巨大一點點，只要這些事件變得比原來更糟糕一點點，我們就根本沒機會坐在這裡討論它們。我們怎麼竟能經歷這麼多事而存活下來，只要毫釐之差就是存亡之別？或許一般行星未必能在這類災禍後復原，地球只是幸運到不可思議的程度罷了。

或許在其他行星上已經找不到倖存者，能讓我們知道它們的行星當初是怎麼在這樣的大難中（即使只發生過一次也好）逃過一劫，然後繼續保持數十億年適合生命生存的模樣。或許這就是為什麼，當我們將電波望遠鏡指向遠方星辰尋找宇宙中的朋友，結果卻只聽得到靜寂。或許地球確實擁有一連串無法解釋甚至只能說是神蹟般的好運。最奇怪的是，或許，我們之所以能活過這些事件，都只是因為我們要在此處問出這些問題。

 弔詭的人類黑區

「我能想像一個宇宙，裡頭行星像氣球那樣一個一個爆炸，它們遭到摧毀的可能性非常高，」牛津大學的山伯格對我說：「但因為這個宇宙很大，所以裡頭會隨機出現幾個非常幸運的行星，經過

數百萬甚至數十億年都安然無事。它們徹底與眾不同且非常怪異，但因為這個宇宙很大，所以裡面就是會有它們。有些行星裡面有觀察者，他們會演化，他們會想『噢，我們的行星已經存在數十億年，這個宇宙很安全！』但這想法大錯特錯，因為他們的存在，完全基於他們行星擁有的無比好運，他們是這樣被篩選留下來的。」

「如果海爾—波普彗星（Hale-Bopp）撞上我們，地表不會留下任何生命。」瓦爾德最近在《鸚鵡螺》（*Nautilus*）雜誌的訪談裡，說到那顆在 1997 年為地球人提供一場美好夜空秀的彗星。這顆彗星大小可有希克蘇魯伯撞擊體的四倍大，只要它的軌道稍微改變，這顆行星就會毀於一旦。「所以，我們不只是稀有而已，我們很幸運。」

宇宙裡可能不斷有像海爾—波普這樣的彗星撞上行星，而我們之所以沒被撞到（奇怪的就是這事從來沒發生過）的理由，只是因為那些被撞到的行星上已經沒留下任何生命能繼續坐在那兒思考此事。這就是「觀察者選擇偏差」（observer selection bias），有其實際上的應用。

舉例來說，如果有人要估算海爾—波普彗星大小的岩石在不久後撞上地球的機率，看似邏輯的初步做法就是去找地質紀錄，看看這麼大的隕石坑在地球歷史上有多常出現。問題是這種做法根本不切實際，因為任何行星若在不久之前被撞出一個能毀掉全地球那麼大的隕石坑，那該行星上就不會留下任何後代觀察者回頭來找這些隕石坑。

這些看不見的威脅存在於「人類黑區」[4]中，受我們的存在所審查。假設具有毀滅地球威力的小行星非常常見，整天都在撞擊類似

4. 譯注：人類黑區（anthropic shadow），指那些最大的威脅反而「不可能出現在歷史紀錄裡」的這個現象。

我們這樣的行星，但這樣的話，唯一會去問這些事情可能性的觀察者，就只能是那些住在少數行星上的人，而這些行星在閃躲太空岩石這方面運氣奇佳。在極其廣闊而可能無限的宇宙裡，一定存在著不少這樣的行星；因此，要估計我們未來的存活率與這顆行星未來的可居住性，這兩件事都會被「我們存在著思考這問題」的事實所干擾。

或許我們從五大滅絕事件倖存下來，並不真的表示地球充滿復原力，只表示我們存在一事所造成的偏差，以及這顆行星那天文數字般的幸運值。或許當你讀完這句話，這幾乎是不可能的好運也就到了頭，然後我們會被早就該來的一百英里寬小行星給氣化掉。又或者，稍後我們就會看到一場力足以終結世界的大陸玄武岩溢流開始咕嚕咕嚕直冒。說到底，這個宇宙的危險程度可能遠超過我們所有經驗，因為這或許是個福星高照的過往。

「面對毀滅性極高的事件時，過度自信的危險性也就變得極強，」山伯格、波斯綽（Nick Bostrom），以及瑟科維克（Milan Cirkovic）在一篇異常好讀的論文〈人類黑區：觀察者選擇效應與人類滅絕威脅〉（Anthropic Shadow: Observation Selection Effects and Human Extinction Risks）中寫道：

「結論是，關於那些絕對能夠消滅人類的大事，我們實在不該相信那些以歷史紀錄為基礎估量出的可能性。這個結論看起來或許非常明顯，但卻沒有得到廣泛認同……像是小行星／彗星撞地球、超級火山活動、超新星／伽瑪射線爆炸性的大噴發，這些大災難導致的威脅是以它們被觀察到的發生頻率來計算，結果就是那些會摧毀觀察者、或是在其他方面與觀察者的存在互不相容的大災難頻率都遭到系統性地低估。」

如果此事為真，如果地球這座生命之島是凶險宇宙中一座天文學上的異數，那我們在起跑點上獲得的優勢簡直不可限量。不論是誰賦予我們這麼多，我們所背的責任也是同樣多。這顆行星歷史上，甚至可能是在可見的宇宙歷史中，沒有任何動物曾像我們一樣發現自己身處影響如此重大的十字路口。

逃離太陽系的可能

對於人類在宇宙中的重要性，我的直覺在與加州大學聖塔克魯茲分校宇宙學家阿奎爾（Anthony Aguirre）的刺激對談之後得到證實。我找他是為了知道，在將來數百兆年內，宇宙中生命在理論上最終極的極限是什麼。

阿奎爾的長程宇宙學預測嚴格遵守物理學規範，但內容簡直讓人腦袋轉不過來，需要出一本專著來說明[5]。不過，他告訴我的事情中最令我驚奇的就是，他相信人類的重要性不只是在這顆有限行星和區域性太陽系裡，人類甚至可能在宇宙這個時間與空間最大限度的故事中扮演某種角色。

如果地質史的時間幅度讓人類歷史事件看來微不足道，宇宙的時間幅度就更是無數倍的令人感覺自己不如滄海一粟；我們行星未來只剩下八億年的可居住期限，在那之後太陽的壽命也只能再延續數十億年，但要等到一百兆年以後，銀河系裡最後一顆恆星的光芒

5. 舉個例子，他說下一場生物大滅絕可能會在物理定律自發性徹底亂套的時候發生。

才會熄滅，在那之前生命都有可能存在於某處。

阿奎爾認為如果人類在太陽系滅亡之前逃離，我們就能橫渡銀河系，深入未知的永世歲月。克拉克[6]就是存著這種想法，於是他寫下下列文字討論人類無限擴充的可能性以及遙遠未來人類世代，展現「理想追尋式科幻小說」的最佳傳統精神：

「他們知道眼前的是什麼，不是我們用來估算地質時代的百萬年，不是星辰過去壽命所經過的十億年，而是以兆計的年……但就算如此，他們可能還是會嫉妒我們，因為我們沐浴在『創世』的明亮餘暉裡，我們認識這宇宙時它仍然年輕。」

然而，我們是否有機會參與這場天寬地闊的「星艦迷航記」式未來，可能全看我們在未來這數十年表現如何。就算阿奎爾所使用的時空幅度與時間長度，更凸顯我們這物種只如星海微塵，但他依舊認為我們在將來這幾年內對待地球的方式對於我們自身的存在，甚至是宇宙本身，都會造成影響。

「我認為本質上我們正處在一個分水嶺，就看接下來一百年內會發生什麼；我想要不然就是人類文明與所有地球生命都自我毀滅，要不然可能就是我們有辦法登上鄰近行星，然後去了遙遠的行星，最後就擴張到整個銀河系，」他說。

「所以說，假設你把這兩種未來拿來比較，其中一種裡面基本上不存在任何有知覺的東西，不過這要看你把動物和無生物擺在哪裡；另一種裡面卻有源源不絕、以等比級數成長的大量有趣知覺經

---

6. 譯注：克拉克（Authur C. Clarke, 1917-2008），英國科幻小說作家與科學讀物作者。

驗，那你就會發現這真的事關重大。如果我們只是銀河系類似物種的其一，那事情就比較像是『嗯，我們自作自受，這沒話說』。但如果我們是銀河系裡唯一，或是極少數這類物種中的一種，那我們親手滅絕掉的可是非常不得了的未來，而這一切都只是因為我們現在的愚昧無知。」

人類世，地質學中的薄薄一層

當我在寫關於這顆行星有限壽命的書籍時，一位我深愛的人去世了，她就是我的母親。學界對人類未來展望的估計愈來愈不樂觀，喪親之痛使我面對此事感受更深。不過，我母親從不陷於這種悲觀情緒，當她病情日益沉重，她身邊湊齊了所有文學與藝術上的慰藉：亨利五世[7]在聖克里斯賓節[8]那激勵人心的演講詞；馬諦斯[9]那靈動的生意盎然；伊蓮史崔奇[10]用粗啞嗓音傲然唱著桑坦[11]的歌；莫里森[12]歌聲中那神祕的質樸，以及宗教信仰為她帶來的慰藉，最後這點讓我很羨慕。

但當她愈來愈步向生命終點，她很喜歡引用中古時代神祕主義者諾里奇的朱莉安[13]的話，「一切都將安好，一切都將安好且萬事萬

7. 譯注：亨利五世（Henry V, 1386-1422），英格蘭國王，在英法百年戰爭中頗有功業。此處指的是莎士比亞劇作《亨利五世》中的文句。
8. 譯注：聖克里斯賓節（Saint Crispin's Day），每年10月25日，此處指英法百年戰爭中阿金考特戰役（battle of Agincourt, 1415年）發生的日期。
9. 譯注：馬諦斯（Matisse, 1869-1954），法國畫家，野獸派創始人物。
10. 譯注：伊蓮史崔奇（Elaine Stritch, 1925-2014），美國女演員與歌手。
11. 譯注：桑坦（Sondheim），美國作詞作曲家。
12. 譯注：莫里森（Van Morrison），北愛爾蘭歌手。
13. 譯注：諾里奇的朱莉安（Julian of Norwich, 1342-1416 ）中古時代英格蘭重要的神祕主義者與神學家，其著作《神聖之愛的啟示》（Revelation of Divine Love）是目前所知第一本作者為女性的英文書。

物都將安好。」她是這樣說的。

我無法苟同，每一天的報紙頭條都讓人很難同意這句話。於此同時，銀河系裡我們所知唯一適合生物生存的行星，正逐漸向著地質史上的大災難裡頭傾覆，新聞中充滿以數百年古老教義為名將人斬首、將人釘上十字架的暴行，還有迎合地方本位主義的煽動性言論，以及對特定部族的醜化指控。

以一個物種而言，我們對於未來看似如此缺乏準備。或許幾百年後，各種挑戰會磨去我們年少無知的愚昧與迷信，讓我們終能改頭換面成為有德有能的世界掌理者，如此度過之後數百萬年。

或許我們正處在「智慧動物宙[14]」的清晨，這將是智慧與創意百花齊放的時代，一個和動物時代一樣奇妙卻又極度不同的紀元，就像動物時代與之前的細菌時代那樣天差地別。又或許這整場怪異的人類文明狂熱之夢，不過是地層學中奇特的一層而已。它將以生物大滅絕作結，在未來被埋入峽谷中。

離開阿奎爾在聖塔克魯茲的研究室，我開車下到海邊，站在一處突出海面、由上新世海床構成的岩架上。我腳下的岩石凸凸凹凹，滿是數百萬年前的蛤蜊殼；天空已經脫去午後粉彩顏色，一道螢光粉紅燒灼地平線，往上逐漸轉變成我頭頂太空深處般的黑暗。

碼頭對面，人行道上路燈柱投下俗豔豔的橘色光芒，那是來自白堊紀的光子，類似的光點如星點延伸往海岸更遠處。浪花裡露出一大塊遠古砂岩的孤島，鸕鶿與鵜鶘（牠們全都是恐龍）等溫血動物成堆群聚其上。在眾鳥周圍，粗野吼聲宣告海獅的傍晚集會正要開幕；牠們是我們較近的近親，在大海怪消失後回歸海中，追逐那

14. 智慧動物宙（Sapiezoic Eon），由天體生物學家格林斯本（David Grinspoon）所創的名詞。

些從未離去的魚兒。我在那裡長坐，那是世界的末端。粉紅天空消散，露出在宇宙中奔馳過無限歲月的星光；那些顯現紅色的星辰告訴我們天界正在飛散，有朝一日將會陷入永恆黑暗。

月光下，我在翻滾的銀色海獅之間辨認出衝浪者，他們棲息在衝浪板上，隨波濤時高時低，尋找著地平線。海浪湧入而又退去，古今一般。不知為何，那時我相信我母親所說的：一切都將安好。

致謝

「如果你不喜歡獨處，你就不會喜歡寫書。」里克斯[1]曾這樣寫道，我以自己的血淚經歷體會這個道理。但不論這經驗本身有多孤獨，沒有一本書是在真正孤獨的狀況下寫成（這是致謝詞裡的老套）。下面是非常片面的名單，裡面是在物質、士氣與其他各方面給予我支持的人們，幫助我讓這本書從無到有。

感謝瑞德蒙（Hilary Redmon）從最初就對這個題目充滿熱忱；奧斯華（Denise Oswald）以她的睿智引導我，讓手稿分量變得精簡，也讓最終成果可讀性明顯提高。特別感謝阿克麥爾（Laurie Abkemeier）從頭開始協助我，引導我通過書籍出版業這個陌生地景，謝謝她對本書與我擁有能夠好好說故事的信心。

感謝我的家人，尤其是我的姊妹，幫我檢查本書前面幾章的草稿。感謝我的朋友願意支持我，特別是像穆德里（Sean Mulderrig）這種有資格進入付費科學期刊網站的人。感謝其他人在我於國內東奔西跑的時候借我沙發或客房來留宿。感謝雷納德（Dutch Leonard）和威爾斯（Julie Wells）在我寫作生涯早期鼓勵我說出自己想說的話。感謝麻塞諸塞州劍橋「第四區」（Area Four）和薩默維爾「柴油咖啡廳」（Diesel Cafe）的員工提供我所需的咖啡因。

在此特別要向許多地質學家與古生物學家致謝，他們不吝

1. 譯注：里克斯（Thomas Ricks），美國記者與作家。

花費時間在會議議程中間的私下談話裡、在電子郵件中、在電話裡、或是在探訪岩石露頭的旅程中幫助我。先說我一定忽略了很多人，以下是曾幫助過我的科學家與訪談對象的部分名單，包括（依照字母排序）：阿奎爾、阿爾吉、亞徹、貝黎（Richard Bailey）、貝納先克、邦德、布列津斯基、布魯沙特、達勞、愛德華（Cole Edwards）、埃爾溫、費黎（Richard Feely）、芬尼根、傑納、哈佩爾（David Harper）、赫斯特（Jonena Hearst）、海姆布洛克（Bill Heimbrock）與陸上掘海者成員、胡伯、賈布隆斯基、開普與維吉尼亞自然史博物館、克勒、坎普、拉許（Gary Lash）、萊斯利（Stephen Leslie）、路伊、麥當納、馬亭戴爾、梅洛許、米契、歐爾森、佩因、瑞伯雷多、理查德（Mark Richards）、瑞吉威爾、羅維、萊恩、薩蘭、薩茲曼、山伯格、夏勒、斯坦、史提高爾、史文森、瓦爾德、威廉遜、魏可夫、札克斯、薩拉西維奇。

我尤其感謝納普（Jonathan Knapp）不吝花費時間、精力與心血幫助我認識二疊紀的怪異世界。在此我也要特地感謝烏特勒支條約（Treaty of Utrecht）簽署者，他們勞心勞力終於讓西班牙王位繼承戰爭[2]劃下句點。我還要特別對微軟Word軟體提出反感謝，向它一年之內當機千次的紀錄致敬。我要感謝Scrivener軟體的開發者發明這種品質更佳的產品。最後，如果沒有地球這顆行星，這一切都不可能發生；願它將來六億年壽命與過去六億年壽命一樣多采多姿。Sláinte[3]！

2. 譯注：十八世紀初因西班牙王位繼承問題引發的歐洲大戰，主要交戰雙方是法國與神聖羅馬帝國，戰爭發生於1701年到1714年之間。
3. 譯注：Sláinte，居爾特語「健康」之意，是愛爾蘭與蘇格蘭常用的乾杯祝詞。

參考文獻

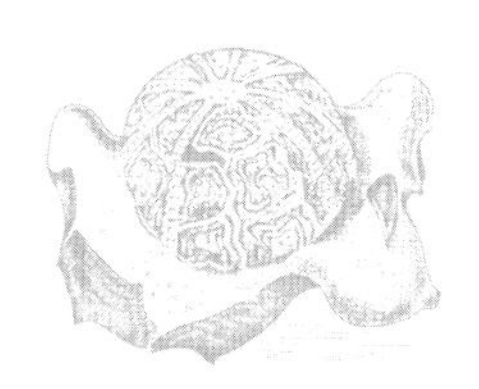

序言

Bond, David PG, and Paul B. Wignall. "Large igneous provinces and mass extinctions: an update." *Geological Society of America Special Papers* 505 (2014): SPE505-02.

Dodd, Sarah C., Conall Mac Niocaill, and Adrian R. Muxworthy. "Long duration (> 4 Ma) and steady-state volcanic activity in the early Cretaceous Paraná–Etendeka Large Igneous Province: New palaeomagnetic data from Namibia." *Earth and Planetary Science Letters* 414 (2015): 16-29.

Hazen, Robert M. *The Story of Earth: The First 4.5 Billion Years, from Stardust to Living Planet*. New York: Viking, 2012. Print.

Hönisch, Bärbel, et al. "The geological record of ocean acidification." *science* 335.6072 (2012): 1058-1063.

Raup, David M. "Biogeographic extinction: a feasibility test." *Geological Society of America Special Papers* 190 (1982): 277-282.

Taylor, Paul D. *Extinctions in the History of Life*. Cambridge, U.K.: Cambridge UP, 2004. Print.

Ward, Peter D. *Under a Green Sky: Global Warming, the Mass Extinctions of the Past, and What They Can Tell Us about Our Future*. New York, NY: Smithsonian /Collins, 2007. Print.

Worm, Boris, et al. "Global patterns of predator diversity in the open oceans." *Science* 309.5739 (2005): 1365-1369.

第一章 起始

Bailey, R. H., and B. H. Bland. "Ediacaran fossils from the Neoproterozoic Boston Bay Group, Boston area, Massachusetts." *Geological Society of America Abstracts with Programs*. Vol. 32. 2000.

Erwin, Douglas H., and James W. Valentine. *The Cambrian Explosion: The Construction of Animal Biodiversity*. New York, NY: W. H. Freeman, 2013. Print.

Erwin, Douglas H., and Sarah Tweedt. "Ecological drivers of the Ediacaran-

Cambrian diversification of Metazoa." *Evolutionary Ecology* 26.2 (2012): 417-433.

Laflamme, Marc, et al. "The end of the Ediacara biota: Extinction, biotic replacement, or Cheshire Cat?." *Gondwana Research* 23.2 (2013): 558-573.

Lenton, Timothy M., Richard A. Boyle, Simon W. Poulton, Graham A. Shields-Zhou, and Nicholas J. Butterfield. "Co-evolution of Eukaryotes and Ocean Oxygenation in the Neoproterozoic Era." *Nature Geoscience Nature Geosci* 7.4 (2014): 257-65. Web.

Williams, Mark, et al. "Is the fossil record of complex animal behaviour a stratigraphical analogue for the Anthropocene?." *Geological Society, London, Special Publications* 395.1 (2014): 143-148.

Zalasiewicz, Jan, et al. "The technofossil record of humans." *The Anthropocene Review* (2014): 2053019613514953.

第二章 奧陶紀末大滅絕

Armstrong, Howard A., and David AT Harper. "An earth system approach to understanding the end-Ordovician (Hirnantian) mass extinction." *Geological Society of America Special Papers* 505 (2014): 287-300.

Eiler, John M. "Paleoclimate reconstruction using carbonate clumped isotope thermometry." *Quaternary Science Reviews* 30.25 (2011): 3575-3588.

Fortey, Richard. "Olenid trilobites: The oldest known chemoautotrophic symbionts?." *Proceedings of the National Academy of Sciences* 97.12 (2000): 6574-6578.

Fortey, Richard, A., "The Lifestyles of the Trilobites", American Scientist, (Volume 92), pp 446-453 (June 2000)

Graham, Alan. *A Natural History of the New World: The Ecology and Evolution of Plants in the Americas*. Chicago: U of Chicago, 2011. Print.

Grahn, Yngve, and Stig M. Bergstrom. "Chitinozoans from the Ordovician-Silurian boundary beds in the eastern Cincinnati region in Ohio and Kentucky." (1985).

Harper, David AT, Emma U. Hammarlund, and Christian MØ Rasmussen. "End Ordovician extinctions: a coincidence of causes." *Gondwana Research* 25.4 (2014): 1294-1307.

Karabinos, Paul, Heather M. Stoll, and J. Christopher Hepburn. "The Shelburne Falls arc-Lost arc of the Taconic orogeny." *Guidebook to field trips in the Five College region. Edited by JB Brady and JT Cheney. New England Intercollegiate Geological Conference. pp. B3-3–B3-17*. 2003.

Kröger, Björn. "Cambrian–Ordovician cephalopod palaeogeography and diversity." *Geological Society, London, Memoirs* 38.1 (2013): 429-448.

Kumpulainen, R. A. "The Ordovician glaciation in Eritrea and Ethiopia, NE Africa." *Glacial Sedimentary Processes and Products. International Association of Sedimentologists Special*

Publication 39 (2009): 321-342.

Lamsdell, James C., et al. "The oldest described eurypterid: a giant Middle Ordovician (Darriwilian) megalograptid from the Winneshiek Lagerstätte of Iowa." *BMC evolutionary biology* 15.1 (2015): 1.

Le Heron, Daniel Paul, and James Howard. "Evidence for Late Ordovician glaciation of Al Kufrah Basin, Libya." *Journal of African Earth Sciences* 58.2 (2010): 354-364.

LeHeron, D.P. "The Hirnantian Glacial Landsystem of the Sahara: A Meltwater-dominated System." *Atlas of Submarine Glacial Landforms: Modern, Quaternary, and Ancient* (n.d.): n. pag. Geological Society, London, Memoirs, 2016. Web.

Munnecke, Axel, Mikael Calner, David A.T. Harper, and Thomas Servais. "Ordovician and Silurian Sea–water Chemistry, Sea Level, and Climate: A Synopsis." *Palaeogeography, Palaeoclimatology, Palaeoecology* 296.3-4 (2010): 389-413.

Melchin, Michael J., et al. "Environmental changes in the Late Ordovician–early Silurian: Review and new insights from black shales and nitrogen isotopes." *Geological Society of America Bulletin* 125.11-12 (2013): 1635-1670.

Meyer, David L., and R. A. Davis. *A Sea without Fish: Life in the Ordovician Sea of the Cincinnati Region*. Bloomington: Indiana UP, 2009. Print.

Nesvorný, David, et al. "Asteroidal source of L chondrite meteorites." *Icarus* 200.2 (2009): 698-701.

O'donoghue, James. "The Second Coming." *New Scientist* 198.2660 (2008): 34-37.

Rudkin, David M., et al. "The world's biggest trilobite—Isotelus rex new species from the Upper Ordovician of northern Manitoba, Canada." *Journal of Paleontology* 77.01 (2003): 99-112.

Skehan, James William. *Roadside Geology of Massachusetts*. Missoula, MT: Mountain Pub., 2001. Print.

Upton, John. "Atlantic Circulation Weakens Compared with Last Thousand Years." *Scientific American*. Scientific American, 24 Mar. 2015. Web.

Webby, B. D. *The Great Ordovician Biodiversification Event*. New York: Columbia UP, 2004. Print.

Young, Seth A., et al. "A major drop in seawater 87Sr/86Sr during the Middle Ordovician (Darriwilian): Links to volcanism and climate?." *Geology* 37.10 (2009): 951-954.

Zalasiewicz, Jan, and Mark Williams. "The Anthropocene: A comparison with the Ordovician–Silurian boundary." *Rendiconti Lincei* 25.1 (2014): 5-12.

第三章 泥盆紀晚期大滅絕

"Too Much of a Good Thing: Human Activities Overload Ecosystems with Nitrogen." *Too Much of a Good Thing: Human Activities Overload Ecosystems with Nitrogen*. National Science Foundation, 7 Oct. 2010. Web.

Algeo, Thomas J., et al. "Hydrographic conditions of the Devono–Carboniferous North American Seaway inferred from sedimentary Mo–TOC relationships." *Palaeogeography, Palaeoclimatology, Palaeoecology* 256.3 (2007): 204-230.

Algeo, Thomas J., et al. "Late Devonian oceanic anoxic events and biotic crises:"rooted" in the evolution of vascular land plants." *GSA today* 5.3 (1995): 45.

Alshahrani, Saeed, and James E. Evans. "Shallow-Water Origin of a Devonian Black Shale, Cleveland Shale Member (Ohio Shale), Northeastern Ohio, USA." *Open Journal of Geology* 4.12 (2014): 636.

Botkin-Kowacki, Eva. "Lungs Found in Mysterious Deep-sea Fish." *The Christian Science Monitor*. The Christian Science Monitor, 16 Sept. 2015. Web. 29 July 2016.

Carmichael, Sarah K., et al. "A new model for the Kellwasser Anoxia Events (Late Devonian): Shallow water anoxia in an open oceanic setting in the Central Asian Orogenic Belt." *Palaeogeography, Palaeoclimatology, Palaeoecology* 399 (2014): 394-403.

Clack, Jennifer A. *Gaining Ground: The Origin and Evolution of Tetrapods*. Bloomington, IN: Indiana UP, 2002. Print.

Dalton, Rex. "The Fish That Crawled out of the Water." *News@nature* (2006): n. pag. Web.

Friedman, Matt, and Lauren Cole Sallan. "Five Hundred Million Years of Extinction and Recovery: A Phanerozoic Survey of Large-scale Diversity Patterns in Fishes." *Palaeontology* 55.4 (2012): 707-42. Web.

Gibling, Martin R., and Neil S. Davies. "Palaeozoic Landscapes Shaped by Plant Evolution." *Nature Geoscience Nature Geosci* 5.2 (2012): 99-105. Web.

Haddad, Emily Elizabeth. "Paleoecology and Geochemistry of the Upper Kellwasser Black Shale and Extinction Event." (2015).

McGhee, George R. "Extinction: Late Devonian Mass Extinction." *eLS*.

Mcghee, Jr. George R. "The Search for Sedimentary Evidence of Glaciation during the Frasnian/Famennian (Late Devonian) Biodiversity Crisis." *The Sedimentary Record Sed Record* 12.2 (2014): 4-8. Web.

McGhee, George R. *The Late Devonian Mass Extinction: The Frasnian/Famennian Crisis*. New York: Columbia UP, 1996. Print.

McGhee, George R. *When the Invasion of Land Failed: The Legacy of the Devonian Extinctions*.

New York, NY: Columbia UP, 2013. Print.

Morris, Jennifer L., et al. "Investigating Devonian trees as geo engineers of past climates: linking palaeosols to palaeobotany and experimental geobiology." *Palaeontology* 58.5 (2015): 787-801.

Mottequin, Bernard et al. "Climate Change and Biodiversity Patterns in the Mid-Palaeozoic (Early Devonian to Late Carboniferous) – IGCP 596 (2011–2015)." *Palaeobiodiversity and Palaeoenvironments Palaeobio Palaeoenv* 91.2 (2011): 161-62.

Over, D. J., J. R. Morrow, and P. B. Wignall. *Understanding Late Devonian and Permian-Triassic Biotic and Climatic Events: Towards an Integrated Approach*. Amsterdam, Netherlands: Elsevier, 2005. Print.

Over, D. Jeffrey. "The Frasnian/Famennian boundary in central and eastern United States." *Palaeogeography, Palaeoclimatology, Palaeoecology* 181.1 (2002): 153-169.

Ruddiman, William F., and Ann G. Carmichael. "Pre-industrial depopulation, atmospheric carbon dioxide, and global climate." *Interactions Between Global Change and Human Health (Scripta Varia)* 106: 158-194.

Scott, Evan E., Matthew E. Clemens, Michael J. Ryan, Gary Jackson, and James T Boyle. "A Dunkleosteus Suborbital from the Cleveland Shale, Northeastern Ohio, Showing Possible Arthrodire-Inflicted Bite Marks: Evidence for Agonistic Behavior, or Postmortem Scavenging?" *Geological Society of America Abstracts with Programs*, Vol. 44, No. 5, p. 61

Shubin, Neil. *Your Inner Fish: A Journey into the 3.5-billion-year History of the Human Body*. New York: Pantheon, 2008. Print.

Stein, William E., Christopher M. Berry, Linda Vanaller Hernick, and Frank Mannolini. "Surprisingly Complex Community Discovered in the Mid-Devonian Fossil Forest at Gilboa." *Nature* 483.7387 (2012): 78-81. Web.

Stigall, Alycia L. "Speciation collapse and invasive species dynamics during the Late Devonian "Mass Extinction"." *GSA Today* 22.1 (2012): 4-9.

第四章 二疊紀末大滅絕

Aarnes, Ingrid. *Sill emplacement and contact metamorphism in sedimentary basins*. Diss. Faculty of Mathematics and Natural Sciences, University of Oslo, 2010.

Algeo, Thomas J., Zhong-Qiang Chen, and David J. Bottjer. "Global review of the Permian–Triassic mass extinction and subsequent recovery: Part II." *Earth-Science Reviews* 149 (2015): 1-4.

Boyer, Diana L., David J. Bottjer, and Mary L. Droser. "Ecological signature of Lower Triassic shell beds of the western United States." *Palaios* 19.4 (2004): 372-380.

Chen, Zhong-Qiang, Thomas J. Algeo, and David J. Bottjer. "Global review of the Permian–Triassic mass extinction and subsequent recovery: Part I." *Earth-Science Reviews* 137 (2014): 1-5.

Clapham, Matthew E. "Extinction: End Permian Mass Extinction." *eLS* (2013).

Cui, Ying, and Lee R. Kump. "Global warming and the end-Permian extinction event: Proxy and modeling perspectives." *Earth-Science Reviews* 149 (2015): 5-22.

Dutton, A., et al. "Sea-level rise due to polar ice-sheet mass loss during past warm periods." *Science* 349.6244 (2015): aaa4019.

Day, Michael O., et al. "When and how did the terrestrial mid-Permian mass extinction occur? Evidence from the tetrapod record of the Karoo Basin, South Africa." *Proc. R. Soc. B*. Vol. 282. No. 1811. The Royal Society, 2015.

Emanuel, Kerry A., et al. "Hypercanes: A possible link in global extinction scenarios." *Journal Of Geophysical Research-atmospheres* 100.D7 (1995): 13755-13765.

Erwin, Douglas H. *Extinction: How Life on Earth Nearly Ended 250 Million Years Ago*. Princeton, NJ: Princeton UP, 2006. Print.

Grasby, Stephen E., et al. "Mercury anomalies associated with three extinction events (Capitanian crisis, latest Permian extinction and the Smithian/Spathian extinction) in NW Pangea." *Geological Magazine* 153.02 (2016): 285-297.

Knoll, Andrew H., et al. "Paleophysiology and end-Permian mass extinction." *Earth and Planetary Science Letters* 256.3 (2007): 295-313.

Payne, Jonathan L. "The End-Permian Mass Extinction and Its Aftermath: Insights From Non-traditional Isotope System." *2014 GSA Annual Meeting in Vancouver, British Columbia*. 2014.

Payne, Jonathan L., and Matthew E. Clapham. "End-Permian mass extinction in the oceans: an ancient analog for the twenty-first century?." *Annual Review of Earth and Planetary Sciences* 40 (2012): 89-111.

Peltzer, Edward T, and Peter G Brewer. "Beyond pH and Temperature: Thermodynamic Constraints Imposed by Global Warming and Ocean Acidification on Mid-Water Respiration by Marine Animals." ICES ASC 2008. n. pag. Print.

Retallack, Gregory J. "Permian and Triassic greenhouse crises." *Gondwana Research* 24.1 (2013): 90-103.

Retallack, Gregory J., Roger MH Smith, and Peter D. Ward. "Vertebrate extinction across Permian–Triassic boundary in Karoo Basin, South Africa." *Geological Society of America Bulletin* 115.9 (2003): 1133-1152.

Rey, Kévin, et al. "Global climate perturbations during the Permo-Triassic mass extinctions recorded by continental tetrapods from South Africa." *Gondwana Research* (2015).

Schneebeli-Hermann, Elke, et al. "Evidence for atmospheric carbon injection during the end-Permian extinction." *Geology* 41.5 (2013): 579-582.

Schubert, Jennifer K., and David J. Bottjer. "Aftermath of the Permian-Triassic mass extinction event: Paleoecology of Lower Triassic carbonates in the western USA." *Palaeogeography, Palaeoclimatology, Palaeoecology* 116.1 (1995): 1-39.

Sephton, M. A., H. Visscher, C. V. Looy, A. B. Verchovsky, and J. S. Watson. "Chemical Constitution of a Permian-Triassic Disaster Species." *Geology* 37.10 (2009): 875-78. Web.

Smith, Roger MH, and Peter D. Ward. "Pattern of vertebrate extinctions across an event bed at the Permian-Triassic boundary in the Karoo Basin of South Africa." *Geology* 29.12 (2001): 1147-1150.

Svensen, Henrik, Alexander G. Polozov, and Sverre Planke. "Sill-induced evaporite- and coal-metamorphism in the Tunguska Basin, Siberia, and the implications for end-Permian environmental crisis." *EGU General Assembly Conference Abstracts*. Vol. 16. 2014.

Svensen, Henrik, et al. "Siberian gas venting and the end-Permian environmental crisis." *Earth and Planetary Science Letters* 277.3 (2009): 490-500.

Tabor, Neil J. "Wastelands of tropical Pangea: high heat in the Permian." *Geology* 41.5 (2013): 623-624.

Ward, Peter D., David R. Montgomery, and Roger Smith. "Altered river morphology in South Africa related to the Permian-Triassic extinction." *Science* 289.5485 (2000): 1740-1743.

Ward, Peter D., et al. "Abrupt and gradual extinction among Late Permian land vertebrates in the Karoo Basin, South Africa." *Science* 307.5710 (2005): 709-714.

Wignall, Paul B. "Volcanism and mass extinctions." *Volcanoes and the Environment* (2005): 207-226.

第五章 三疊紀末大滅絕

Blackburn, Terrence J., et al. "Zircon U-Pb geochronology links the end-Triassic extinction with the Central Atlantic Magmatic Province." *Science* 340.6135 (2013): 941-945.

Bond, David P.G., Yadong Sun, Paul B. Wignall, Michael M. Joachimski, Stephen E. Grasby, Xulong, Lai, Lina, Wang, Zaitian Zhang, and Si Sun. "Climate Warming, Euxinia and Carbon Isotope Perturbations during the Carnian (Triassic) Crisis" *Geological Society of*

America Abstracts with Programs. Vol. 47, No. 7, p.849

Cuffey, Roger J., et al. "Geology of the Gettysburg battlefield: How Mesozoic events and processes impacted American history." *Field Guides* 8 (2006): 1-16.

Fernand, Liam, and Peter Brewer, eds. "Changes in surface CO2 and ocean pH in ICES shelf sea ecosystems." ICES, 2008.

Fraser, Nicholas C. *Dawn of the Dinosaurs: Life in the Triassic*. Bloomington: Indiana UP, 2006. Print.

Knell, Simon J. *The Great Fossil Enigma: The Search for the Conodont Animal*. Bloomington: Indiana UP, 2012. Print.

Lau, Kimberly V., et al. "Marine anoxia and delayed Earth system recovery after the end-Permian extinction." *Proceedings of the National Academy of Sciences* 113.9 (2016): 2360-2365.

Mcelwain, J. C. "Fossil Plants and Global Warming at the Triassic-Jurassic Boundary." *Science* 285.5432 (1999): 1386-390. Web.

Mussard, Mickaël, et al. "Modeling the carbon-sulfate interplays in climate changes related to the emplacement of continental flood basalts." *Geological Society of America Special Papers* 505 (2014): 339-352.

Pálfy, József, and Ádám T. Kocsis. "Volcanism of the Central Atlantic magmatic province as the trigger of environmental and biotic changes around the Triassic-Jurassic boundary." *Geological Society of America Special Papers* 505 (2014): 245-261.

Pieńkowski, Grzegorz, Grzegorz Niedźwiedzki, and Pawe Brański. "Climatic reversals related to the Central Atlantic magmatic province caused the end-Triassic biotic crisis—Evidence from continental strata in Poland." *Geological Society of America Special Papers* 505 (2014): 263-286.

Olsen, Paul E. "Paleontology and paleoecology of the Newark Supergroup (early Mesozoic, eastern North America)." *Triassic-Jurassic Rifting: Continental Breakup and the Origins of the Atlantic Ocean and Passive Margins. Elsevier, Amsterdam* (1988): 185-230.

Olsen, Paul E., and Emma C. Rainforth. "The" Age of Dinosaurs" in the Newark Basin, with special reference to the Lower Hudson Valley." *New York State Geological Association Guidebook*. New York State Geological Association, 2001. 59-176.

Olsen, Paul E., Jessica H. Whiteside, and Philip Huber. "Causes and consequences of the Triassic–Jurassic mass extinction as seen from the Hartford basin." *Guidebook for Field Trips in the Five College Region, 95th New England Intercollegiate Geological Conference. Department of Geology, Smith College, Northampton, Massachusetts, pp. B5-1–B5-41*. 2003.

Schaller, Morgan F., James D. Wright, and Dennis V. Kent. "Atmospheric pCO2 perturbations associated with the Central Atlantic magmatic province." *Science* 331.6023 (2011): 1404-1409.

Steinthorsdottir, Margret, Andrew J. Jeram, and Jennifer C. Mcelwain. "Extremely Elevated CO2 Concentrations at the Triassic/Jurassic Boundary." *Palaeogeography, Palaeoclimatology, Palaeoecology* 308.3-4 (2011): 418-32. Web.

Sun, Yadong, et al. "Lethally hot temperatures during the Early Triassic greenhouse." *Science* 338.6105 (2012): 366-370.

Veron, J. E. N. *A Reef in Time: The Great Barrier Reef from Beginning to End*. Cambridge, MA: Belknap of Harvard UP, 2008. Print.

Wignall, P. B. *The Worst of Times: How Life on Earth Survived Eighty Million Years of Extinctions*. Princeton: Princeton UP, 2016. Print.

Whiteside, Jessica H., et al. "Insights into the Mechanisms of End-Triassic Mass Extinction and Environmental Change: An Integrated Paleontologic, Biomarker and Isotopic Approach." *2014 GSA Annual Meeting in Vancouver, British Columbia*. 2014.

Zanno, Lindsay E., Susan Drymala, Sterling J. Nesbitt, and Vincent P. Schneider. "Early Crocodylomorph Increases Top Tier Predator Diversity during Rise of Dinosaurs." *Sci. Rep. Scientific Reports* 5 (2015): 9276. Web.

第六章 白堊紀末大滅絕

Archibald, J. David. "What the dinosaur record says about extinction scenarios." *Geological Society of America Special Papers* 505 (2014): 213-224.

Alvarez, Luis. "W., Alvarez, Walter, Asaro, Frank, Michel, Helen V." *Extraterrestrial cause for the Cretaceous-Tertiary extinction, science* 208.4448 (1980): 1095-1108.

Alvarez, Walter. *T. Rex and the Crater of Doom*. Princeton: Princeton UP, 2013. Print.

Belcher, Claire M., et al. "An experimental assessment of the ignition of forest fuels by the thermal pulse generated by the Cretaceous–Palaeogene impact at Chicxulub." *Journal of the Geological Society* 172.2 (2015): 175-185.

Belcher, Claire M., et al. "Geochemical evidence for combustion of hydrocarbons during the KT impact event." *Proceedings of the National Academy of Sciences* 106.11 (2009): 4112-4117.

Blonder, Benjamin, et al. "Plant ecological strategies shift across the Cretaceous–Paleogene boundary." *PLoS Biol* 12.9 (2014): e1001949.

Browne, Malcolm W. "The Debate Over Dinosaur Extinctions Takes an Unusually Rancorous Turn." *The New York Times*. The New York Times, 18 Jan. 1988. Web.

Brusatte, Stephen L., Richard J. Butler, Paul M. Barrett, Matthew T. Carrano, David

C. Evans, Graeme T. Lloyd, Philip D. Mannion, Mark A. Norell, Daniel J. Peppe, Paul Upchurch, and Thomas E. Williamson. "The Extinction of the Dinosaurs." *Biol Rev Biological Reviews* 90.2 (2014): 628-42. Web.

Bryant, Edward. *Tsunami: The Underrated Hazard*. New York: Cambridge UP, 2001. Print

Chenet, Anne Lise, et al. "Determination of rapid Deccan eruptions across the Cretaceous Tertiary boundary using paleomagnetic secular variation: Results from a 1200 m thick section in the Mahabaleshwar escarpment." *Journal of Geophysical Research: Solid Earth* 113.B4 (2008).

Coccioni, Rodolfo, Simonetta Monechi, and Michael R. Rampino. "Cretaceous–Paleogene boundary events." *Palaeogeography, Palaeoclimatology, Palaeoecology* 255.1 (2007): 1-3.

Courtillot, Vincent, and Frédéric Fluteau. "A review of the embedded time scales of flood basalt volcanism with special emphasis on dramatically short magmatic pulses." *Geological Society of America Special Papers* 505 (2014): SPE505-15.

Darwin, Charles. *Works of Charles Darwin: Journal of Researches into the Natural History and Geology of the Countries Visited during the Voyage of H.M.S. Beagle round the World*. Vol. 1. University of Michigan: D. Appleton, 1915. Works of Charles Darwin. *Google Books Search*. 29 Aug. 2011. Web.

Elbra, T. "The Chicxulub impact structure: What does the Yaxcopoil-1 drill core reveal?." *AGU Spring Meeting Abstracts*. Vol. 1. 2013.

Glen, William. *The Mass-extinction Debates: How Science Works in a Crisis*. Stanford, CA: Stanford UP, 1994. Print.

Gulick, Sean. "The 65.5 Million Year Old Chicxulub Impact Crater: Insights into Planetary Processes, Extinction and Evolution." The Austin Forum. Austin. 2013. Lecture.

Jagoutz, Oliver, et al. "Anomalously fast convergence of India and Eurasia caused by double subduction." *Nature Geoscience* 8.6 (2015): 475-478.

Keller, Gerta. "Deccan Volcanism, the Chicxulub Impact, and the End-Cretaceous Mass Extinction: Coincidence? Cause and Effect?" *Geological Society of America Special Papers* (2014): 57-89. Web.

Keller, Gerta. "The Cretaceous–Tertiary mass extinction: theories and controversies." *SEPM Spec. Publ* 100 (2011): 7-22.

Kennett, Douglas J., et al. "Development and disintegration of Maya political systems in response to climate change." *Science* 338.6108 (2012): 788-791.

Kort, Eric A., et al. "Four corners: The largest US methane anomaly viewed from space." *Geophysical Research Letters* 41.19 (2014): 6898-6903.

Lüders, Volker, and Karen Rickers. "Fluid inclusion evidence for impact related hydrothermal fluid and hydrocarbon migration in Createaceous sediments of the ICDP Chicxulub drill core Yax 1." *Meteoritics & Planetary Science* 39.7 (2004): 1187-1197.

Manga, Michael, and Emily Brodsky. "Seismic triggering of eruptions in the far field: volcanoes and geysers." *Annu. Rev. Earth Planet. Sci* 34 (2006): 263-291.

Masson, Marilyn A. "Maya collapse cycles." *Proceedings of the National Academy of Sciences* 109.45 (2012): 18237-18238.

Masson, Marilyn A. *Kukulcan's Realm: Urban Life at Ancient Mayapán*. Boulder: U of Colorado, 2014. Print.

Napier, W. M. "The role of giant comets in mass extinctions." *Geological Society of America Special Papers* 505 (2014): 383-395.

Norris, R. D., A. Klaus, and D. Kroon. "Mid-Eocene Deep Water, the Late Palaeocene Thermal Maximum and Continental Slope Mass Wasting during the Cretaceous-Palaeogene Impact." *Geological Society, London, Special Publications* 183.1 (2001): 23-48. Web.

Oldroyd, D. R. *The Earth inside and Out: Some Major Contributions to Geology in the Twentieth Century*. London: Geological Society, 2002. Print.

Prasad, Guntupalli VR, and Ashok Sahni. "Vertebrate fauna from the Deccan volcanic province: Response to volcanic activity." *Geological Society of America Special Papers* 505 (2014): SPE505-09.

Punekar, Jahnavi, Paula Mateo, and Gerta Keller. "Effects of Deccan volcanism on paleoenvironment and planktic foraminifera: A global survey." *Geological Society of America Special Papers* 505 (2014): 91-116.

Richards, Mark A., et al. "Triggering of the largest Deccan eruptions by the Chicxulub impact." *Geological Society of America Bulletin* 127.11-12 (2015): 1507-1520.

Robinson, Nicole, et al. "A high-resolution marine 187 Os/188 Os record for the late Maastrichtian: Distinguishing the chemical fingerprints of Deccan volcanism and the KP impact event." *Earth and Planetary Science Letters* 281.3 (2009): 159-168.

Samant, Bandana, and Dhananjay M. Mohabey. "Deccan volcanic eruptions and their impact on flora: Palynological evidence." *Geological Society of America Special Papers* 505 (2014): SPE505-08.

Schoene, Blair, et al. "U-Pb geochronology of the Deccan Traps and relation to the end-Cretaceous mass extinction." *Science* 347.6218 (2015): 182-184.

Smit, J., et al. "Stratigraphy and Sedimentology of KT Clastic Beds in the Moscow

Landing (Alabama) Outcrop: Evidence for Impact Related Earthquakes and Tsunamis." *New Developments Regarding the KT Event and Other Catastrophes in Earth History*. Vol. 825. 1994.

Renne, Paul R., et al. "Time scales of critical events around the Cretaceous-Paleogene boundary." *Science* 339.6120 (2013): 684-687.

Spicer, Robert A., and Margaret E. Collinson. "Plants and floral change at the Cretaceous-Paleogene boundary: Three decades on." *Geological Society of America Special Papers* 505 (2014): SPE505-05.

Swisher, Kevin. "Cretaceous Crash." *Texas Monthly* Sept. 1992: 96-100. Web.

Turner, Billie L., and Jeremy A. Sabloff. "Classic Period collapse of the Central Maya Lowlands: Insights about human–environment relationships for sustainability." *Proceedings of the National Academy of Sciences* 109.35 (2012): 13908-13914.

Wilkinson, David M., Euan G. Nisbet, and Graeme D. Ruxton. "Could methane produced by sauropod dinosaurs have helped drive Mesozoic climate warmth?." *Current Biology* 22.9 (2012): R292-R293.

Wilson, Gregory P. "Mammalian extinction, survival, and recovery dynamics across the Cretaceous-Paleogene boundary in northeastern Montana, USA." *Geological Society of America Special Papers* 503 (2014): 365-392.

Wilson, Gregory P. "Mammalian faunal dynamics during the last 1.8 million years of the Cretaceous in Garfield County, Montana." *Journal of Mammalian Evolution* 12.1-2 (2005): 53-76.

Wilson, Gregory P., David G. DeMar, and Grace Carter. "Extinction and survival of salamander and salamander-like amphibians across the Cretaceous-Paleogene boundary in northeastern Montana, USA." *Geological Society of America Special Papers* 503 (2014): 271-297.

Wilson, Gregory P. "Mammals across the K/Pg boundary in northeastern Montana, USA: dental morphology and body-size patterns reveal extinction selectivity and immigrant-fueled ecospace filling." *Paleobiology* 39.03 (2013): 429-469.

Zongker, Doug. "Chicken Chicken Chicken: Chicken Chicken." *Annals of Improbable Research* (2006): n. pag. Web.

Zürcher, Lukas, and David A. Kring. "Hydrothermal alteration in the core of the Yaxcopoil-1 borehole, Chicxulub impact structure, Mexico." *Meteoritics & Planetary Science Archives* 39.7 (2004): 1199-1221.

第七章 更新世末大滅絕

Brahic, Catherine. "Travel Back in Time to an Arctic Heatwave." *New Scientist*. New Scientist, 15 July 2015. Web. 29 July 2016.

Hallam, A. *Catastrophes and Lesser Calamities: The Causes of Mass Extinctions*. Oxford: Oxford UP, 2004. Print.

Harrabin, Roger. "World Wildlife Populations Halved in 40 Years." *BBC News*. BBC, 30 Sept. 2014. Web.

Hönisch, Bärbel, et al. "Atmospheric carbon dioxide concentration across the mid-Pleistocene transition." *Science* 324.5934 (2009): 1551-1554.

Kent, Dennis V., and Giovanni Muttoni. "Equatorial convergence of India and early Cenozoic climate trends." *Proceedings of the National Academy of Sciences* 105.42 (2008): 16065-16070.

Koch, Paul L. "Land of the Lost." *Science* 311.5763 (2006): 957-957.

Koch, Paul L., and Anthony D. Barnosky. "Late Quaternary extinctions: state of the debate." *Annual Review of Ecology, Evolution, and Systematics* (2006): 215-250.

Lenton, Tim, and A. J. Watson. *Revolutions That Made the Earth*. Oxford: Oxford UP, 2011. Print.

Martin, Paul S. *Twilight of the Mammoths: Ice Age Extinctions and the Rewilding of America*. Berkeley: U of California, 2005. Print.

Owen, James. "Farming Claims Almost Half Earth's Land, New Maps Show." *National Geographic*. National Geographic Society, 9 Dec. 2005. Web

Pearce, Fred. "Global Extinction Rates: Why Do Estimates Vary So Wildly?" *Yale Environment 360*. Yale School of Forestry & Environmental Studies, 17 Aug. 2015. Web.

Prothero, Donald R. *Greenhouse of the Dinosaurs: Evolution, Extinction, and the Future of Our Planet*. New York: Columbia UP, 2009. Print.

Schlosser, C. Adam, Kenneth Strzepek, Xiang Gao, Charles Fant, Élodie Blanc, Sergey Paltsev, Henry Jacoby, John Reilly, and Arthur Gueneau. "The Future of Global Water Stress: An Integrated Assessment." *Earth's Future* 2.8 (2014): 341-61. Web.

Secord, Ross, et al. "Evolution of the earliest horses driven by climate change in the Paleocene-Eocene Thermal Maximum." *Science* 335.6071 (2012): 959-962.

Stone, Richard. *Mammoth: The Resurrection of an Ice Age Giant*. Cambridge, MA: Perseus Pub., 2001. Print.

第八章 近未來

Archer, David. *The Long Thaw: How Humans Are Changing the next 100,000 Years of Earth's Climate*. Princeton: Princeton UP, 2009. Print.

Barnosky, Anthony D., et al. "Has the Earth/'s sixth mass extinction already arrived?." *Nature* 471.7336 (2011): 51-57.

Bostrom, Nick. "Existential risks." *Journal of Evolution and Technology* 9.1 (2002): 1-31.

Brook, Barry W., Navjot S. Sodhi, and Corey JA Bradshaw. "Synergies among extinction drivers under global change." *Trends in ecology & evolution* 23.8 (2008): 453-460.

Ćirković, Milan M., Anders Sandberg, and Nick Bostrom. "Anthropic shadow: Observation selection effects and human extinction risks." *Risk analysis* 30.10 (2010): 1495-1506.

Davis, Steven J., et al. "Rethinking wedges." *Environmental Research Letters* 8.1 (2013): 011001.

DeConto, Robert M., and David Pollard. "Contribution of Antarctica to past and future sea-level rise." *Nature* 531.7596 (2016): 591-597.

Dirzo, Rodolfo, et al. "Defaunation in the Anthropocene." *Science* 345.6195 (2014): 401-406.

Hansen, James, et al. "Ice melt, sea level rise and superstorms: evidence from paleoclimate data, climate modeling, and modern observations that 2 C global warming is highly dangerous." *Atmos. Chem. Phys. Discuss* 15 (2015): 20059-20179.

Hoffert, Martin I. "Farewell to fossil fuels?." *Science* 329.5997 (2010): 1292-1294.

Jagniecki, Elliot A., et al. "Eocene atmospheric CO2 from the nahcolite proxy." *Geology* 43.12 (2015): 1075-1078.

Lewis, Nathan S. "Powering the planet." *MRS bulletin* 32.10 (2007): 808-820.

Mann, Michael E., and Lee R. Kump. *Dire Predictions: Understanding Climate Change*. 2nd ed. London: DK, 2015. Print.

Matthews, H. Damon, and Ken Caldeira. "Stabilizing climate requires near zero emissions." *Geophysical research letters* 35.4 (2008).

McInerney, Francesca A., and Scott L. Wing. "The Paleocene-Eocene Thermal Maximum: a perturbation of carbon cycle, climate, and biosphere with implications for the future." *Annual Review of Earth and Planetary Sciences* 39 (2011): 489-516.

Muhs, Daniel R., et al. "Quaternary sea-level history of the United States." *Developments in Quaternary Sciences* 1 (2003): 147-183.

Muhs, Daniel R., et al. "Sea-level history of the past two interglacial periods: new evidence from U-series dating of reef corals from south Florida." *Quaternary Science Reviews*

30.5 (2011): 570-590.

Pamlin, Dennis, and Stuart Armstrong. "Global Challenges: 12 Risks That Threaten Human Civilisation—The Case for a New Category of Risks." *Global Challenges Foundation* (2015): n. pag. Web.

Sherwood, Steven C., and Matthew Huber. "An adaptability limit to climate change due to heat stress." *Proceedings of the National Academy of Sciences* 107.21 (2010): 9552-9555.

Sonna, Larry A. "Practical medical aspects of military operations in the heat." *Medical aspects of harsh environments* 1 (2001).

Tollefson, Jeff. "The 8,000-year-old Climate Puzzle." *Nature* (2011): n. pag. Web.

Zeebe, Richard E., and James C. Zachos. "Long-term legacy of massive carbon input to the Earth system: Anthropocene versus Eocene." *Philosophical Transactions of the Royal Society of London A: Mathematical, Physical and Engineering Sciences* 371.2001 (2013): 20120006.

Zeliadt, Nicholette. "Profile of David Jablonski." *Proceedings of the National Academy of Sciences* 110.26 (2013): 10467-10469.

第九章 最後的大滅絕

Bennett, S. Christopher. "Aerodynamics and thermoregulatory function of the dorsal sail of Edaphosaurus." *Paleobiology* 22.04 (1996): 496-506.

Berner, Robert A., and Zavareth Kothavala. "GEOCARB III: a revised model of atmospheric CO2 over Phanerozoic time." *American Journal of Science* 301.2 (2001): 182-204.

Evans, D. A. D. "Reconstructing Pre-Pangean Supercontinents." *Geological Society of America Bulletin* 125.11-12 (2013): 1735-751.

Franck, S., C. Bounama, and W. Von Bloh. "Causes and timing of future biosphere extinctions." *Biogeosciences* 3.1 (2006): 85-92.

Royer, Dana L., et al. "Co~ 2 as a primary driver of phanerozoic climate." *GSA today* 14.3 (2004): 4-10.

Smith, Kerri. "Supercontinent Amasia to Take North Pole Position." *Nature* (2012): n. pag. Web.

Ward, Peter D., and Donald Brownlee. *The Life and Death of Planet Earth: How the New Science of Astrobiology Charts the Ultimate Fate of Our World*. New York: Times, 2003. Print.

Zalasiewicz, J. A., and Kim Freedman. *The Earth after Us: What Legacy Will Humans Leave in the Rocks?* Oxford: Oxford UP, 2008. Print.

地球毀滅記

五次生物大滅絕，誰是真凶？

THE ENDS OF THE WORLD

Volcanic Apocalypses, Lethal Oceans, and Our Quest to Understand Earth's Past Mass Extinctions

原著 — 博恩藍（Peter Brannen）
譯者 — 張毅瑄
審訂者 — 程延年、單希瑛
科學文化叢書策劃群 — 林和（總策劃）、牟中原、李國偉、周成功

事業群發行人／CEO／總編輯 — 王力行
資深行政副總編輯 — 吳佩穎
編輯顧問 — 林榮崧
副主編暨責任編輯 — 林韋萱
封面設計暨美術編輯 — 江儀玲
校對 — 魏秋綢
圖片來源 — ©Artur Balytskyi、Vladislav Lyutov、shutterstock.com、Peter Brannen、Douglas Henderson、Willam Sillin

出版者 — 遠見天下文化出版股份有限公司
創辦人 — 高希均、王力行
遠見・天下文化・事業群 董事長 — 高希均
事業群發行人／CEO — 王力行
天下文化社長／總經理 — 林天來
國際事務開發部兼版權中心總監 — 潘欣
法律顧問 — 理律法律事務所陳長文律師
著作權顧問 — 魏啟翔律師
社址 — 台北市 104 松江路 93 巷 1 號 2 樓
讀者服務專線 — 02-2662-0012 ｜ 傳真 — 02-2662-0007, 02-2662-0009
電子郵件信箱 — cwpc@cwgv.com.tw
直接郵撥帳號 — 1326703-6 號 遠見天下文化出版股份有限公司
排版廠 — 極翔企業有限公司
製版廠 — 中原造像股份有限公司
印刷廠 — 中原造像股份有限公司
裝訂廠 — 中原造像股份有限公司
登記證 — 局版台業字第 2517 號
總經銷 — 大和書報圖書股份有限公司 電話／ 02-8990-2588
出版日期 — 2018 年 9 月 28 日第一版第 1 次印行

國家圖書館出版品預行編目 (CIP) 資料

地球毀滅記：五次生物大滅絕，誰是真凶？/ 博恩藍 (Peter Brannen) 著；張毅瑄譯 . -- 第一版 . -- 臺北市：遠見天下文化，2018.09
面； 公分 . -- (科學文化；185)
譯自：譯自：The ends of the world : volcanic apocalypses, lethal oceans, and our quest to understand Earth's past mass extinctions
ISBN 978-986-479-550-5 (平裝)

1. 生態系 2. 古氣候學 3. 氣候變遷

367　　107015905

定價 — NT450 元
書號 — BCS185
ISBN — 978-986-479-550-5
天下文化書坊 — http://www.bookzone.com.tw